中国烟草青枯病志

丁 伟 刘 颖 张淑婷 著

科学出版社

北 京

内 容 简 介

本书是国内外第一本关于烟草青枯病及青枯菌的专业著作。本书首先系统分析了采自全国各烟草青枯病发生区的106株烟草青枯菌株的遗传多样性及各个菌株在基因组水平的变异及系统进化关系特征，详细描述了代表性菌株（重庆彭水 CQPS-1 菌株）的基因组信息及致病因子的特异性；其次对我国 14 个省（区、市）68 个主要植烟区烟草青枯病发生的情况及根际微生态特征进行了详细描述，内容涵盖各地青枯菌的培养特性及分类地位，烟草青枯病的田间发病特点、症状特征，影响青枯病发病的生态环境因子，如气候特点、土壤特征、根际微生物组成特征等；最后根据烟草青枯病的发病特点，总结了系统控制烟草青枯病的关键措施。

本书可供青枯病及青枯菌研究工作者及烟草一线植保技术人员阅读，也可供相关科研单位、大专院校师生参考使用。

审图号：GS(2018)3949 号

图书在版编目(CIP)数据

中国烟草青枯病志/丁伟，刘颖，张淑婷著. —北京:科学出版社，2018.10
ISBN 978-7-03-059126-5

Ⅰ.①中… Ⅱ.①丁… ②刘… ③张… Ⅲ.①烟草–青枯病–概况–中国 Ⅳ.①S435.72

中国版本图书馆 CIP 数据核字 (2018) 第 236611 号

责任编辑：韩卫军/责任校对：余少力
责任印制：罗 科 / 封面设计：墨创文化

科学出版社出版

北京东黄城根北街16号
邮政编码：100717
http://www.sciencep.com

成都锦瑞印刷有限责任公司印刷

科学出版社发行 各地新华书店经销

*

2018 年 10 月第 一 版 开本：787×1092 1/16
2018 年 10 月第一次印刷 印张：18 1/2
字数：440 千字

定价：196.00 元
（如有印装质量问题，我社负责调换）

作者简介

丁伟，男，1966年8月生，河南省邓州市人。西南大学
教授、博士生导师。1989年获西北农业大学学士学位，1997
年获西北农业大学硕士学位，2002年获西南农业大学博士学
位。2008~2009年美国奥本大学访问学者。全国植物源农药
产业技术联盟副理事长，全国烟草绿色防控重大专项青枯病
与黑胫病控制技术首席专家，重庆市植物保护学会副理事长，
西南大学植物医院院长。

主要从事烟草、马铃薯、辣椒等茄科作物病虫害发生机
制与绿色防控技术、天然产物农药开发、根际微生态机制及
调控技术等研究。

主持完成了科技部农业科技成果转化基金、国家自然科学基金、农业部公益性行业
专项、国家烟草专卖局重点项目等资助课题多项。获省部级科技成果奖9项。2013年
"土壤修复对作物根茎病害防控作用的研究与应用"获中华农业科技奖三等奖，2016年
"茄青枯病菌与烟草互作分子机制及其调控技术研究"获国家烟草专卖局科学技术进步奖
二等奖。至今已发表论文200余篇，其中SCI收录的国际学术刊物上50多篇，主编《烟
草药剂保护》《烟草有害生物调查与测报技术》等相关专著6部，申请并获准国家发明
专利14项。

刘颖，女，1991年生，四川什邡人，西南大学博士研究生，主要从事青枯菌的遗传
进化和致病机理研究。

张淑婷，女，1991年生，河南濮阳人，西南大学博士研究生，主要从事烟草根际微
生态及影响因子研究。

前　言

　　烟草是我国重要的经济作物,其种植面积和烟叶产量均居世界首位。近年来,由青枯雷尔氏菌(*Ralstonia solanacearum*)引起的烟草青枯病在我国主产烟区发生严重,造成巨大的损失,已经成为制约我国烟草健康栽培和安全生产的重要因子。

　　青枯雷尔氏菌地理分布广、寄主植物多、攻击性强、土壤存活期长、致病性复杂,目前被列为第二大类植物病原细菌。但从实际调查情况看,青枯病造成的经济损失已经位列细菌性病害的第一位。因青枯雷尔氏菌引起的烟草青枯病分布广泛,发生与土壤环境和温湿度等因子的关系密切,土壤微生物的结构和功能直接影响该病害的发生和蔓延。青枯病是典型的难防难治的土传病害,在生产实践中采用单一的技术措施难以有效控制。为了实现对烟草青枯病的绿色防控,我们在国家烟草专卖局科技司、中国烟叶公司、中国农业科学院青州烟草研究所、重庆市烟草公司、四川省烟草公司、西南大学植物保护学院等单位以及各烟叶产区一线技术人员的大力支持下,先后经历5年,行程3万多公里,走遍了全国各烟草青枯病发病区,采集土样、菌株和发病区的相关信息,借助于现代微生物组学、分子生物学和土壤分析测试技术,进行了大量的测试和分析工作,并总结了多年来青枯病和青枯菌研究工作的经验,编写了本书。

　　本书是国内外第一本关于烟草青枯病及青枯菌的专业著作。首先阐述了青枯病在我国的发生和分布,然后分章节对我国14个省(区、市)68个主要植烟区烟草青枯病发生的情况进行了详细描述,内容涵盖各地烟草青枯菌的培养特性及分类地位,烟草青枯病的田间发病特点、症状特征,影响青枯病发病的生态环境因子,如气候特点、土壤特征、土壤微生物组学特征等;其次详细描述了烟草青枯病菌代表菌株(重庆彭水CQPS-1菌株)的基因组信息,对全国各地共106个烟草青枯菌株的基因组进行测序分析,比较了各地青枯病菌的基因组信息和系统进化特征,分析了菌株不同序列变种的遗传进化关系;最后总结了系统控制青枯病的防治措施。

　　全书由西南大学丁伟教授统筹规划和主持撰写,刘颖负责青枯菌的分离培养、特征描述、基因组信息等内容的撰写;张淑婷负责土壤信息、微生物组学信息等测定和分析工作及相关内容的撰写。西南大学、重庆烟草科学研究所烟草植保研究团队的袁国明、李石力、刘晓姣、杨亮、刘志永、江高飞、于艳梅、喻延、张琳丽、王丹、唐元满、李四光、王姣、程浩瑾、谭茜、江其朋、沈桂花、程浅、黄阔、朱洪江、刘烈花、吴狄、刘俊彬、纪成隆、张永强、陈娟妮等参与了样品采集与处理、菌株分离与培养、元素与基因测试、微生物组与基因组学信息处理等大量工作。

　　在样品和信息采集过程中,以下单位和人员给予了无私的帮助并全力配合:中国农业科学院烟草研究所王凤龙、杨金广、陈德鑫、张成省,安徽省农业科学院烟草研究所周本国、许大凤，河南省农业科学院烟草研究所李淑君、李成军，沈阳农业大学吴元华；陕西省烟草公司成巨龙、蒋贵强，福建省烟草农业科学研究所顾钢，福建省烟草公司林中麟、林智慧、谢凤标、李静超、邓新发、陈守木、卢湖南等，福建省龙岩市武平县、永定县烟草公司，南平市建阳区、邵武市烟草公司，三明市宁化县、永安县烟草公司；广东省南雄烟草科学研究所邓海滨，梅州市蕉岭县、五华县烟草公司，韶关市南雄市烟草公司；江西省烟草科学研究所张超群，江西省烟草公司李小军、绍雪莲、陈琼红、黄华斌、黄锡春，赣州市农业科学研究所陈中华，抚州市广昌县烟草公司，赣州市石城县、信丰县烟草公司、瑞金市烟草公司；湖南省烟草科学研究所周志成、刘天波，湖南中烟工业有限公司陈弟军，湖南省烟草公司匡传富、毛辉，郴州市桂阳县烟草公司，湘西州花垣县、龙山县烟草公司；湖北省烟草科学研究院李锡宏，湖北省烟草公司恩施州公司夏鹏亮、尹虎成、张黎明，恩施州鹤峰县、咸丰县烟草公司；重庆烟草科学研究所徐宸、汪代斌、杨超、王宏锋、陈海涛、江厚龙；重庆市烟草公司李常军、徐小洪、肖鹏、许安定、朱晓伟、王晶、田凤进、马啸、代先强、王振国、欧聪敏、陈代明、秦明、刘忠、左万琦、尹洪、张帅、曾宪立、帅红、吴杰、沈铮、姚姗姗等；重庆市丰都县、彭水县、武隆县、黔江区、酉阳县、万州区、石柱县、南川区、涪陵区、奉节县烟草分公司；广西壮族自治区烟草公司卢燕回、林北森、首安发、何虹桦，贺州市、百色市、河池市烟草公司；贵州烟草农业科学研究院商胜华、汪汉成、曹毅，贵州省烟草公司阳显斌、廖勇、邱克刚、罗正友、罗明全、杨通隆、刘森、杨在友、牟钦祥、王崇林、刘云生、周为华，贵阳市开阳县烟草公司，黔南州独山县、福泉市、瓮安县烟草公司，黔西南州天柱县、兴仁县烟草公司，遵义市绥阳县、正安县、桐梓县烟草公司，铜仁市石阡县、德江县烟草公司；云南省烟草农业研究院秦西云、晋艳、夏振远，云南省烟草公司徐天养、周练川、肖志新、孙军伟、张俊文、李银美、杨应伟、廖唯武、林红润、曾嵘，云南省昆明市石林县烟草公司，临沧市永德县烟草公司，普洱市景谷县烟草公司，曲靖市罗平县烟草公司，文山州麻栗坡、西畴县烟草公司，保山市烟草公司，德宏州烟草公司；四川省烟草公司雷强、肖勇、余祥文、李斌、王勇、曾庆宾、罗定棋、顾勇、余佳敏、张瑞萍、闫芳芳、叶田会、刘蔺江、李万武、张志乐等，宜宾市兴文县、筠连县烟草公司，泸州市古蔺县烟草公司，凉山州德昌县、冕宁县烟草公司，攀枝花市烟草公司等。在此一并表示衷心的感谢。

在本书编写过程中，国家烟草专卖局科技司王德平、刘征晓、陈勇、韩非，中国烟叶公司刘建利、周义和、刘相甫，农业部全国农业技术推广中心刘万才，中国农业科学院烟草研究所王凤龙、任广伟，中国农业科学院植物保护研究所冯洁、赵庭昌、徐进，西北农林科技大学单卫星，南京农业大学韦中等给予了热情的支持并提出了宝贵意见；科学出版社韩卫军编辑给予了热情的鼓励和支持，在此一并表示感谢。

烟草青枯病是烟叶生产过程中需要十分关注的一种病害，对其采取安全有效的绿色防控措施是烟草植保技术进步的迫切需要，是实现病虫害绿色防控的重要组成部分。长期以来，这方面的资料一直不够系统，本书撰写人员虽然尽了最大的努力，但限于水平，难免有诸多不足之处，诚请同行和广大读者给予批评指正。

丁　伟
2018 年 6 月

目　　录

第1章 绪　　论

1.1　青枯雷尔氏菌及青枯病的发生与分布

青枯病是由青枯雷尔氏菌(*Ralstonia solanacearum*)引起的一种毁灭性病害,对作物生产造成了严重威胁[1]。青枯雷尔氏菌广泛分布于热带、亚热带及温带地区,且其寄主范围非常广泛,能侵染 54 个科 200 余种植物,包括双子叶植物及单子叶植物,既有草本植物如茄科的马铃薯、番茄、烟草、茄子、辣椒等,也有木本植物如桑树、桉树和木麻黄等,此外新的寄主仍在不断出现[2-4]。青枯雷尔氏菌(*R. solanacearum*)属于变形菌门(Proteobacteria)、*β*-变形菌纲(Betaproteobacteria)、伯克氏菌目(Burkholderiales)、伯克氏菌科(Burkholderiaceae)、雷尔氏菌属(*Ralstonia*)。作为一个复合种,青枯雷尔氏菌具有丰富的种内遗传多样性,包括五个生理小种、六个生化变种以及四个与地理起源密切相关的演化型[5-8]。最新的报道提出将青枯雷尔氏菌复合种分为三个种,分别是包含演化型 II 的茄科雷尔氏菌(*R. solanacearum*)、包含演化型 IV 的蒲桃雷尔氏菌(*R. syzygii*)以及含有演化型 I 和 III 的假茄科雷尔氏菌(*R. pseudosolanacearum*)[9]。该划分结果正逐渐被研究者们所接受。

在我国,早在 20 世纪 30 年代就已经在花生上发现了青枯病,1946 年又从甘薯中分离到青枯菌,此后的 20 世纪 50 年代在姜、芝麻、烟草和番茄上也陆续发现了青枯病,到 20 世纪 60 年代,发病面积大大扩增、寄主范围逐渐扩大。随着农业生产的发展,青枯病在茄科作物以及其他植物上的流行加剧。截至目前,青枯雷尔氏菌在我国的寄主范围超过了 39 个科约 90 多种植物,其中大部分为茄科作物;当然,新的寄主也在不断出现[10]。

目前我国已有 30 个省(区、市)相继报道了青枯病,其中以中部平原、西南山区和南方沿海地区危害最为严重,西藏和澳门还未有关于青枯病发生的报道,青枯病的具体分布详见图 1-1[10]。2012 年之前,上海、香港、吉林、新疆、辽宁等地有零星发生,但最近几年并未见报道。福建、广西、广东、四川、重庆、湖南、台湾是青枯病常发生和较多报道的地区。虽然青枯病在热带和亚热带地区普遍存在,但近年来其已成为温带地区公认的重要土传病害。在过去十年中,在温带、冷凉地区也出现了青枯病,可能是由全球气候变暖、种植结构调整以及污染源的传播等引起的[11]。

在我国,研究者们进行了大量该复合种的遗传多样性等方面的研究。总体来看,因地理环境复杂,土壤类型多样,气候环境差异显著,我国青枯菌的多样性及其进化模式极其复杂,这在其他国家并不常见。青枯病的分布常与寄主植物息息相关,青枯雷尔氏菌的一些寄主如烟草、花生、马铃薯等通常在 10 余个省(区、市)均有种植,且这些地区农业生态系统在地形和气候方面存在较大差异,即使是从同一寄主中分离的菌株也存在丰富的种内遗传多样性。如表1-1所示,我国青枯菌的种类非常丰富,依据生理小种和生化变种分类框架,我国的青枯雷尔氏菌包括生理小种1、2、3、4、5,生化变种2、3、4、5;基于演化型分类框架,我国的青枯雷尔氏菌主要包括两个演化型(演化型I和演化型II),其中演化型I又可以依据内切葡聚糖酶基因(*egl*)的相似性分为15个序列变种,演化型II可以分为2个序列变种[12, 13]。

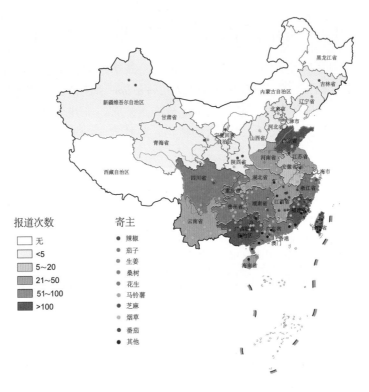

图1-1　青枯病在中国的地理分布(仿参考文献[10])

表1-1　我国青枯菌的遗传多样性[10]

演化型	序列变种	寄主植物	地理分布	生理小种	生化变种
I	12	桑树	广东、浙江	5	5
I	13	苦瓜、桉树、花生、番茄、马铃薯	广西、山东、湖南、福建	1	3
I	14	花生、番茄、茄子、辣椒、芝麻、木麻黄、橄榄、姜	浙江、四川、福建、湖北、广西、广东、湖南、山东、台湾	1	3, 4
I	15	花生、烟草、番茄、茄子、甘薯	广西、福建、河北、湖南、台湾	1	3, 4
I	16	番茄、茄子、姜	福建、山东、河南、江苏、湖北	1	4
I	17	花生、烟草、番茄、茄子、辣椒、马铃薯、广藿香	福建、湖南、四川、广东、广西、湖北、贵州、重庆、云南、陕西	1	3, 4
I	18	花生、番茄、马铃薯、姜、龙葵	福建、四川、河南	1	3, 4
I	34	烟草、番茄、茄子、辣椒	福建、湖南、台湾、贵州、江西	1	3, 4

演化型	序列变种	寄主植物	地理分布	生理小种	生化变种
I	44	花生、烟草、番茄、茄子、苎麻、姜、木麻黄、橄榄、广藿香、芙蓉、桑树	福建、广西、广东、四川、湖北、山东、陕西	1	3, 4
I	48	番茄、茄子、辣椒、桑树	广东、江苏、浙江、湖南、湖北	1	3
I	54	烟草	重庆、云南、广西	1	3
I	55	烟草	云南	1	3
I	UN	菠菜、罗汉果、凉粉草、芝麻	广西、广东、江西	1	3, 4
I	UN	山羊草	广东	4	3
II	1	茄子、马铃薯、木麻黄	广东、福建、湖南、湖北、云南、贵州、山东、河北、北京、台湾	2, 3	2
II	7	番茄	台湾	UN	4

据统计，青枯雷尔氏菌在我国可以侵染 39 个科 90 多种植物，其中约有 20 多种植物是我国特有的，而茄科作物受到的危害最为严重。20 世纪 30 年代，我国花生青枯病大爆发，对花生产业造成毁灭性的打击，这是青枯菌危害我国植物的首次报道。随后 20 年间，陆续在萎蔫发病的红薯、生姜、芝麻、马铃薯、烟草和番茄上分离到青枯菌。青枯菌侵染甘薯导致薯瘟病，于 1946 年在广东、广西首先爆发，1958～1980 年不断蔓延到湖南、浙江和福建等地。1960 年以后，有关青枯病的报道愈来愈多，病情也愈来愈严重。

青枯病在我国属于头号植物细菌性病害，造成的经济损失很大。我国长江以南地区，番茄青枯病十分严重，不同栽培年份发病率为 10%～80%。马铃薯在我国大面积种植，年产近亿吨，青枯病的危害仅次于马铃薯晚疫病，在全国十多个省(区、市)都有发生，损失在 10%～15%，严重时高达 80%，甚至绝产。辣椒上的青枯病近几年呈现逐年加重的趋势，发病率在 20%～50%，在一定程度上阻碍了辣椒生产，但有关辣椒青枯病的研究目前并不多。姜瘟病，即青枯雷尔氏菌在生姜上引起的细菌性枯萎病，早在 20 世纪 50 年代即有发生，通常损失在 20%～30%，在高温高湿以及氮肥过量的情况下损失较大，重病田块损失高达 70% 以上。我国花生种植面积约七千万亩，青枯病遍布 13 个省(区、市)，其受灾面积 10%～16%；感病花生品种种植区平均减产 40% 以上，严重时甚至颗粒无收；种植抗病品种可将发病率控制在 5% 左右，但其产量较低；每年由花生青枯病引起的直接或间接经济损失在 20 亿元以上。

1.2　烟草青枯病及青枯雷尔氏菌

烟草(*Nicotiana tabacum*)是我国最重要的经济作物之一，烟叶种植区域广泛分布在山区、丘陵和平原地区。近几年来，烟草青枯病大面积暴发，17 个烟草主要种植省(区、市)中就有 14 个发生青枯病，导致了巨大的经济损失。青枯病在烟草上的发病率为 15%～35%，但在一些严重发生地区或者是常发区发生时可达 75%，甚至更高，在高温、高湿和单一种植烟草的地区，产量减少幅度在 50%～60%，在极端爆发期间甚至可达 100%。

基于烟草种植区域的地理、气候、环境等诸多因素，西南大学烟草植保研究团队（以下称"本研究团队"）以分离自烟草的青枯菌菌株为研究对象，系统分析其遗传进化关系，研究其致病因子的毒性特征，明确影响其发病的关键因子，研发关键控制技术，希望能攻克由青枯菌引发的越来越严重的青枯病这一难题。

结合本研究团队前期的研究结果来看，单一寄主植物（烟草）上分离的菌株同样具有序列变种多样性，并且其序列变种分布与海拔有一定关系。依据演化型特异性复合 PCR（polymerase chain reaction，聚合酶链式反应）鉴定结果可以看出，所有菌株均可同时扩增得到片段大小分别为 144 bp 和 281 bp 的 2 条特异性片段，其中大小为 281 bp 的片段为青枯菌种特异性扩增条带，144 bp 的片段为演化型 I 的特异性扩增条带。从而在种和演化型分类单元水平上，揭示出我国烟草上分离的青枯病菌菌株属于青枯菌演化型 I，即亚洲分支菌株。对 2013～2015 年的代表菌株的 *egl* 基因部分序列进行系统发育分析可知，我国烟草青枯雷尔氏菌都被聚类到演化型 I 分支中，这与演化型特异性复合 PCR 的鉴定结果一致，并且这些菌又被进一步聚为 8 个亚分支，即分别对应序列变种 13、14、15、17、34、44、54，以及一个新的未被报道过的 55[11]。而根据不同省（区、市）的序列变种统计结果可知，省（区、市）间的序列变种存在差异。

为研究海拔对青枯雷尔氏菌遗传结构的影响，将所有供试菌株按海拔高度分为 3 个区域：高海拔区（R1）——海拔高于 1500 m；中海拔区（R2）——海拔 500～1500 m；低海拔区（R3）——海拔低于 500 m。由各个序列变种的海拔分布统计结果可知，序列变种 17 和 44 在一个较宽的海拔范围内流行，序列变种 15 和 34 则是在低海拔范围内流行，序列变种 13 在中低海拔区域内流行，而序列变种 54 和新的序列变种 55 只在中高海拔范围内发现，且各海拔区域内的序列变种组成存在显著差异。

一般认为青枯雷尔氏菌演化型 I 菌株在热带低海拔地区普遍存在，但由本研究团队对我国烟草青枯雷尔氏菌的采集分离及遗传多样性分析可知，我国的演化型 I 菌株不仅存在于低海拔地区，在中高海拔地区也同样存在，表明我国青枯雷尔氏菌正在往高海拔冷凉地区扩散。而最新报道的分离自烟草植株的序列变种 54 以及本研究团队报道的新的序列变种 55 只在中高海拔地区发现，这也许是演化型 I 菌株适应高海拔环境的产物。

1.3 影响青枯病发生的微生态因素

影响青枯病发生的因素很多，土壤酸碱度失衡、营养失衡、微生物群落组成失衡等都可能会加剧青枯病的发生。本研究团队经过多年的研究发现当土壤 pH 低于 5.5 时，烟草感染青枯病的比例显著增加。进一步试验验证发现，当土壤 pH 为 4.5～5.5 时，烟草青枯病的发病速度加快，发病率加重，因此酸性土壤环境是烟草青枯病暴发的一个关键环境因素，而调节土壤酸度是防控烟草青枯病的前提[14]。土壤中营养元素直接影响着植物的健康，本研究团队通过增施 Ca、Mg、B、Mo 等矿质元素，发现这四种元素对青枯病的发生均有一定的缓解作用，其中 Mo 元素的效果最好，其次为 Ca。并且土壤中的氮含量、磷含量均能影响青枯病的发生，因此营养管理在病害防治上起着重要的作用。

　　土壤微生物是土壤的重要组成部分，其在控制植物病害中的重要性得到了广泛的认可。土壤微生物可以从以下几方面影响烟草青枯病的发生：①刺激植物生长激素的产生；②转化环境中的营养物质，增加植物生长所需营养，促进植物对营养的吸收及直接促生作用；③与病原菌竞争营养物质；④产生一些化合物（抗生素等）抑制病原菌的生长或者诱导植物的抗病性[15]。土壤被认为是一个明显受微生物群落影响的活体系，不同环境条件和处理措施都会对土壤的微生物群落组成造成显著的影响，土壤微生物之间的相互作用形成特异的微生物群落结构，影响着烟草青枯病的发生。研究表明，根际微生物组与植物的健康密不可分，当植物受到病原菌侵染时，植物能够招募保护性微生物，并增强微生物活性以抑制根际环境中的病原菌增殖。而土壤细菌在土壤微生物中占有很高的比例，它们在地球生物化学和营养循环，病害抑制，有机物形成和分解，植物生长促进中具有许多有益的生物学功能，并且根际土壤细菌在阻止土传病原菌侵染和防治土传病害的发生中起着重要的作用。

　　根际是 1904 年德国科学家 Hiltner 首次提出的，即受根系分泌物严重影响的近根区域。近年来，根际的定义已经完善，Mcnear 根据与根的相对距离和影响，表示根际（rhizosphere）由三部分组成（图 1-2）：内根际（endorhizosphere），即微生物和阳离子可以占据的部分根系皮层和内皮层细胞之间的空间；根表（rhizoplane）是临近根的区域，包括根的表皮和粘胶层；最外围的是外根际（ectorhizosphere），即从根表延伸到块土的区域。由于植物根系固有的复杂性和多样性，根际不是可定义大小或形状的区域，而是由根系的化学、生物和物理性质的梯度构成决定的[16]。根际是植物、土壤和微生物相互作用的重要界面，也是物质和能量交换的结点。植物的根际是受根系分泌物显著影响的区域，根系分泌物可通过酸化或改变根际的氧化还原条件或直接与营养元素螯合来帮助植物获得营养物质，同时在根际环境中，含有超过 30000 个原核生物，并且每克根的根际可以含有多达 10^{11} 个微生物细胞[15]，因此根际微生态系统是一种自然综合体，是由土壤、生境、微生物所构成的，是防治植物土传病害的重要切入点。

　　植物根际被称为土传病原菌与有益菌"斗争"的场所，健康土壤的微生物多样性显著高于发病土壤，且健康土壤与感染青枯病土壤的微生物群落组成存在很大差异，健康土壤中有益细菌如芽孢杆菌（*Bacillus*）、放线菌（*Actinobacteria*）等的丰度高于发病土壤[17]。本研究团队对重庆地区烟草健康土壤和青枯病发病根际土壤进行分析，发现发病土壤中雷尔氏菌属（*Ralstonia*）的相对丰度显著高于健康土，并找出了 15 个指示烟草青枯病抑病性的关键细菌类群（表 1-2），其中 7 个属于放线菌门（Actinobacteria），5 个属于变形菌门（Proteobacteria），2 个属于酸杆菌门（Acidobacteria），1 个属于厚壁菌门（Firmicutes），并在属水平上鉴定出了 9 个类群，*Kaistobacter* 是筛选出的指示青枯病抑病性最主要的一个属[18]。

　　根际微生态受植物根系、土壤酸碱度、土壤理化性质以及微生物等因素共同影响，明确烟草青枯病发病烟株根际微生态的组成情况，在破解烟草青枯病的发病机理及找到防治烟草青枯病的措施中起着至关重要的作用。

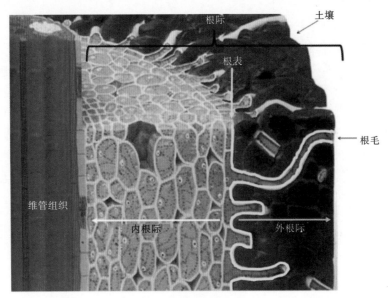

图 1-2　植物根际结构

表 1-2　重庆市武隆、彭水、黔江地区健康土壤关键根际细菌指示类群

门	纲	目	科	属	LDA 值（log10）
Proteobacteria	Alphaproteobacteria	Sphingomonadales	Sphingomonadacea	*Kaistobacter*	4.17
Proteobacteria	Alphaproteobacteria				4.50
Actinobacteria	Termoleophilia	Solirubrobacterales			2.75
Proteobacteria	Alphaproteobacteria	Sphingomonadales	Sphingomonadaceae		4.06
Acidobacteria	Acidobacteria	Acidobacteriales	Acidobacteriaceae		3.20
Acidobacteria	Acidobacteria	Acidobacteriales	Acidobacteriaceae	*Granulicella*	3.20
Actinobacteria	Actinobacteria	Actinomycetales	Catenulisporaceae	*Catenulispora*	3.19
Proteobacteria	Alphaproteobacteria	Sphingomonadales			4.06
Actinobacteria	Actinobacteria	Actinomycetales	Dermacoccaceae	*Dermacoccus*	2.86
Actinobacteria	Actinobacteria	Actinomycetales	Nocardiaceae	*Nocardia*	2.80
Actinobacteria	Termoleophilia	Solirubrobacterales	Conexibacteraceae		2.75
Actinobacteria	Termoleophilia	Solirubrobacterales	Conexibacteraceae	*Conexibacter*	2.75
Firmicutes	Clostridia	Clostridiales	Clostridiaceae	*Clostridium*	2.81
Proteobacteria	Gammaproteobacteria	Alteromonadales	Shewanellaceae	*Shewanella*	3.21
Actinobacteria	Actinobacteria	Actinomycetales	Micromonosporaceae	*Actinocatenispora*	3.08

1.4　调查研究方法

1.4.1　病株采集标准及方法

选择病害发生区具有代表性的地块，取典型青枯病的病株：植株出现半边叶片萎蔫的

典型"半边疯"症状，茎基部出现黑色斑点或略微连成条，黑线不超过茎高的三分之一，萎蔫叶片掰下后与茎部相连接的维管束有黑点。采集时期一般为旺长期。采样方法：取发病植株的中下部茎，且茎上有黑色线条的部分(病健交界处最佳)，每个点采集三到五个重复样株。详细记录病株的相关地理/栽培等情况。

1.4.2　菌株的分离和纯化

液体 B 培养基[19]：细菌蛋白胨，10 g/L；酵母提取物，1 g/L；酪蛋白氨基酸，1 g/L。

固体 B 培养基：细菌蛋白胨，10 g/L；酵母提取物，1 g/L；酪蛋白氨基酸，1 g/L；琼脂，15 g/L；灭菌后加入无菌的 25%葡萄糖，使其终浓度为 5 g/L。

TTC(2,3,5-氯化三苯基四氮唑)培养基：灭菌后的固体 B 培养基，当冷却至 55℃左右时，加入已灭菌的 1%的 TTC 水溶液，其终浓度为 0.005%。

分离纯化方法：用灭菌后的刀削去植株茎秆病健交界处的表皮，再取病健交界处的维管束组织约 1 g 置于 10 mL 无菌水中，浸泡 30 min 左右，然后取浸出液在 TTC 平板上进行划线分离。将 TTC 平板置于 30℃恒温培养箱中培养 48 h。再挑取青枯雷尔氏菌单菌落进行划线纯化。

保存方法：纯化后的青枯雷尔氏菌采用甘油-80℃保存——挑取分离的单菌落用 B 液体培养基进行扩大培养，12 h 后取菌液 500 μL 于离心管中，加入等体积 50%的甘油，用封口膜将离心管口封住，-80℃保存。

1.4.3　菌株的分类鉴定

生化变种鉴定：供试菌株生化变种测定参照 Hayward 的方法[20]。基本培养基包括：$NH_4H_2PO_4$ 1.0 g/L；KCl 0.2 g/L；$MgSO_4·7H_2O$ 0.2 g/L；蛋白胨 1.0 g/L；溴百里酚蓝 0.03 g/L；琼脂 1.5 g/L(最终用 1 mol/L NaOH 调节 pH 到 7.1)。分别将 3 种双糖(乳糖、麦芽糖和纤维二糖)和 3 种己醇(甘露醇、山梨醇和甜醇)配成 10%的溶液，灭菌(3 种双糖用过滤法灭菌，3 种己醇经 121℃蒸汽灭菌)后分别加入基本培养基中，使其终浓度为 1%。按实验设计将含不同碳水化合物的培养基垂直分布于 96 孔板上前 6 孔，不含碳水化合物的培养基作为对照放于垂直的第 7、8 孔。取 200 μL 培养基注入每个孔中，每孔接种青枯菌菌悬液 5 μL(菌悬液浓度约 $2×10^9$ CFU/mL)，第 8 孔作为对照不接种，置于 30℃的恒温培养箱中培养 21 d。根据供试菌株对 3 种双糖和 3 种己醇的利用情况，即培养基的颜色变化，确定各菌株的生化变种分类归属。

演化型鉴定[21]：根据演化型分类框架所设计的复合 PCR 引物对青枯菌菌株进行演化型鉴定。PCR 扩增采用 25 μL 反应体系：2×Taq PCR MasterMix(TIANGEN, KT201)、引物 Nmult 21:1F、Nmult 21:2F 和 Nmult 22:InF 各 6 pmoles，Nmult 23:AF 和 Nmult 22:RR 各 18 pmoles，759、760 各 4 pmoles，青枯菌 DNA，ddH_2O。反应程序为 96℃预变性 5 min；94℃变性 15 s，59℃退火 30 s 和 72℃延伸 30 s，30 个循环；最后 72℃延伸 10 min，4℃保存。取 5 μL PCR 产物于 1%的琼脂糖凝胶中电泳，电场强度 4 V/cm，通过 Biorad 凝胶

成像仪观察结果。实验所用引物均由华大基因科技股份有限公司合成，引物序列见表1-3。

表1-3 用于遗传多样性分析的引物序列

引物	序列(5′ o3′)	扩增片段分类归属	片段大小/bp
Nmult21:1F	CGTTGATGAGGCGCGCAATTT	演化型I	144
Nmult21:2F	AAGTTATGGACGGTGGAAGTC	演化型II	372
Nmult23:AF	ATTACSAGAGCAATCGAAAGATT	演化型III	91
Nmult22:InF	ATTGCCAAGACGAGAGAAGTA	演化型IV	213
Nmult22:RR	TCGCTTGACCCTATAACGAGTA	所有演化型	—
759	GTCGCCGTCAACTCACTTTCC	种特异性	281
760	GTCGCCGTCAGCAATGCGGAATCG		
Endo-F	ATGCATGCCGCTGGTCGCCGC	*egl*	750
Endo-R	GCGTTGCCCGGCACGAACACC		

序列变种分析[22]：用引物 Endo-F 和 Endo-R（表1-3）扩增内源葡聚糖酶基因（*egl*）内部的 750 bp 片段。*egl* 基因扩增 PCR 体系（25 μL）：2×Taq PCR MasterMix（TIANGEN，KT201），青枯菌 DNA 50 ng，引物 Endo-F 和 Endo-R 各 10 pmoles，ddH₂O 补足。*egl* 扩增的 PCR 程序为 96℃预变性 9 min；95℃变性 1 min，64℃退火 1 min，72℃延伸 2 min，30 个循环；最后 72℃延伸 10 min，4℃保存。将 PCR 产物送华大基因科技股份有限公司测序。将所测得的供试青枯菌株 *egl* 基因序列与 GenBank 上已登录的青枯菌核酸序列进行比对，构建系统发育树。即 666 bp 的 *egl* 基因测序结果用 Clustal x 软件比对后，再用 MEGA 5 软件进行系统发育分析，采用 Jukes and Cantor 模型邻接（neighbor-joining，NJ）法构建系统发育树，1000 次重复取样作出 Bootstrap 树状图。序列之间的遗传距离用 Kimura-2-parameter 方法计算，并将所有的序列提交到 GenBank 数据库中。

1.4.4 土样采集

除去地面植被，铲除表面 1 cm 左右的表土，以避免地面微生物与土样混杂，拔出烟株，先将非根际土壤用力抖掉，再将根上附着的土壤用刷子轻轻刷在地面的报纸或塑料布上，5 株烟的根际土混为一个重复，共采集三个重复，每个重复的根际土采集 200 g 左右，用于提取土壤微生物 DNA 以进行微生物组成的分析；将抖落的根围土进行收集用于理化性质的分析，每个重复 1 kg 左右土样，且需剔除石砾或植被残根等杂物，装入塑料自封袋；用油性记号笔或标签纸在袋上做好标记，并在采样信息记录表上做好地理信息、种植情况等记录。

1.4.5 土样分析方法

将采集的土样低温运输至实验室，根围土过 2 mm 尼龙筛，在牛皮纸上自然风干，然后分别过 1 mm 和 0.25 mm 尼龙筛，用于土壤理化性质的检测，检测方法参照杨剑虹等编著的《土壤农化分析与环境监测》[23]。土壤 pH：电极法（水土比 1∶1）；有机质：重铬酸钾容量法-外加热法；全氮：凯式蒸馏法；有效磷：Olsen 法；速效钾：醋酸铵浸提-火焰光度法；有效铜、有效铁：DTPA/HCl 浸提-原子吸收光谱法；交换性钙、交换性镁：醋酸铵法。

采集的根际土低温运输至实验室后，及时用 FastDNA 土壤基因组 DNA 纯化试剂盒（MP Biomedicals，美国）提取根际土壤微生物 DNA，并于-20℃保存。细菌 16S rRNA Illumina 测序委托有资质的生物技术公司完成。

测序数据按照 97%的相似性聚类成 OUT（operational taxonomic unit，运算分类单元），分析采用 Usearch（vsesion 7.0 http://drive5.com/uparse/）软件平台。利用 Qiime 软件平台（http://qiime.org/scripts/assign_taxonomy.html），采用 RDP classifier 贝叶斯算法（version 2.2 http://sourceforge.net/projects/rdp-classifier/）对 97%相似水平的 OTU 代表序列进行分类学分析，置信度阈值为 0.7，并分别在 Domain（域）、Kingdom（界）、Phylum（门）、Class（纲）、Order（目）、Family（科）、Genus（属）、Species（种）各个分类水平使用 Silva 数据库（Release128 http://www.arb-silva.de）统计各样本的细菌群落组成。在上述不同分类学水平上统计各样本的物种丰度，通过群落饼图可视化呈现不同样本在不同水平上的物种群落组成。Heatmap 图是以颜色梯度来表征二维矩阵或表格中的数据大小，并呈现群落物种组成信息，根据不同样本间丰度的相似性进行聚类，并将结果呈现在群落 Heatmap 图上，可使高丰度和低丰度的物种分块聚集，通过颜色变化与相似程度来反映不同样本在各分类水平上群落组成的相似性和差异性。

第 2 章　全国烟草青枯雷尔氏菌的遗传信息分析

　　我国烟草青枯雷尔氏菌种下具有丰富的序列变种多样性，单一寄主影响下青枯雷尔氏菌的遗传信息、进化关系等是研究和分析各地青枯病发生规律和控制对策的关键。基于此，我们对西南大学、重庆烟草科学研究所烟草植保研究室保存的全国各地区代表菌株进行了全基因组分析。本章首先回顾了前期本研究团队对全国烟草青枯病菌的遗传多样性分析；然后选取了本研究室常用菌株，分离自重庆彭水的典型青枯病病原 CQPS-1 进行完整测序，全面解析重庆彭水这一菌株的基因组成及遗传信息；最后介绍本研究团队对 2013～2016 年的 106 株各个地区代表菌株进行全基因组重测序的相关情况，并以 CQPS-1 作为参考基因组对所有菌株进行变异分析及基因组组装，以了解全国烟草青枯菌的基因组信息、致病因子相关遗传特性，分析遗传进化特点、群体差异，旨在从微观水平为今后进一步深入研究青枯病以及在微生态环境下青枯病的遗传进化关系奠定扎实的基础。

2.1　全国烟草青枯雷尔氏菌的遗传多样性分析

　　因寄主范围、地理分布、致病性以及生理特性的多样性和复杂性，青枯雷尔氏菌被公认为多变的复合种(species complex)。根据传统的分类框架，青枯菌可分为不同的生理小种(race)和生化变种(biovar)。随着分子生物学技术的广泛应用，Fegan 和 Prior 于 2005 年共同提出了以演化型分类框架来描述青枯菌种以下的差异。传统的分类框架和演化型分类框架均体现了青枯雷尔氏菌的种下遗传多样性，相较而言，演化型分类框架可以更精确地反映青枯菌这一复合种的地理起源及种内的遗传多样性。

2.1.1　全国烟草青枯雷尔氏菌的生化变种鉴定

　　采用生化变种鉴定方法对全国烟草青枯雷尔氏菌进行了分析，测定了其对乳糖、麦芽糖、纤维二糖和甘露醇、山梨醇、甜醇的利用能力。结果表明，所有的供试菌株均能利用 3 种双糖和 3 种己醇(图 2-1)，参照生化变种划分标准，我国的烟草青枯雷尔氏菌均属于生化变种 3。

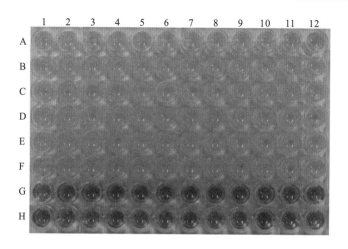

图 2-1 部分菌株生化变种结果展示

A. 乳糖，B. 麦芽糖，C. 纤维二糖，D. 甜醇，E. 甘露醇，F. 山梨醇，
G. 未加碳源的对照，H. 未加碳源且未接种青枯菌的对照

2.1.2 全国烟草青枯雷尔氏菌的演化型鉴定

对全国烟草青枯病菌菌株采用演化型特异性复合 PCR 进行鉴定。结果表明，所有菌株均可同时扩增得到片段大小分别为 144 bp 和 281 bp 的 2 条特异性片段（图 2-2），其中大小为 281 bp 的片段为青枯菌种特异性扩增条带，144 bp 的片段为演化型 I 的特异性扩增条带，从而在种和演化型分类单元水平上，揭示出供试菌株属于青枯菌演化型 I，即亚洲分支菌株。

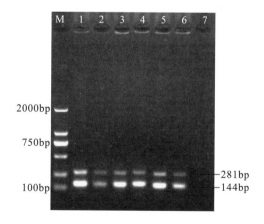

图 2-2 演化型 I 菌株的 PCR 电泳图

2.1.3 全国烟草青枯雷尔氏菌的系统发育分析

对代表菌株的 *egl* 基因部分序列进行系统发育分析，并从 GenBank 上选取 34 株菌株（表 2-1）的 *egl* 基因序列来确定供试菌株在系统发育结构中的位置。由系统发育分析可知，

所有的青枯雷尔氏菌被分为 4 个分支，即 4 个演化型分支，我国烟草青枯雷尔氏菌都被聚类到演化型 I 分支中(图 2-3)，这与演化型特异性复合 PCR 的鉴定结果一致[11]。而这些菌又被进一步聚为 8 个亚分支，即分别对应序列变种 13、14、15、17、34、44、54，以及一个新的未被报道过的 55。

表 2-1 参考序列信息

菌株	寄主	来源	演化型	序列变种	egl 登录号
R292	桑树	中国	I	12	AF295255
R288	桑树	中国	I	12	GQ907153
JT523	马铃薯	留尼汪岛	I	13	AF295252
PSS81	番茄	中国	I	14	FJ561066
PSS358	番茄	中国	I	15	EU407298
MAFF211266	番茄	日本	I	15	AF295250
Pss4	番茄	中国	I	15	EU407264
UW151	姜	澳大利亚	I	16	AF295254
P11	花生	中国	I	17	FJ561068
GMI1000	番茄	法国	I	18	AF295251
JT519	天竺葵	留尼汪岛	I	31	GU295032
PSS219	番茄	中国	I	34	FJ561167
O3	橄榄树	中国	I	44	FJ561069
Bd11	木槿	中国	I	44	FJ561098
CIP365	马铃薯	菲律宾	I	45	GQ907151
MAD17	辣椒	马达加斯加	I	46	GU295040
GMI8254	番茄	印度尼西亚	I	47	GU295014
M2	桑树	中国	I	48	FJ561067
HBJS1	烟草	中国	I	54	KP967641
CMR87	番茄	喀麦隆	II	35	EF439727
CMR121	番茄	喀麦隆	II	52	EF439725
CMR39	番茄	喀麦隆	II	41	EF439726
CFBP2972	马铃薯	马提尼克	II	35	EF371809
UW551	天竺葵	肯尼亚	II	1	DQ657596
ICMP7963	马铃薯	肯尼亚	II	7	AF295263
UW162	香蕉	秘鲁	II	4	AF295256
MOLK2	香蕉	菲律宾	II	3	EF371841
CMR66	木龙葵	喀麦隆	III	49	EF439729
JT525	天竺葵	留尼汪岛	III	19	AF295272
CFBP3059	茄子	布基纳法索	III	23	AF295270
NCPPB332	马铃薯	津巴布韦	III	22	DQ657649
MAFF301558	马铃薯	日本	IV	8	AY465002
Psi7	番茄	印度尼西亚	IV	10	EF371804
ACH732	番茄	澳大利亚	IV	11	GQ907150

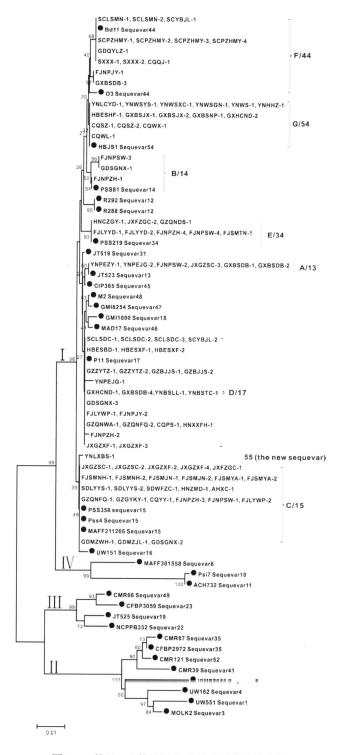

图 2-3　基于 *egl* 基因部分序列的系统发育分析

注：进化树采用邻比法；每个分支上的值代表自展 1000 次的支持百分比；菌株编号为采集地点的缩写；
序列完全相同的菌株仅用一个序列做进化树，并在其后显示了所有菌株名；黑色圆圈代表参考菌株。

2.1.4　烟草青枯雷尔氏菌序列变种的分布

　　基于菌株序列变种的结果，先后统计了各省(区、市)以及不同海拔区域的序列变种分布，从中得到了一些有趣的发现。

　　如表 2-2 的统计结果所示，福建省拥有最丰富的序列变种，包括了 6 个序列变种，其次是重庆、云南、广西、江西、广东，均各自包含 4 个序列变种，陕西、安徽、山东以及河南仅有一个序列变种，可能与样品采集量较少有关，因此分析更多的样品能够更好地解释青枯菌在各地区的多样性情况。

表 2-2　各省(区、市)序列变种统计

省(区、市)	序列变种
重庆	15；17；44；54
贵州	15；17；34
陕西	44
湖北	17；54
湖南	17；34
四川	17；44
云南	13；17；54；55
广西	13；17；44；54
江西	13；15；17；34
广东	14；15；17；44
福建	13；14；15；17；34；44
安徽	15
山东	15
河南	15

注：以上统计数据仅基于 2013～2015 年。

　　将所有分析菌株按海拔高度分为 3 个区域(高海拔区 R1——海拔高于 1500 m，中海拔区 R2——海拔介于 500～1500 m，低海拔区 R3——海拔低于 500 m)来探究海拔对青枯菌遗传结构的影响。由各个序列变种的海拔分布统计结果可知(图 2-4)，序列变种 17 和 44 在一个较宽的海拔范围内流行，序列变种 15 和 34 则在低海拔范围内流行，序列变种 13 在中低海拔区域内流行，而序列变种 54 和新的序列变种 55 只在中高海拔范围内发现。

　　各海拔区域内序列变种组成统计结果见表 2-3，从表可知，各海拔区域中序列变种分布也具有显著差异(χ^2 test，$P=5.55\times10^{-8}$)。其中序列变种 15 在低海拔地区显著流行(χ^2 test，$P=1.16\times10^{-5}$)，而新的序列变种 55 则在中高海拔地区显著流行(χ^2 test，$P=4.0\times10^{-3}$)。

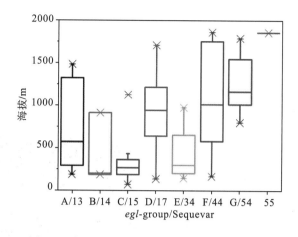

图 2-4　各序列变种在不同海拔中的分布箱式图

表 2-3　各海拔区域的序列变种分布统计

海拔区域	Phylotype/*egl*-group/sequevar[a]								合计
	I/A/13	I/B/14	I/C/15	I/D/17	I/E/34	I/F/44	I/G/54	I/55	
R1	…	…	…	2	…	5	4	1	12
R2	4	1	3	18	2	6	11	…	45
R3	2	2	22	6	6	2	…	…	40
合计	6	3	25	26	8	13	15	1	97

a. 基于 *egl* 基因部分序列的系统发育分析结果(图 2-3)。

总的看来，通过遗传多样性分析可知，单一寄主植物(烟草)上分离的菌株同样具有序列变种多样性，并且其序列变种分布与海拔有一定关系。烟草青枯雷尔氏菌在不同的环境、寄主植物和各种农艺操作的影响下，自身不断进化，形成了一个复合种。而在进化过程中，这些多样性菌株具体的遗传信息也值得进一步研究。

2.2　重庆彭水菌株 CQPS-1 的全基因组完成图测序

在研究了全国烟草青枯病菌菌株遗传多样性的基础上，本研究团队从所有收集的菌种库中选取了重庆彭水菌株 CQPS-1 进行完整全基因组测序[22]，以此作为研究团队相关研究的基础，并为今后进一步分析我国烟草青枯雷尔氏菌的致病因子特性、遗传进化、群体差异等提供支撑。

2.2.1　测序菌株 CQPS-1 的相关采集信息

菌株 CQPS-1 采集自重庆市彭水苗族土家族自治县润溪乡白果坪(E 107°56′29.06″，N 29°8′5.11″；海拔 1185 m)。该菌株为 2013 年采集，采集地常年种植烟草，土壤酸化严重(pH 约 5.0)，且青枯病发生严重。

2.2.2 测序菌株 CQPS-1 的分类地位及生长特性

菌株 CQPS-1 属于生化变种 3，演化型 I 序列变种 17。除能侵染烟草外，还可对茄子、番茄及辣椒致病；在 TTC 平板上，菌落流动性强，白边较宽，中心呈浅红色（图 2-5）。

图 2-5　菌株 CQPS-1 的相关图片

A. 大田烟草病株图片；B. 室内接种番茄后 1 个月的发病照片；

C. TTC 平板上的菌落图；D. 菌株 CQPS-1 的扫描电镜图片

2.2.3 菌株 CQPS-1 全基因组的基本信息

菌株 CQPS-1 测序所采用的方法为三代单分子实时测序技术（SMRT），该技术是 2009 年 Pacific Biosciences 公司推出的，相较于二代测序而言具有更长的 Reads 长度，且测序所花时间减少。因为三代单分子测序仪具有超长的数据读长，针对较小的基因组（小于 10M）特别是微生物基因组 Pacific Biosciences 推出了 finished genome 的概念。通过 SMRT 测序，过滤原始下机数据后，共获得高质量测序数据 1358927159 bp。组装得到完整基因组（5.89 Mb），基因组 GC 含量为 66.84%，包括 1 个环形的染色体，总长 3.83 Mb［图 2-6（a）］，一个大质粒 ［图 2-6（b）］，总长 2.06 Mb。对编码序列进行预测，共预测到 5229 个编码基因：染色体上 3573 个，大质粒上 1656 个。预测后得到的非编码 RNA 较少，具体数目见表 2-4。共得到 rRNA 12 个（其中，染色体有 9 个，质粒 3 个），tRNA 58 个（其中，染色体有 54 个，质粒 4 个）。

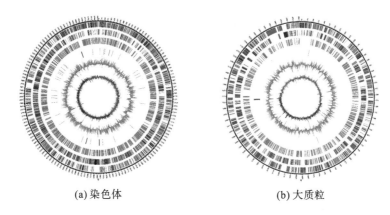

(a) 染色体　　　　　　　　　　　　　(b) 大质粒

图 2-6　青枯雷尔氏菌菌株 CQPS-1 基因组圈图

注：最外圈为基因组大小标示，其中每个刻度为 0.1 Mb；第二圈和第三圈分别为基因组正链和负链上的基因(不同颜色代表不同的 COG 功能分类)；第四圈为重复序列；第五圈为 tRNA；最内层为 GC 含量，红色部分表示该区域 GC 含量高于基因组的平均 GC 含量，峰值越高则与平均 GC 含量差异越大，蓝色部分则表示该区域 GC 含量低于基因组的平均 GC 含量。

表 2-4　青枯雷尔氏菌菌株 CQPS-1 的非编码 RNA 预测情况

基因组类型	RNA 类型	数量
染色体	rRNA	9
	tRNA	54
	miRNA	5
质粒	rRNA	3
	tRNA	4
	miRNA	2

2.2.4　菌株 CQPS-1 基因组组分分析

1. 假基因预测

假基因具有与功能基因相似的序列，但由于插入、缺失等突变以致失去了原有的功能。利用已预测得到的蛋白序列，通过 BLAT 比对，然后利用 GeneWise 寻找基因序列中不成熟的终止密码子及移码突变，最终得到假基因。由预测结果看，染色体上有 12 个假基因，大质粒上有 11 个假基因(表 2-5)。

表 2-5　青枯雷尔氏菌菌株 CQPS-1 的假基因统计

编号	位置	起始位置	终止位置	比对基因 ID	原因
1	染色体	402654	405058	1_502	提前终止
2	染色体	1213667	1216469	1_1507	移码突变
3	染色体	1358442	1361252	1_1315	移码突变
4	染色体	1715141	1717942	1_1507	移码突变
5	染色体	1258639	1261620	1_3010	移码突变、提前终止
6	染色体	3828393	3831498	1_5	移码突变

续表

编号	位置	起始位置	终止位置	比对基因 ID	原因
7	染色体	2076004	2078777	1_1991	移码突变
8	染色体	3551921	3555593	1_2384	移码突变
9	染色体	2682782	2685584	1_1507	移码突变
10	染色体	3096696	3098968	1_1749	移码突变
11	染色体	855764	858566	1_1507	移码突变
12	染色体	360367	363166	1_1507	移码突变
13	质粒	2021915	2024396	2_33	移码突变
14	质粒	623477	628118	2_578	移码突变
15	质粒	679030	681292	2_539	移码突变
16	质粒	2059462	2061089	2_8	移码突变
17	质粒	2020277	2022809	2_30	移码突变
18	质粒	1317082	131936	2_1532	移码突变
19	质粒	105	3263	2_1651	移码突变
20	质粒	1825	5345	2_1653	移码突变
21	质粒	2008207	2010546	2_59	移码突变
22	质粒	2023928	2026857	2_38	提前终止
23	质粒	1060420	1063747	2_1436	移码突变

2. CRISPR 和前噬菌体序列预测

CRISPR 是一串包含多个短而重复的碱基序列，重复序列之间是一些约 30 bp 的"spacer DNA"。在原核生物中，CRISPR 起到免疫的作用，对外来的质粒和噬菌体序列具有抵抗作用。CRISPR 能识别并使入侵的功能元件沉默。从预测分析结果看，菌株 CQPS-1 的染色体上存在 3 个 CRISPR，质粒上存在 4 个 CRISPR。

整合在宿主基因组上的温和噬菌体的核酸称之为前噬菌体。通过软件 phiSpy 预测前噬菌体，最终并没有得到前噬菌体序列。

3. 基因岛预测

基因岛可以与多种生物功能相关，如共生关系和发病机理，生物体的适应性等。通过软件预测，烟草青枯雷尔氏菌菌株 CQPS-1 的基因组共得到基因岛 21 个，其中染色体上 13 个，大质粒上 8 个。基因岛的起始位置情况见表 2-6。

表 2-6　青枯雷尔氏菌菌株 CQPS-1 的基因岛

编号.	位置	起始	终止	长度	编号	位置	起始	终止	长度
1	染色体	428525	459566	31042	12	染色体	3103246	3109052	5807
2	染色体	986787	1012338	25552	13	染色体	3141932	3150729	8798
3	染色体	1180790	1193487	12698	14	质粒	547988	551133	3146

续表

编号.	位置	起始	终止	长度	编号	位置	起始	终止	长度
4	染色体	1258067	1278681	20615	15	质粒	1059495	1081996	22502
5	染色体	1689453	1699588	10136	16	质粒	1276812	1287027	10216
6	染色体	1859197	1868432	9236	17	质粒	1757313	1766102	8790
7	染色体	2272498	2287934	15437	18	质粒	1826645	1834201	7557
8	染色体	2441192	2448117	6926	19	质粒	2012868	2025113	12246
9	染色体	2456048	2461823	5776	20	质粒	2027661	2031890	4230
10	染色体	2526333	2538614	12282	21	质粒	2034871	2051999	17129
11	染色体	2594919	2632704	37786					

2.2.5　菌株 CQPS-1 基因组注释

　　菌株 CQPS-1 的染色体和大质粒分别有 3573 个和 1656 个编码基因,基于同源比对的方法与不同数据库的同源物进行比对,最后,染色体有 3540 个基因进行了比对注释,大质粒有 1646 个,共占总基因的 99.18%,各个数据库注释到的具体基因个数见表 2-7。Gene Ontology(GO)对基因组注释的结果显示,染色体和大质粒上分别有 77.33% 和 70.41% 的基因被注释到各类功能聚类的基因家族中。经过在代谢通路数据库(KEGG)的比对,共有 2539 个基因能够进行相应注释。在进行 COG 功能聚类时,共有 4700 个基因注释到 23 类 COG 功能类别中(图 2-7)。其中,预测到一般功能的基因数目最多,有 604 个(12.85%),其次是氨基酸运输与代谢的基因 467 个(9.94%),排在第三的是转录的基因 391 个(8.32%),功能未知的基因有 368 个(7.83%)。对比染色体和大质粒上各个 COG 功能类别的基因,发现质粒(76 个)上的"细胞运动性"基因比染色体(62 个)上多(图 2-7 中 N:Cell motility)。

表 2-7　各数据库基因功能注释统计

数据库	染色体(编码基因 3573)		大质粒(编码基因 1656)		总计
	注释基因个数	百分率[*]	注释基因个数	百分率[*]	
GO	2763	77.33%	1166	70.41%	3929
KEGG	1888	52.84%	651	39.31%	2539
Nr	3535	98.94%	1643	99.21%	5178
COG	2774	77.64%	1158	69.93%	3932
Pfam	3005	84.10%	1288	77.78%	4293
Swissprot	2304	64.48%	923	55.74%	3227
TrEMBL	3524	98.63%	1635	98.73%	5159
注释总数	3540	99.08%	1646	99.40%	5186

注:*注释到的基因占编码基因总数的百分比。

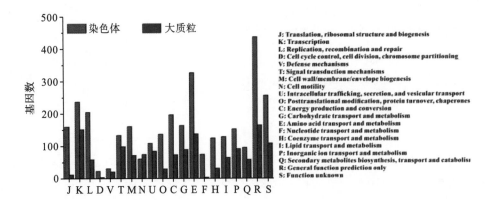

图 2-7　青枯雷尔氏菌菌株 CQPS-1 染色体和大质粒上注释到的不同 COG 功能范畴的基因

2.2.6　比较基因组分析

1. 基因组基本情况比较

选取了 8 株已测得全基因组序列的青枯雷尔氏菌菌株来进行比较基因组分析，这 8 株菌株分别是国外的分离自番茄的演化型 I 菌株 GMI1000、演化型 IIA 菌株 CFBP2957、演化型 III 菌株 CMR15、演化型 IV 菌株 PSI07，分离自马铃薯的演化型 IIB 菌株 PO82，以及国内的分离自沙姜的演化型 I 菌株 YC45、分离自育苗苗床的演化型 I 菌株 FQY_4 和分离自烟草的演化型 I 菌株 Y45。首先，对不同基因组的基本情况进行了统计，如表 2-8 所示。由表可知，相较于其他菌株，烟草青枯病菌 CQPS-1 的基因组长度最大，GC 含量高于平均 GC 含量。

表 2-8　不同青枯雷尔氏菌菌株的基因组基本情况统计

菌株	演化型	地理位置	寄主	基因组大小/Mb	GC 含量/%	编码序列个数 #CDS	rRNA	tRNA
CQPS-1	I	中国	烟草	5.89	66.84%	5229	12	58
GMI1000	I	法属圭亚那	番茄	5.81	66.98%	5635	12	57
YC45	I	中国	沙姜	5.73	67.09%	4621	6	46
FQY_4	I	中国	—	5.81	66.82%	5153	12	62
Y45	I	中国	烟草	5.73	66.90%	5496	5	53
CFBP2957	IIA	法属西印度群岛	番茄	5.68	66.90%	5310	9	53
PO82	IIB	墨西哥	马铃薯	5.43	66.67%	5019	9	54
CMR15	III	喀麦隆	番茄	5.61	66.83%	5149	12	59
PSI07	IV	印度尼西亚	番茄	5.62	66.32%	5247	9	54

2. 系统进化分析

利用组装后的基因组和参考物种的单拷贝蛋白序列构建进化树，用以研究青枯雷尔氏

菌种内的进化关系,结果如图 2-8 所示。由进化树可以看出,演化型 I 与演化型 III(CMR15)
进化关系较近。烟草青枯病菌 CQPS-1 与国内菌株 YC45、Y45 及国外菌株 GMI1000 的亲
缘关系最近。

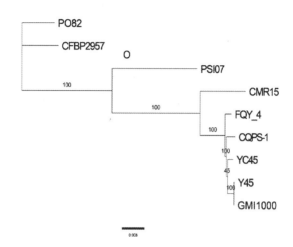

图 2-8　青枯雷尔氏菌菌株 CQPS-1 基因组与同源其他菌株的系统发育进化树

3. 共线性分析

将菌株 CQPS-1 分别与菌株 GMI1000、YC45、Y45、FQY_4、PO82、CFBP2957、CMR15
和 PSI07 进行共线性分析(表 2-9 和图 2-9)。由比较结果可知, 与 CQPS-1 共线性最好的
菌株是 GMI1000,比对到的共线性基因数占菌株 CQPS-1 总基因数的 84.97%;其次是 Y45,
比对到的共线性基因数占菌株 CQPS-1 总基因数的 84.11%;与菌株 CFBP2957 的共线性比
对基因最少,比对到的共线性基因数占菌株 CQPS-1 总基因数的 70.47%。而从共线性分析
结果中可知,不同菌株之间存在大小不一、数量不等的颠倒片段,并且也存在不同程度的
差异。

表 2-9　菌株 CQPS-1 与不同青枯雷尔氏菌菌株的共线性比对结果

比较菌株	共线性基因比对率/%[a]	共线性比对片段数	片段平均基因组	正向片段数	反向片段数
GMI1000	84.97	42	105.79	16	26
Y45	84.11	46	95.61	24	22
YC45	80.13	121	34.63	61	60
FQY_4	83.74	44	99.52	23	21
PO82	71.31	59	63.20	30	29
CFBP2957	70.47	57	64.65	36	21
CMR15	75.92	38	104.47	28	10
PSI07	73.05	54	70.74	29	25

a. 菌株 CQPS-1 与所比较的菌株间比对上的共线性基因数占菌株 CQPS-1 总基因数的比率。

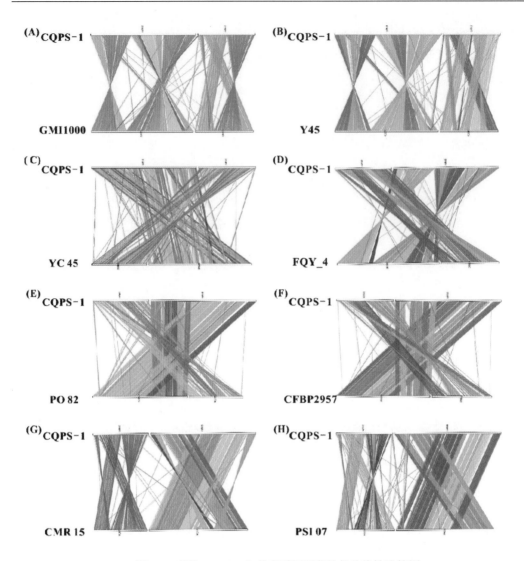

图 2-9　菌株 CQPS-1 与其直系同源菌株的共线性比较图

4. 基因家族分析

借助 OrthoMCL 软件对所选取的 8 株菌株基因组与本研究团队的菌株 CQPS-1 中的蛋白序列进行家族分类，寻找菌株 CQPS-1 的特有基因家族。通过与演化型 I 菌株(YC45、FQY_4、Y45、GMI1000)进行比较分析，烟草青枯病菌 CQPS-1 基因组中有 4842 个基因可以参与基因家族聚类，分为 4548 个基因家族，而所有菌株的共有基因家族有 3946 个，CQPS-1 菌株所特有的基因家族有 16 个，以此分析结果制作比较基因组的维恩图，结果见图 2-10，其中，CQPS-1 所包含的特有基因共 442 个(其他菌株的特有基因见表 2-10)。对这些特有基因进行注释，结果表明，大部分基因被注释为假定蛋白，此外还有其他功能，如 DNA 绑定蛋白、T3Es、膜蛋白、LysR 家族转录调节子等。

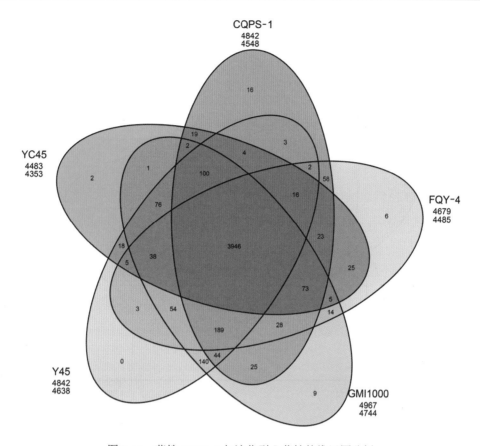

图 2-10　菌株 CQPS-1 与演化型 I 菌株的维恩图分析

注：图中每一个圈代表一个菌株，每个圈与其他圈没有重叠的部分中的数字代表菌株特有的基因家族数量，圈之间重叠的部分中的数字代表菌株间共有的基因家族数量；每个菌株名下方第一行数字代表该菌株参与到基因家族聚类的基因数量，第二行数字代表该菌株具有的基因家族的数量。

表 2-10　五株演化型 I 菌株的共有基因及特有基因统计

菌株	共有基因个数 [a]	特有基因个数 [b]
CQPS-1	4787	442
FQY-4	4661	478
GMI1000	4949	171
Y45	4842	30
YC45	4472	149

a. 该菌与其他任何一个比较菌株共有功能的基因数量；b. 该菌株特有的基因数量。

同时，将 CQPS-1 作为演化型 I 与其他演化型菌株（CFBP2957、PO82、CMR15、PSI07）进行了比较，由结果可知，CQPS-1 能参与聚类的基因有 4434 个，共可被聚类到 4283 个家族中，而其特有的基因家族有 10 个，分析后制作的维恩图见图 2-11。其中，CQPS-1 所包含的特有基因共 625 个（各菌株共有基因及特有基因见表 2-11）。对特有基因注释结果同样也表明其中最多的是假定蛋白。

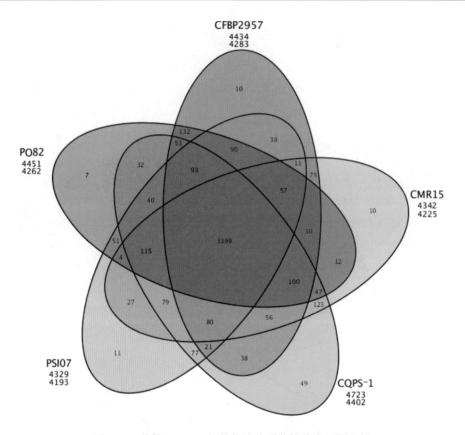

图 2-11　菌株 CQPS-1 与其他演化型菌株的维恩图分析

注：图中每一个圈代表一个菌株，每个圈与其他圈没有重叠的部分中的数字代表菌株特有的基因家族数量，圈之间重叠的部分中的数字代表菌株间共有的基因家族数量；每个菌株名下方第一行数字代表该菌株参与到基因家族聚类的基因数量，第二行数字代表该菌株具有的基因家族的数量。

表 2-11　五株不同演化型菌株的共有基因及特有基因统计

菌株	共有基因个数 [a]	特有基因个数 [b]
CFBP2957	4402	617
CMR15	4311	668
CQPS_1	4604	625
PSI07	4304	674
PO82	4433	585

a. 该菌与其他任何一个比较菌株共有功能的基因数量；b. 该菌株特有的基因数量。

2.3　全国烟草青枯雷尔氏菌菌株的基因组测序

前一小节已经介绍，菌株 CQPS-1 利用三代测序技术已获得完整的基因组数据。在此基础上，我们在 2013～2015 年采集的全国各地区的菌株中选取了部分代表菌株进行了基因组重测序。

2.3.1　全国烟草青枯菌菌株基因组测序及变异分析

所有烟草青枯菌菌株基因组 DNA 检测合格后，用机械打断的方法(超声波)将 DNA 片段化，然后对片段化的 DNA 进行片段纯化、末端修复、3'端加 A、连接测序接头，再用琼脂糖凝胶电泳进行片段大小选择，进行 PCR 扩增形成测序文库，建好的文库先进行文库质检，质检合格的文库用 Illumina HiSeq™ 4000 (PE150)进行测序。对测序得到的原始 reads(双端序列)进行质量评估并过滤得到 Clean Reads，用于后续生物信息学的分析。

以 CQPS-1 作为参考基因组进行比对，基于比对结果检测了各个基因组中的单核苷酸多态性(single nucleotide polymorphism，SNP)、小片段的插入与缺失(small InDel)、结构变异(SV)，具体检测统计结果见表 2-12。

表 2-12　全国烟草青枯菌菌株基因组变异统计

基因组编号	采集地点	采集年限	单核苷酸多态性位点数目	小片段的插入与缺失数目	结构变异数目
R617	安徽宣城	2014	11845	701	282
R538	福建龙岩武平	2014	759	358	172
R594	福建龙岩武平	2014	12764	775	331
R540	福建龙岩永定	2014	12915	781	441
R595	福建龙岩永定	2014	24046	1167	593
R541	福建南平建阳	2014	11063	676	344
R596	福建南平建阳	2014	20625	986	398
R597	福建南平建阳	2014	1087	353	157
R543	福建南平邵武	2014	11009	673	336
R544	福建南平邵武	2014	15769	802	412
R545	福建南平邵武	2014	23074	1097	278
R573	福建南平邵武	2013	12229	743	294
R562	福建南平政和	2013	24367	1168	546
R569	福建南平政和	2013	23152	1105	522
R598	福建南平政和	2014	12963	793	410
R599	福建南平政和	2014	23828	1148	432
R630	福建三明建宁	2014	12216	726	462
R557	福建三明宁化	2013	12812	774	345
R632	福建三明泰宁	2013	23708	1147	815
R629	福建三明永安	2014	12109	704	484
R593	广东梅州蕉岭	2014	13056	793	617
R592	广东梅州五华	2014	13016	791	370
R560	广东清远连州	2013	23175	1067	686
R536	广东韶关南雄	2014	11724	681	489

基因组编号	采集地点	采集年限	单核苷酸多态性位点数目	小片段的插入与缺失数目	结构变异数目
R559	广东韶关南雄	2013	16156	856	807
R591	广东韶关南雄	2014	1045	364	125
R634	广西百色靖西	2013	23739	1099	604
R635	广西百色靖西	2013	23502	1060	559
R636	广西百色那坡	2013	23501	1057	490
R608	广西百色德保	2014	11550	708	264
R609	广西百色德保	2014	1624	368	130
R610	广西百色德保	2014	21072	1004	724
R611	广西河池南丹	2014	1485	360	118
R612	广西河池南丹	2014	23672	1093	368
R637	贵州毕节金沙	2013	79	313	141
R576	贵州贵阳开阳	2013	12868	781	360
R613	贵州黔南独山	2014	27918	1284	575
R615	贵州黔南福泉	2014	136	307	39
R638	贵州黔南福泉	2013	12028	734	395
R614	贵州黔南瓮安	2014	1021	350	112
R624	贵州遵义桐梓	2015	343	315	50
R618	河南驻马店	2014	12108	721	506
R631	湖北恩施巴东	2014	885	323	182
R622	湖北恩施鹤峰	2014	23921	1104	436
R623	湖北恩施咸丰	2014	895	342	81
R535	湖南郴州桂阳	2014	23870	1145	388
R570	湖南湘西凤凰	2013	423	326	54
R600	江西抚州广昌	2014	24146	1145	587
R546	江西赣州广昌	2014	12010	713	297
R547	江西赣州石城	2014	11725	711	232
R601	江西赣州石城	2014	12850	785	369
R537	江西赣州信丰	2014	12915	763	269
R558	江西赣州信丰	2013	12568	737	488
R628	江西赣州信丰	2014	12073	727	446
R633	江西赣州信丰	2013	896	339	189
R619	山东临沂沂水	2014	12139	726	233
R621	山东临沂沂水	2014	12350	750	284
R620	山东潍坊诸城	2014	12289	735	467
R556	陕西西乡	2015	22779	1053	647
R625	陕西西乡	2015	22859	1053	458

基因组编号	采集地点	采集年限	单核苷酸多态性位点数目	小片段的插入与缺失数目	结构变异数目
R549	四川凉山德昌	2014	1453	358	67
R575	四川凉山德昌	2013	1644	368	76
R602	四川凉山德昌	2014	1664	370	73
R567	四川凉山冕宁	2013	22676	1041	446
R550	四川凉山冕宁	2014	22793	1044	402
R548	四川攀枝花米易	2014	22492	1044	449
R566	四川攀枝花米易	2013	23248	1066	592
R555	四川宜宾筠连	2014	140	308	59
R616	四川宜宾筠连	2014	23254	1091	431
R551	云南保山龙陵	2014	19208	921	389
R603	云南保山腾冲	2014	19812	979	597
R574	云南红河	2013	23819	1094	454
R539	云南临沧博尚	2014	22921	1030	661
R604	云南临沧博尚	2014	23429	1073	568
R552	云南临沧永德	2014	17832	840	207
R542	云南普洱景谷	2014	22305	1032	692
R605	云南普洱景谷	2014	21686	1019	434
R606	云南普洱镇沅	2014	21703	1013	485
R554	云南文山广南	2014	23811	1074	128
R561	云南文山麻栗坡	2013	24521	1145	582
R553	云南文山西畴	2014	23712	1079	553
R564	云南文山西畴	2013	24135	1108	463
R565	云南文山砚山	2013	23705	1077	426
R607	云南文山砚山	2014	23808	1103	432
R585	重庆丰都	2015	399	316	114
R584	重庆涪陵	2015	24269	1121	515
R589	重庆南川	2015	24217	1114	428
R579	重庆彭水	2013	3	299	11
R627	重庆彭水	2015	23719	1074	632
R563	重庆黔江	2013	23709	1108	625
R580	重庆黔江	2013	1176	360	141
R581	重庆黔江	2013	23821	1105	615
R582	重庆黔江	2013	1271	368	124
R586	重庆石柱	2015	288	310	54
R626	重庆石柱	2015	22887	1044	436
R590	重庆万州	2015	263	308	45

续表

基因组编号	采集地点	采集年限	单核苷酸多态性位点数目	小片段的插入与缺失数目	结构变异数目
R640	重庆万州	2015	11721	720	363
R568	重庆巫溪	2013	23802	1083	325
R577	重庆武隆	2013	820	344	35
R578	重庆武隆	2013	24195	1112	486
R583	重庆武隆	2013	647	328	49
R639	重庆武隆	2013	23587	1077	522
R571	重庆酉阳	2013	13105	794	341
R572	重庆酉阳	2013	21	301	23
R587	重庆酉阳	2015	24443	1120	446
R588	重庆酉阳	2015	23320	1063	740

2.3.2 全国烟草青枯菌测序菌株基因组的组装与分析

以 CQPS-1 作为参考基因组进行比对拼接，完成了 106 株全国烟草青枯菌菌株的全基因组装，并对所有菌株的基因组进行基因预测及注释，所有菌株的基因组分析结果如表2-13 所示。所有的基因组之间均存在不同程度的差异，因为二代测序结果进行拼接后得到的基因组本身就存在一定缺失，仅作查考，具体的基因差异还需进一步验证确定。

表 2-13　全国烟草青枯菌菌株基因组变异统计

菌株基因组编号	采集地点	基因组大小	基因	mRNA	ncRNA	假基因	rRNA	tRNA	重叠群	骨架序列	组装得分	GC含量/%
R617	安徽宣城	5591484	4938	4869	30	234	0	39	158	158	4.5488666	66.83
R538	福建龙岩武平	6943145	5969	5892	33	1342	3	41	1264	1263	3.7397923	63.21
R594	福建龙岩武平	5719500	5136	5062	33	542	2	39	248	248	4.3629013	67.02
R540	福建龙岩永定	5757750	5140	5071	30	357	0	39	197	197	4.4657839	66.85
R595	福建龙岩永定	5926216	5393	5316	36	774	1	40	370	370	4.2045735	66.81
R541	福建南平建阳	5645785	5035	4966	29	317	1	39	232	232	4.3862336	66.89
R596	福建南平建阳	5616544	4985	4916	26	210	3	40	139	139	4.6064532	67.09
R597	福建南平建阳	5535566	4927	4866	29	1022	0	32	501	501	4.0433243	67.01
R543	福建南平邵武	5686267	5084	4990	42	874	6	46	408	408	4.1441644	66.82
R544	福建南平邵武	7666786	6288	6189	49	1448	4	46	1996	1995	3.5844433	61.41
R545	福建南平邵武	5729847	5071	4971	44	338	5	51	170	170	4.5276924	66.78
R573	福建南平邵武	5677894	5029	4937	41	280	6	45	197	197	4.4597187	66.84
R562	福建南平政和	5798406	5136	5046	40	370	5	45	177	177	4.5153307	66.85
R569	福建南平政和	5818135	5245	5167	36	548	1	41	318	318	4.2623508	66.96
R598	福建南平政和	5700016	5079	5001	35	424	3	40	225	225	4.4036913	66.98

续表

菌株基因组编号	采集地点	基因组大小	基因	mRNA	ncRNA	假基因	rRNA	tRNA	重叠群	骨架序列	组装得分	GC含量/%
R599	福建南平政和	5734261	5067	4996	29	246	2	40	124	124	4.665054	67
R630	福建三明建宁	5657598	5065	4993	29	306	4	39	171	171	4.5196339	67.02
R557	福建三明宁化	5611081	5096	5016	38	1118	3	39	494	494	4.0553196	66.94
R632	福建三明泰宁	6174351	5526	5450	36	348	2	38	191	190	4.5095501	66.67
R629	福建三明永安	5620419	5034	4957	37	274	1	39	177	177	4.5017915	67.06
R593	广东梅州蕉岭	5751562	5536	5460	33	1268	2	41	514	514	4.0488227	66.89
R592	广东梅州五华	5475298	4973	4896	35	864	3	39	394	394	4.1429115	67.14
R560	广东清远连州	5488023	4935	4861	34	848	3	37	384	384	4.1550847	67.1
R536	广东韶关南雄	5597108	4999	4900	43	284	5	51	171	171	4.5149656	66.76
R559	广东韶关南雄	5896148	5346	5271	35	877	2	38	366	366	4.2070825	66.61
R591	广东韶关南雄	5600111	5004	4936	28	766	3	37	377	377	4.1718553	66.98
R634	广西百色靖西	5824630	5283	5205	34	304	3	41	145	145	4.6038965	66.9
R635	广西百色靖西	5646560	5049	4976	29	310	3	41	134	134	4.6246771	67.08
R636	广西百色那坡	5723237	5157	5083	32	202	1	41	104	104	4.7406062	67.03
R608	广西百色德保	5747504	5115	5037	32	358	6	40	224	224	4.4092294	66.85
R609	广西百色德保	5904546	5266	5155	51	536	5	55	399	399	4.1702136	66.16
R610	广西百色德保	5527828	4962	4880	35	444	4	43	246	246	4.3516194	67.01
R611	广西河池南丹	6147144	5350	5209	65	215	6	70	246	245	4.397727	65.63
R612	广西河池南丹	5867251	5507	5429	34	1064	3	41	380	380	4.1886491	66.85
R637	贵州毕节金沙	5653392	5075	5003	29	238	3	40	161	161	4.5454805	66.95
R576	贵州贵阳开阳	5517066	4954	4879	29	500	2	44	262	262	4.3234069	67.08
R613	贵州黔南独山	6871750	6793	6702	39	2629	0	52	1102	1102	3.7947801	66.37
R615	贵州黔南福泉	5702782	5094	5021	30	272	4	39	183	183	4.4936331	66.9
R638	贵州黔南福泉	5649231	5037	4960	34	478	4	39	231	230	4.3883708	67.05
R614	贵州黔南瓮安	5797085	5264	5182	34	542	6	42	252	252	4.3618072	66.91
R624	贵州遵义桐梓	5616092	4984	4911	30	188	3	40	141	140	4.6002016	67
R618	河南驻马店	5641466	5000	4928	33	242	0	39	158	157	4.5527267	67.07
R631	湖北恩施巴东	5654021	5038	4966	30	262	3	39	177	177	4.5043828	66.95
R622	湖北恩施鹤峰	5855490	5268	5190	35	274	3	40	141	141	4.6183409	66.92
R623	湖北恩施咸丰	5707007	5142	5071	28	296	3	40	158	158	4.5577503	67.01
R535	湖南郴州桂阳	5832110	5136	5063	32	374	2	39	208	208	4.4477609	66.79
R570	湖南湘西凤凰	5688380	5088	5017	31	434	1	39	260	260	4.3400118	66.78
R600	江西抚州广昌	5680196	5134	5063	27	694	2	42	291	291	4.2904703	66.96
R546	江西赣州广昌	5601974	4970	4897	34	381	0	39	198	198	4.4516728	67.1
R547	江西赣州石城	5688380	5088	5017	31	434	1	39	260	260	4.3400118	66.78
R601	江西赣州石城	5579246	4994	4916	32	964	3	43	430	430	4.1131071	67.03

菌株基因组编号	采集地点	基因组大小	基因	mRNA	ncRNA	假基因	rRNA	tRNA	重叠群	骨架序列	组装得分	GC含量/%
R537	江西赣州信丰	7121647	6083	6004	37	1160	2	40	1201	1201	3.7730258	63.44
R558	江西赣州信丰	5405929	5038	4964	33	1464	3	38	573	573	3.9747157	67.12
R628	江西赣州信丰	5554042	4980	4907	32	390	2	39	202	202	4.439256	67.14
R633	江西赣州信丰	5728847	5156	5088	25	304	3	40	161	161	4.5512398	66.95
R619	山东临沂沂水	5581801	4924	4846	36	217	2	40	137	137	4.6100518	67.07
R621	山东临沂沂水	5654485	5068	4991	35	388	3	39	211	211	4.4281085	67.05
R620	山东潍坊诸城	5833184	5171	5049	53	342	5	64	236	234	4.3929776	66.4
R556	陕西西乡	5664818	5095	5021	35	521	1	38	249	249	4.3569847	67.11
R625	陕西西乡	5616464	4985	4910	32	346	3	40	178	178	4.49904	67.09
R549	四川凉山德昌	5943855	5384	5310	33	770	1	40	345	345	4.236246	66.7
R575	四川凉山德昌	5902608	5291	5218	32	306	0	41	201	200	4.4678395	66.76
R602	四川凉山德昌	5953201	5367	5294	28	308	3	42	205	205	4.4629946	66.7
R567	四川凉山冕宁	5644503	5004	4910	41	374	6	47	213	213	4.4232441	66.79
R550	四川凉山冕宁	5538444	4960	4887	32	322	1	40	155	155	4.5530531	67.18
R548	四川攀枝花米易	5447006	4867	4786	37	564	3	41	407	407	4.1265634	66.59
R566	四川攀枝花米易	5774630	5210	5137	31	524	3	39	262	260	4.3432076	66.69
R555	四川宜宾筠连	5993121	5331	5240	48	912	4	39	761	761	3.8962684	65.69
R616	四川宜宾筠连	5687595	5056	4978	32	264	4	42	136	136	4.6213875	67
R551	云南保山龙陵	5786568	5136	5059	37	332	1	39	172	172	4.5268901	66.96
R603	云南保山腾冲	5763222	5186	5088	45	754	4	49	384	384	4.1763341	66.78
R574	云南红河	5912146	5352	5258	42	276	6	46	167	167	4.5490263	66.77
R539	云南临沧博尚	7107985	5870	5791	36	1180	2	41	1307	1306	3.7354509	63
R604	云南临沧博尚	5727294	5133	5033	46	774	5	49	430	430	4.124481	66.6
R552	云南临沧永德	5572700	4983	4896	37	320	5	45	147	147	4.5787466	67.06
R542	云南普洱景谷	5663646	5083	5016	27	832	1	39	341	341	4.2203383	67.05
R605	云南普洱景谷	5496569	4915	4820	43	834	5	47	400	400	4.1380317	66.92
R606	云南普洱镇沅	5563102	4921	4813	52	640	4	52	386	386	4.1587297	66.61
R554	云南文山广南	7506037	6404	6310	47	1462	5	42	1724	1724	3.6388711	62.01
R561	云南文山麻栗坡	5861239	5386	5311	33	608	1	41	264	264	4.3463802	66.93
R553	云南文山西畴	5919957	5329	5216	50	406	6	57	201	201	4.4691154	66.43
R564	云南文山西畴	5773582	5220	5139	33	270	5	43	142	142	4.6091557	66.93
R565	云南文山砚山	5779066	5169	5089	35	222	3	42	117	117	4.6936701	66.93
R607	云南文山砚山	5773896	5206	5128	35	516	3	40	210	210	4.4392463	66.96
R585	重庆丰都	5620797	5009	4941	26	306	3	39	182	182	4.489725	66.99

菌株基因组编号	采集地点	基因组大小	基因	mRNA	ncRNA	假基因	rRNA	tRNA	重叠群	骨架序列	组装得分	GC含量/%
R584	重庆涪陵	5815707	5356	5243	48	962	6	59	440	440	4.1211498	66.37
R589	重庆南川	5731571	5371	5295	32	1130	3	41	428	428	4.1268299	66.98
R579	重庆彭水	5895545	5221	5105	46	342	6	64	224	224	4.4202735	66.11
R627	重庆彭水	5830175	5274	5195	34	254	3	42	137	137	4.6289597	66.9
R563	重庆黔江	5716697	5087	5001	39	354	5	42	188	188	4.4829844	66.94
R580	重庆黔江	5816047	5232	5121	45	500	6	60	358	358	4.2107449	66.41
R581	重庆黔江	5740799	5164	5092	30	380	3	39	191	191	4.4779366	66.98
R582	重庆黔江	5762020	5226	5152	30	278	3	41	169	169	4.5326852	66.96
R586	重庆石柱	5597614	5061	4993	27	556	3	38	292	292	4.2826201	66.95
R626	重庆石柱	5593113	4962	4886	33	182	3	40	112	112	4.6984349	67.13
R590	重庆万州	5637539	5050	4980	27	440	3	40	235	235	4.3800201	66.95
R640	重庆万州	5587418	4936	4865	30	260	2	39	153	152	4.5624804	67.08
R568	重庆巫溪	5828212	5228	5147	36	564	5	40	255	255	4.3589919	66.89
R577	重庆武隆	5535388	4991	4916	30	1314	1	44	559	559	3.9957363	67.04
R578	重庆武隆	5726927	5249	5149	44	1004	7	49	436	434	4.1184214	66.82
R583	重庆武隆	5628172	5008	4909	40	848	6	53	463	463	4.0847864	66.56
R639	重庆武隆	5825479	5255	5179	32	220	3	41	111	110	4.7199969	66.9
R571	重庆酉阳	5689908	5131	5058	34	520	0	39	258	257	4.3434781	66.98
R572	重庆酉阳	5803699	5222	5134	35	396	7	46	246	246	4.3727676	66.76
R587	重庆酉阳	5865175	5301	5225	31	312	3	42	159	159	4.5668824	66.9
R588	重庆酉阳	5675795	5055	4984	29	326	3	39	154	154	4.5665028	67.03

2.3.3　基于基因组的全国烟草青枯菌菌株遗传进化关系

与来自单个基因的系统发育树相比，用多基因组合构建进化树能展示出更好的结果。有研究指出，可以使用基因组的所有核心基因来最大化用于构建系统发育树的序列，以此来获得更准确的进化树。

在获得全国菌株基因组之后，计算出它们的核心基因，然后将每个菌株基因组中的核心基因的直系同源基因通过比对工具对齐，根据比对结果计算距离矩阵，最后使用邻接方法基于该距离矩阵构建系统进化树(图 2-12)。按照进化树分支，所有的菌株大致可以分为6 部分，如图 2-12 不同分支颜色所示。以菌株采集区域进行划分，对应在进化树中的各个菌株进行标注，结果如图 2-13 所示。对不同地形采集的菌株进行分类，包括两类：采集于第二阶梯(平均海拔在 1000～2000 m)的菌株和采集自第三阶梯(平均海拔在 500 m 左右)的菌株，结果如图 2-14 所示。由图推测，青枯菌可能在各个种植区定植后，由于人类活动，各区域之间又存在相互扩散，并且不同海拔地形影响下的菌株可能在其所处环境中进一步演化，但是对于青枯菌具体的传播扩散方式和路线等还需要更多信息的收集。

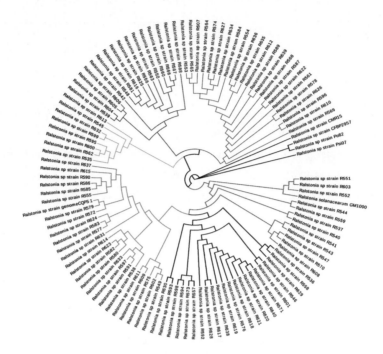

图2-12　基于基因组的全国菌株系统进化树

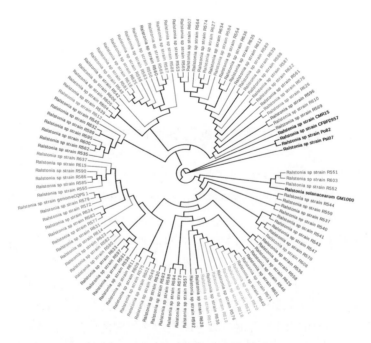

图2-13　按不同区域标记后的进化树

注：蓝色代表福建、江西、广东、湖南；红色代表云南和广西；
绿色代表四川、重庆、贵州、湖北；橙色代表安徽、山东、河南。

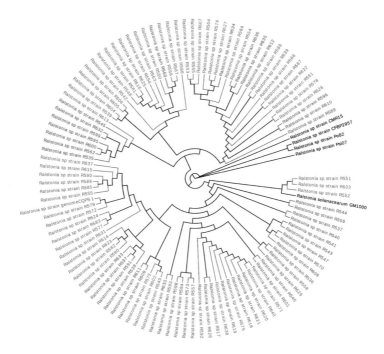

图 2-14　按不同地形标记后的进化树

注：红色代表第二阶梯地形采集的菌株，该地形的海拔在 1000～2000 m；
蓝色代表第三阶梯地形采集的菌株，该地形大部分海拔在 500 m 以下。

结合 2.1 节的遗传多样性分析，影响烟草青枯雷尔氏菌种下分化的因素可能很多。比如，在东南地区，特别是福建省，水旱轮作是重要的耕作方式，有研究表明，灌溉水能向耕地中引入青枯雷尔氏菌，而水旱轮作的方式是否造成青枯雷尔氏菌种下分化多样性区域分布值得我们进一步研究。寄主植物-病原菌共进化的基因对基因假说表明，寄主植物会影响病原菌的致病力基因变化。各地区的栽种作物存在差异，由于烟草青枯雷尔氏菌的寄主较多，这些多寄主的轮种对病原菌的影响可能也是烟草青枯雷尔氏菌种下分化的原因。此外，区域分布、气候环境等也可能是影响因素，但哪些是造成烟草青枯雷尔氏菌如此丰富的遗传多样性的关键因素仍需要进一步的研究。

2017 年本研究团队再次进行了全国范围内地毯式取样，分离了所有地区的病原菌，分析了各个菌株的基本遗传信息，收集了相应地区影响青枯病发生的环境、微生态等资料，并整理了我国烟草青枯病发生的基本情况，旨在为今后深入研究青枯病发病机理、探究影响其种内多样性的关键因子及筛选有效防治措施提供基础支撑。

第3章 福建烟区

3.1 福建省三明市

3.1.1 建宁县

1. 地理信息

采集地点详细信息：福建三明市建宁县黄坊乡黄坊村

经度：116°52′50.1″E

纬度：26°58′39.2″N

海拔：393 m

2. 气候条件

建宁地处中亚热带，属海洋性季风气候区，又有大陆性山地气候特点。

3. 种植及发病情况

2017 年 5 月采集地种植品种为云烟 87，该年烟草移栽日期为 3 月初。该地块每年采用烟稻轮作的方式，已连续种植约 3 年。发病的烟株症状表现为：①发病时，叶片出现典型的"半边疯"症状，半边叶片萎蔫坏死；②茎秆黑色条斑明显，部分可达顶部，但叶片可抢收；③大部分发病烟株未出现急性坏死，根部有部分坏死，但须根发达(图 3-1)。

图 3-1 田间病株照片

A. 发病初期叶片症状；B. 茎秆黑色条斑症状

4. 菌株基本情况

分类地位：生化变种 3，演化型 I 序列变种 15。

菌落培养特性：在 TTC 平板上，菌落流动性强，白边较宽，中心呈浅红色（图 3-2）。

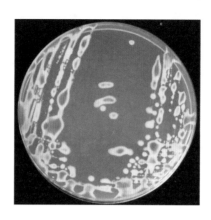

图 3-2　菌株 FJ-JN-1 在 TTC 培养基上的生长情况

5. 土壤信息

土壤类型：粉砂壤土

土壤 pH：4.80

土壤基本理化性质：有机质 41.43 g/kg，全氮 2.21 g/kg，全磷 0.95 g/kg，全钾 48.03 g/kg，碱解氮 180.21 mg/kg，有效磷 77.22 mg/kg，速效钾 390 mg/kg，交换性钙 0.712 g/kg，交换性镁 0.097 g/kg，有效铜 1.40 mg/kg，有效锌 7.10 mg/kg，有效铁 71.79 mg/kg，有效锰 31.00 mg/kg，有效硼 0.426 mg/kg，有效硫 29.71 mg/kg，有效氯 85.13 mg/kg，有效钼 0.313 mg/kg。

6. 根际微生物群落结构信息

对福建三明市建宁县发病烟株根际土壤微生物进行 16S rRNA 测序，共鉴定出 2946 个 OTU，其中细菌占 94.75%，古菌占 5.24%，包括 33 个门 79 个纲 169 个目 305 个科 550 个属，在门水平至少隶属于 33 个不同的细菌门，其相对丰度≥1% 的共 12 个门（图 3-3）。其中变形菌门（Proteobacteria）29.21% 和放线菌门（Actinobacteria）25.95%，为土壤细菌中的优势类群。其次为绿弯菌门（Chloroflexi）12.33%、浮霉菌门（Planctomycetes）7.78%、酸杆菌门（Acidobacteria）5.02%、奇古菌门（Thaumarchaeota）3.37%、Saccharibacteria 3.03%、厚壁菌门（Firmicutes）3.01%、拟杆菌门（Bacteroidetes）2.79%、疣微菌门（Verrucomicrobia）2.43%、芽单胞菌门（Gemmatimonadetes）1.14% 和硝化螺旋菌门（Nitrospirae）1.01%，其余 21 个门所占比例均低于 1%，共占 2.93%。

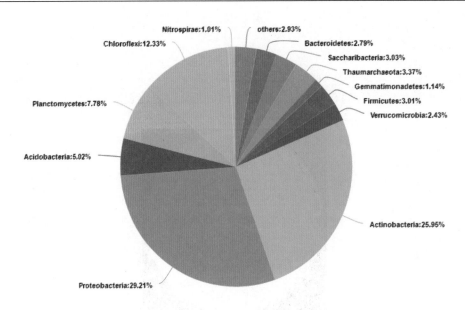

图3-3　FJ-JN 门水平上物种主要类群组成

在隶属的169个目中,相对丰度大于0.1%的类群如图3-4所示,微球菌目(Micrococcales)丰度最高, 占 12.17%, 其次为根瘤菌目(Rhizobiales)和浮霉菌目(Planctomycetales), 分别占10.11%和7.37%。在现有数据库能注释到具体名称,且相对丰度大于2%的类群有: 黄单胞菌目(Xanthomonadales)5.63%、 伯克氏菌目(Burkholderiales)5.02%、 纤线杆菌目(Ktedonobacterales)4.27%、Gaiellales 3.36%、棒杆菌目(Corynebacteriales)2.70%、弗兰克氏菌目(Frankiales)2.26%和土壤红杆菌目(Solirubrobacterales)2.03%。

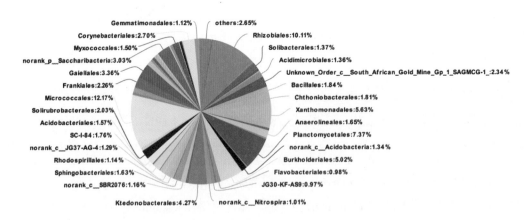

图3-4　FJ-JN 目水平上物种主要类群组成

在属水平进一步进行分析(图3-5),在现有数据库注释到名称的类群中,*Pseudarthrobacter*的相对丰度最高,达到9.71%,其次为罗丹杆菌属(*Rhodanobacter*)和 *Isosphaera*, 分别占3.14%和 2.69%, 相对丰度大于 1%的类群有: 分枝杆菌属(*Mycobacterium*)2.51%、*Candidatus-Nitrosotalea* 2.34%、马赛菌属(*Massilia*)1.77%、*Singulisphaera* 1.41%、慢生根瘤菌

属(*Bradyrhizobium*)1.39%、紫色杆菌属(*Janthinobacterium*)1.18%、热酸菌属(*Acidothermus*)1.14%、红微菌属(*Rhodomicrobium*)1.06%、硝化螺旋菌属(*Nitrospira*)1.01%和芽孢杆菌属(*Bacillus*)1.00%，而雷尔氏菌属(*Ralstonia*)的相对丰度为 0.14%。

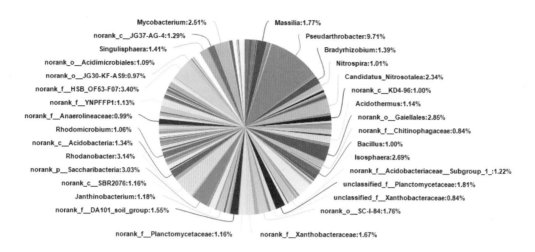

图 3-5　FJ-JN 属水平上物种主要类群组成

3.1.2　泰宁县

1. 地理信息

采集地点详细信息：福建三明市泰宁县大田乡

经度：117°00′3.1″E

纬度：26°55′57.4″N

海拔：354 m

2. 气候条件

泰宁县属于中亚热带季风型山地气候。夏季受海洋性气候影响，盛行东南风，冬季受西北冷空气侵袭，又具有大陆性气候特征。夏季无酷热，冬季无严寒。

3. 种植及发病情况

2017 年 5 月采集地种植品种为云烟 87，该地每年烟稻轮作，连续种植十年以上。2017 年的移栽日期为 3 月初。前期没有发生青枯病，5 月中旬开始发生。发病的烟株症状表现为：①病株茎秆黄色条斑明显且变黑坏死；②叶片出现半边黄化坏死斑的明显“半边疯”症状，部分叶片和叶柄呈褐色(图 3-6)。

图 3-6 田间病株照片

A. 单株发病烟株；B. 茎秆黑色条斑症状；C. 叶片典型"半边疯"症状

4. 菌株基本情况

分类地位：生化变种 3，演化型 I 序列变种 34。

菌落培养特性：在 TTC 平板上，菌落流动性强，白边较宽，中心呈浅红色（图 3-7）。

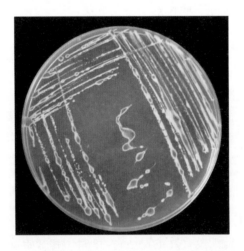

图 3-7 菌株 FJ-TN-1 在 TTC 培养基上的生长情况

5. 土壤信息

土壤类型：粉砂壤土

土壤 pH：4.90

土壤基本理化性质：有机质 36.82 g/kg，全氮 1.86 g/kg，全磷 1.56 g/kg，全钾 54.61 g/kg，碱解氮 149.89 mg/kg，有效磷 86.41 mg/kg，速效钾 540 mg/kg，交换性钙 0.51 g/kg，交换性镁 0.10 g/kg，有效铜 3.40 mg/kg，有效锌 9.92 mg/kg，有效铁 201.23 mg/kg，有效锰 68.86 mg/kg，有效硼 0.35 mg/kg，有效硫 96.98 mg/kg，有效氯 55.27 mg/kg，有效钼 0.25 mg/kg。

6. 根际微生物群落结构信息

对福建三明市泰宁县发病烟株根际土壤微生物进行 16S rRNA 测序，共鉴定出 3088 个 OTU，其中细菌占 96.50%，古菌占 3.49%，包括 38 个门 83 个纲 173 个目 311 个科 579 个属。在门水平至少隶属于 38 个不同的细菌门，其相对丰度≥1%的共 11 个门（图 3-8）。其中放线菌门（Actinobacteria）33.12%和变形菌门（Proteobacteria）26.60%，为土壤细菌中的优势类群。其次为绿弯菌门（Chloroflexi）12.03%、浮霉菌门（Planctomycetes）7.55%、酸杆菌门（Acidobacteria）4.73%、Saccharibacteria 3.72%、广古菌门（Euryarchaeota）2.61%、拟杆菌门（Bacteroidetes）2.41%、疣微菌门（Verrucomicrobia）1.97%、厚壁菌门（Firmicutes）1.79%和芽单胞菌门（Gemmatimonadetes）1.11%，其余 27 个门所占比例均低于 1%，共占 2.38%。

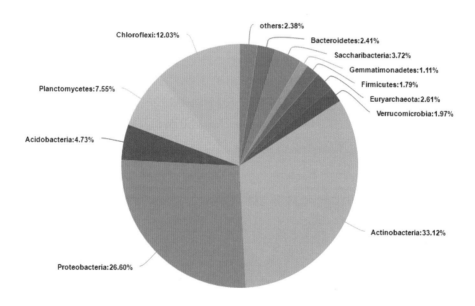

图 3-8　FJ-TN 门水平上物种主要类群组成

在隶属的 173 个目中，相对丰度大于 0.1%的类群如图 3-9 所示，微球菌目（Micrococcales）丰度最高，占 22.95%，其次为根瘤菌目（Rhizobiales）和浮霉菌目（Planctomycetales），分别占 9.09%和 6.75%。在现有数据库能注释到具体名称，且相对丰度大于 2%的类群有：黄单胞菌目（Xanthomonadales）5.13%、伯克氏菌目（Burkholderiales）3.70%、纤线杆菌目（Ktedonobacterales）2.44%、厌氧绳菌目（Anaerolineales）2.31%、弗兰克氏菌目（Frankiales）2.14%和鞘脂杆菌目（Sphingobacteriales）2.00%。

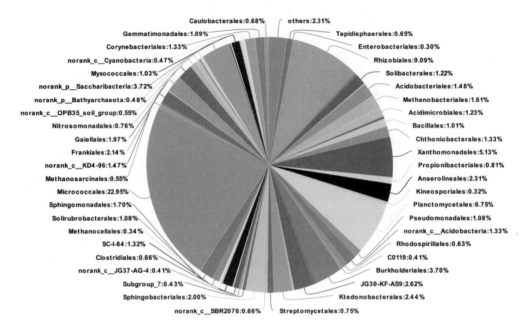

图 3-9　FJ-TN 目水平上物种主要类群组成

在属水平进一步进行分析（图 3-10），在现有数据库能注释到名称的类群中，*Pseudarthrobacter* 的相对丰度最高，达到 15.51%，其次为 *Isosphaera* 和罗丹杆菌属（*Rhodanobacter*），分别占 2.23% 和 1.94%，相对丰度大于 1% 的类群有：慢生根瘤菌属（*Bradyrhizobium*）1.67%、甲烷杆菌属（*Methanobacterium*）1.61%、*Singulisphaera* 1.25%、地杆菌属（*Terrabacter*）1.20%、假单胞菌属（*Pseudomonas*）1.07% 和节杆菌属（*Arthrobacter*）1.03%，而雷尔氏菌属（*Ralstonia*）的相对丰度为 0.12%。

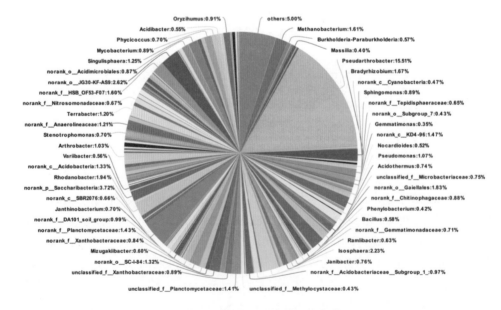

图 3-10　FJ-TN 属水平上物种主要类群组成

3.1.3　宁化县

1. 地理信息

采集地点详细信息：福建三明市宁化县石壁镇陂下村
经度：116°31′54.5″E
纬度：26°15′28.4″N
海拔：334 m

2. 气候条件

宁化县属中亚热带山地气候，气候温和，雨量充沛，年平均气温 15～18℃，夏无酷暑，冬无严寒，春季长达 4 个月，无霜期 214～248 d，年平均降水量 1700～1800 mm，年均日照 1757 h。

3. 种植及发病情况

2017 年 5 月采集地种植品种为翠碧一号，该地每年烟稻轮作，连续种植十年以上。2017 年的移栽日期为 1 月底。因种植时间较早，到收获期时还未出现明显的高温高湿天气，故采烤时青枯病并不严重。发病的烟株上青枯病表现特点为：①发病烟株烟叶出现半边黄化、下部叶片整片坏死的症状，且有的叶片具有明显的褐色网纹症状；②茎上出现黑色条斑，条斑连成线(图 3-11)。

图 3-11　田间病株照片

A. 大田整体图；B. 茎基部黑色条斑症状；C. 单株烟株症状图

4. 菌株基本情况

分类地位：生化变种 3，演化型 I 序列变种 15。

菌落培养特性：在 TTC 平板上，菌落流动性强，白边较宽，中心呈浅红色（图 3-12）。

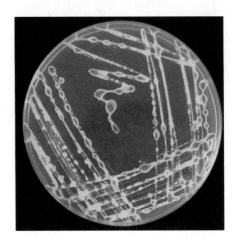

图 3-12　菌株 FJ-NH-1 在 TTC 培养基上的生长情况

5. 土壤信息

土壤类型：砂质壤土

土壤 pH：4.70

土壤基本理化性质：有机质 22.09 g/kg，全氮 1.09 g/kg，全磷 0.60 g/kg，全钾 39.88 g/kg，碱解氮 134.74 mg/kg，有效磷 73.31 mg/kg，速效钾 380 mg/kg，交换性钙 0.489 g/kg，交换性镁 0.077 g/kg，有效铜 4.01 mg/kg，有效锌 3.98 mg/kg，有效铁 150.96 mg/kg，有效锰 52.33 mg/kg，有效硼 0.218 mg/kg，有效硫 36.70 mg/kg，有效氯 77.34 mg/kg，有效钼 0.238 mg/kg。

6. 根际微生物群落结构信息

对福建三明市宁化县发病烟株根际土壤微生物进行 16S rRNA 测序，共鉴定出 2906 个 OTU，其中细菌占 98.52%，古菌占 1.47%，包括 33 个门 74 个纲 158 个目 292 个科 543 个属。在门水平至少隶属于 33 个不同的细菌门，其相对丰度≥1% 的共 11 个门（图 3-13）。其中放线菌门（Actinobacteria）34.52% 和变形菌门（Proteobacteria）31.79%，为土壤细菌中的优势类群。其次为绿弯菌门（Chloroflexi）8.78%、酸杆菌门（Acidobacteria）5.16%、Saccharibacteria 5.12%、拟杆菌门（Bacteroidetes）4.25%、浮霉菌门（Planctomycetes）3.59%、厚壁菌门（Firmicutes）1.61%、芽单胞菌门（Gemmatimonadetes）1.22%、奇古菌门（Thaumarchaeota）1.21% 和疣微菌门（Verrucomicrobia）1.13%，其余 22 个门所占比例均低于 1%，共占 1.62%。

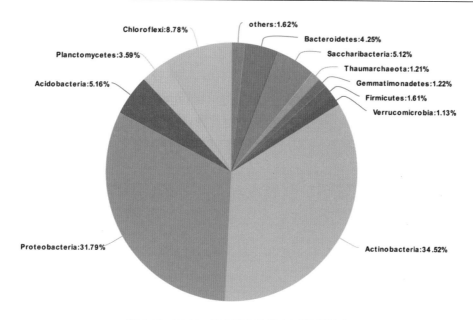

图 3-13　FJ-NH 门水平上物种主要类群组成

在隶属的 158 个目中，相对丰度大于 0.1%的类群如图 3-14 所示，微球菌目（Micrococcales）丰度最高，占 23.26%，其次为根瘤菌目（Rhizobiales）和伯克氏菌目（Burkholderiales），分别占 9.71%和 7.31%。在现有数据库能注释到具体名称，且相对丰度大于 2%的类群有：黄单胞菌目（Xanthomonadales）6.57%、浮霉菌目（Planctomycetales）3.35%、鞘脂杆菌目（Sphingobacteriales）2.72%、棒杆菌目（Corynebacteriales）2.67%、酸杆菌目（Acidobacteriales）2.23%、纤线杆菌目（Ktedonobacterales）2.10%和鞘脂单胞菌目（Sphingomonadales）2.09%。

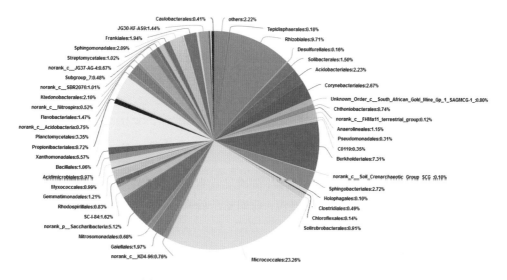

图 3-14　FJ-NH 目水平上物种主要类群组成

在属水平进一步进行分析（图 3-15），在现有数据库注释到名称的类群中，*Pseudarthrobacter* 的相对丰度最高，达到 16.33%，其次为罗丹杆菌属（*Rhodanobacter*）和雷尔氏菌属（*Ralstonia*），分别占 3.89% 和 1.90%，相对丰度大于 1% 的类群有：*Burkholderia-Paraburkholderia* 1.64%、慢生根瘤菌属（*Bradyrhizobium*）1.53%、分枝杆菌属（*Mycobacterium*）1.50%、节杆菌属（*Arthrobacter*）1.47%、鞘脂单胞菌属（*Sphingomonas*）1.36%、金黄杆菌属（*Chryseobacterium*）1.33%、红球菌属（*Rhodococcus*）1.08% 和 *Isosphaera* 1.05%。

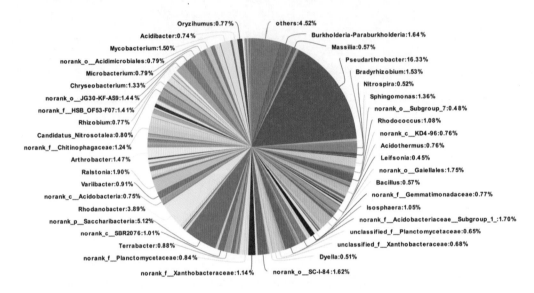

图 3-15　FJ-NH 属水平上物种主要类群组成

3.1.4　永安市

1. 地理信息

采集地点详细信息：福建三明市永安市西洋镇林田村

经度：117°21′44″E

纬度：25°48′22.6″N

海拔：482 m

2. 气候条件

永安市属于中亚热带海洋性季风气候，同时又具有一定的大陆性气候。春季（3～5 月）冷暖多变，常有春涝；夏季（6～8 月）高温，前期易涝后期易旱；秋季（9～11 月）天气宜人；冬季（12～2 月）雨水适宜且寒冷干燥。

3. 种植及发病情况

2017 年 5 月采集地种植品种为翠碧一号，该地每年烟稻轮作，连续种植十年以上。2017 年的移栽日期为 1 月底。发病的烟株上青枯病表现特点为：①发病烟株烟叶具有明显的"半边疯"症状，部分叶片有褐色网纹症状；②茎上出现连成线的黑色条斑，有的条斑甚至蔓延至顶部，但叶片仍能采收；③发病烟株大部分未出现大量的急性死亡，可进行抢烤（图 3-16）。

图 3-16　田间病株照片

A. 单株发病烟株-叶片典型"半边疯"症状；B. 发病后期茎秆黑色条斑到达顶部

4. 菌株基本情况

分类地位：生化变种 3，演化型 Ⅰ 序列变种 15。

菌落培养特性：在 TTC 平板上，菌落流动性强，白边较宽，中心呈浅红色（图 3-17）。

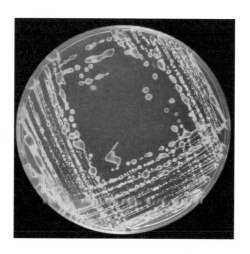

图 3-17　菌株 FJ-YA-1 在 TTC 培养基上的生长情况

5. 土壤信息

土壤类型：砂质壤土

土壤 pH：4.50

土壤基本理化性质：有机质 41.43 g/kg，全氮 1.92 g/kg，全磷 1.14 g/kg，全钾 40.70 g/kg，碱解氮 181.89 mg/kg，有效磷 124.72 mg/kg，速效钾 480 mg/kg，交换性钙 0.388 g/kg，交换性镁 0.048 g/kg，有效铜 0.79 mg/kg，有效锌 3.76 mg/kg，有效铁 106.87 mg/kg，有效锰 13.27 mg/kg，有效硼 0.359 mg/kg，有效硫 41.06 mg/kg，有效氯 34.20 mg/kg，有效钼 0.354 mg/kg。

6. 根际微生物群落结构信息

对福建省永安市发病烟株根际土壤微生物进行 16S rRNA 测序，共鉴定出 3955 个 OTU，其中细菌占 89.56%，古菌占 10.36%，包括 34 个门 78 个纲 169 个目 301 个科 534 个属。在门水平至少隶属于 34 个不同的细菌门，其相对丰度≥1%的共 12 个门（图 3-18）。其中变形菌门（Proteobacteria）25.27%和放线菌门（Actinobacteria）21.77%，为土壤细菌中的优势菌种。其次为绿弯菌门（Chloroflexi）17.96%、奇古菌门（Thaumarchaeota）7.62%、酸杆菌门（Acidobacteria）6.51%、浮霉菌门（Planctomycetes）5.55%、Saccharibacteria 3.24%、厚壁菌门（Firmicutes）2.64%、拟杆菌门（Bacteroidetes）2.39%、疣微菌门（Verrucomicrobia）2.06%、广古菌门（Euryarchaeota）1.97%和芽单胞菌门（Gemmatimonadetes）1.07%，其余 22 个门所占比例均低于 1%，共占 1.95%。

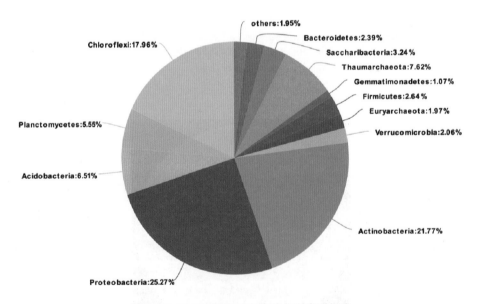

图 3-18　FJ-YA 门水平上物种主要类群组成

在隶属的 169 个目中，相对丰度大于 0.1%的类群如图 3-19 所示，微球菌目（Micrococcales）丰度最高，占 11.17%，其次为黄单胞菌目（Xanthomonadales）和根瘤菌目（Rhizobiales），分别占 8.07%和 7.11%。在现有数据库能注释到具体名称，且相对丰度大于 1%的类群有：纤线杆菌目（Ktedonobacterales）6.21%、浮霉菌目（Planctomycetales）5.01%、酸杆菌目（Acidobacteriales）3.76%、伯克氏菌目（Burkholderiales）3.34%、厌氧绳菌目

（Anaerolineales）2.84%、 棒杆菌目（Corynebacteriales）2.11%、 弗兰克氏菌目
（Frankiales）1.97%、鞘脂杆菌目（Sphingobacteriales）1.95%、Gaiellales 1.89%、芽孢杆菌目
（Bacillales）1.29%、红螺菌目（Rhodospirillales）1.12%和梭菌目（Clostridiales）1.11%。

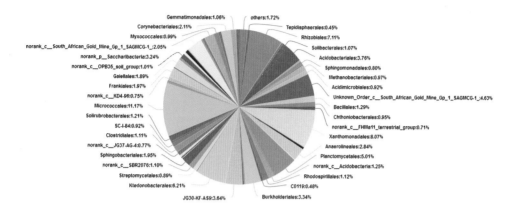

图 3-19　FJ-YA 目水平上物种主要类群组成

在属水平进一步进行分析（图 3-20），在现有数据库注释到名称的类群中，
Pseudarthrobacter 的相对丰度最高，达到 7.04%，其次为 *Candidatus-Nitrosotalea* 和罗丹杆菌
属（*Rhodanobacter*），分别占 4.63% 和 4.32%，相对丰度大于 1% 的类群有：节杆菌属
（*Arthrobacter*）2.02%、*Acidibacter* 1.64%、*Isosphaera* 1.50%、分枝杆菌属（*Mycobacterium*）1.45%、
慢生根瘤菌属（*Bradyrhizobium*）1.43%、 厌氧绳菌属（*Anaerolinea*）1.09% 和
Burkholderia-Paraburkholderia 1.08%，而雷尔氏菌属（*Ralstonia*）的相对丰度为 0.47%。

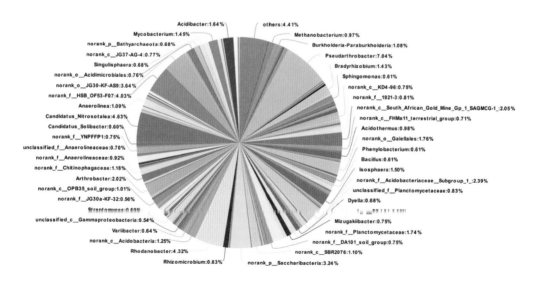

图 3-20　FJ-YA 属水平上物种主要类群组成

3.2 福建省南平市

3.2.1 建阳区

1. 地理信息

采集地点详细信息：福建南平市建阳区麻沙镇竹洲村
经度：117°52′54.5″E
纬度：27°22′42.2″N
海拔：349 m

2. 气候条件

建阳区属于亚热带季风性湿润气候，光热资源丰富，冬短夏长，气候宜人，静风多，温差大，雨季集中，年平均气温 18.1℃，无霜期 322 d，年平均降水量 1742 mm，年日照平均 1802 h。

3. 种植及发病情况

2017 年 5 月采集地种植品种为云烟 87，该地每年烟稻轮作，连续种植十年以上。2017年的移栽日期为 3 月初。发病的烟株症状表现为：①青枯病发生初期，下部烟叶在中午高温天气下出现萎蔫症状，晚间恢复正常，随着病情的加重，叶子整片黄化坏死；②茎部出现黄色条斑，迅速变黑腐烂连成黑线蔓延至顶部；③须根发达 (图 3-21)。

图 3-21 田间病株照片

A. 发病初期叶片症状；B. 发病中期茎秆黑色条斑症状

4. 菌株基本情况

分类地位：生化变种 3，演化型 I 序列变种 34。

菌落培养特性：在 TTC 平板上，菌落流动性强，白边较宽，中心呈浅红色（图 3-22）。

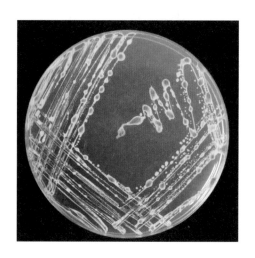

图 3-22　菌株 FJ-JY-1 在 TTC 培养基上的生长情况

5. 土壤信息

土壤类型：粉砂壤土

土壤 pH：5.00

土壤基本理化性质：有机质 32.84 g/kg，全氮 1.87 g/kg，全磷 1.22 g/kg，全钾 40.65 g/kg，碱解氮 171.79 mg/kg，有效磷 111.82 mg/kg，速效钾 290 mg/kg，交换性钙 0.712 g/kg，交换性镁 0.156 g/kg，有效铜 4.41 mg/kg，有效锌 6.16 mg/kg，有效铁 91.77 mg/kg，有效锰 37.56 mg/kg，有效硼 0.399 mg/kg，有效硫 33.20 mg/kg，有效氯 57.98 mg/kg，有效钼 0.172 mg/kg。

6. 根际微生物群落结构信息

对福建南平市建阳区发病烟株根际土壤微生物进行 16S rRNA 测序，共鉴定出 2922 个 OTU，其中细菌占 98.17%，古菌占 1.83%，包括 35 个门 77 个纲 164 个目 297 个科 553 个属。在门水平至少隶属于 35 个不同的细菌门，其相对丰度 ≥1% 的共 9 个门（图 3-23）。其中放线菌门（Actinobacteria）27.62% 和变形菌门（Proteobacteria）27.45%，为土壤细菌中的优势类群。其次为绿弯菌门（Chloroflexi）13.68%、浮霉菌门（Planctomycetes）8.89%、酸杆菌门（Acidobacteria）7.88%、厚壁菌门（Firmicutes）3.55%、拟杆菌门（Bacteroidetes）3.23%、疣微菌门（Verrucomicrobia）2.19% 和 Saccharibacteria 1.46%，其余 26 个门所占比例均低于 1%，共占 4.05%。

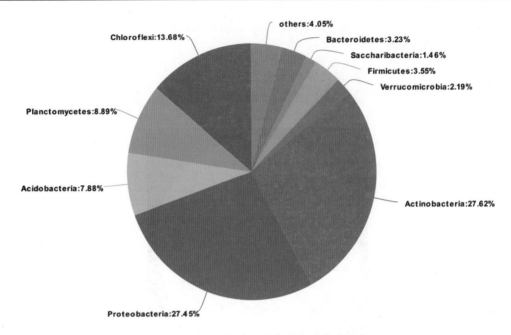

图 3-23　FJ-JY 门水平上物种主要类群组成

在隶属的 164 个目中，相对丰度大于 0.1% 的类群如图 3-24 所示，微球菌目（Micrococcales）丰度最高，占 16.22%，其次为根瘤菌目（Rhizobiales）和浮霉菌目（Planctomycetales），分别占 10.31% 和 8.17%。在现有数据库能注释到具体名称，且相对丰度大于 2% 的类群有：黄单胞菌目（Xanthomonadales）5.75%、纤线杆菌目（Ktedonobacterales）5.52%、酸杆菌目（Acidobacteriales）3.91%、伯克氏菌目（Burkholderiales）3.65%、棒杆菌目（Corynebacteriales）2.70%、鞘脂杆菌目（Sphingobacteriales）2.62%、厌氧绳菌目（Anaerolineales）2.52%、芽孢杆菌目（Bacillales）2.46%、Solibacterales 2.40%、弗兰克氏菌目（Frankiales）2.17%、鞘脂单胞菌目（Sphingomonadales）2.07%。

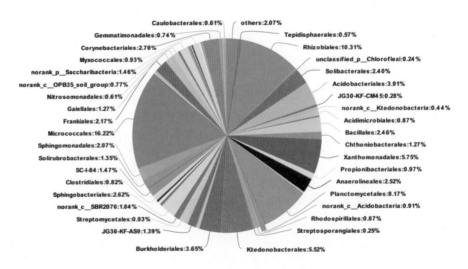

图 3-24　FJ-JY 目水平上物种主要类群组成

在属水平进一步进行分析（图 3-25），在现有数据库注释到名称的类群中，*Pseudarthrobacter* 的相对丰度最高，达到 10.30%，其次为罗丹杆菌属（*Rhodanobacter*）和 *Isosphaera*，分别占 2.46% 和 2.37%，相对丰度大于 1% 的类群有：分枝杆菌属（*Mycobacterium*）2.05%、慢生根瘤菌属（*Bradyrhizobium*）1.69%、*Singulisphaera* 1.65%、鞘脂单胞菌属（*Sphingomonas*）1.25%、热酸菌属（*Acidothermus*）1.15%、芽孢杆菌属（*Bacillus*）1.09%、地杆菌属（*Terrabacter*）1.08%、*Variibacter* 1.06% 和根瘤菌属（*Rhizobium*）1.06%，而雷尔氏菌属（*Ralstonia*）的相对丰度为 0.33%。

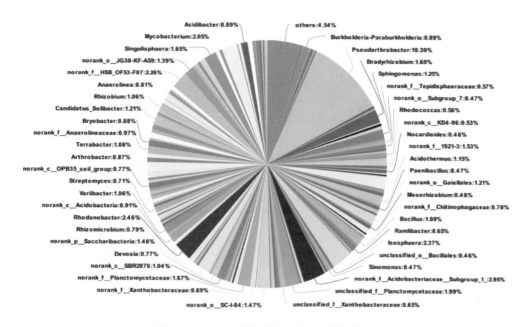

图 3-25　FJ-JY 属水平上物种主要类群组成

3.2.2　邵武市

1. 地理信息

采集地点详细信息：福建南平市邵武市大埠岗镇河源村

经度：117°18′35.7″E

纬度：27°07′30.9″N

海拔：348 m

2. 气候条件

邵武属中亚热带季风气候，冬、春季受大陆干冷气团的影响，多吹西北风，气温低，但无严寒；6～8 月转受海洋暖湿气团控制，盛行偏南风，气温高，无酷暑，因地处武夷山区，故风力小且多为静风。雨量充沛，春夏多雨，秋冬少雨，年降水量的 81% 左右集中在 3～9 月，尤以 5～6 月为多，约占年总量的三分之一。

3. 种植及发病情况

2017 年采集地种植品种为 K326,该地每年烟稻轮作,连续种植两年。2017 年的移栽日期为 2 月中旬。发病的烟株症状表现为:①青枯病发生初期,下部烟叶表现出明显的半边叶片黄化坏死症状;发病中期时,病菌侵染至烟株上部,上部叶片随之开始萎蔫;②茎部出现黄色条斑,随着病情加重,茎部出现蔓延至顶部的黑线(图 3-26)。

图 3-26 田间病株照片

A. 大田整体图;B. 发病初期-叶片典型的"半边疯"症状;C. 叶片萎蔫、茎秆黑色条斑症状

4. 菌株基本情况

分类地位:生化变种 3,演化型Ⅰ,序列变种 15 和 34。

菌落培养特性:在 TTC 平板上,菌落流动性强,白边较宽,中心呈浅红色(图 3-27)。

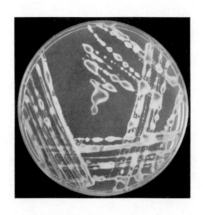

图 3-27 菌株 FJ-SW-1 在 TTC 培养基上的生长情况

5. 土壤信息

土壤类型：砂质壤土

土壤 pH：5.50

土壤基本理化性质：有机质 37.77 g/kg，全氮 2.03 g/kg，全磷 2.03 g/kg，全钾 16.25 g/kg，碱解氮 202.10 mg/kg，有效磷 93.25 mg/kg，速效钾 590 mg/kg，交换性钙 1.176 g/kg，交换性镁 0.348 g/kg，有效铜 4.70 mg/kg，有效锌 6.88 mg/kg，有效铁 18.89 mg/kg，有效锰 72.81 mg/kg，有效硼 0.160 mg/kg，有效硫 77.76 mg/kg，有效氯 52.68 mg/kg，有效钼 0.344 mg/kg。

6. 根际微生物群落结构信息

对福建南平市邵武市发病烟株根际土壤微生物进行 16S rRNA 测序，共鉴定出 3955 个 OTU，其中细菌占 97.38%，古菌占 2.62%，包括 38 个门 86 个纲 183 个目 324 个科 598 个属。在门水平至少隶属于 38 个不同的细菌门，其相对丰度≥1%的共 11 个门（图 3-28）。其中变形菌门（Proteobacteria）39.26%和放线菌门（Actinobacteria）24.18%，为土壤细菌中的优势类群。其次为绿弯菌门（Chloroflexi）11.67%、拟杆菌门（Bacteroidetes）5.32%、酸杆菌门（Acidobacteria）4.75%、厚壁菌门（Firmicutes）3.85%、浮霉菌门（Planctomycetes）2.52%、Saccharibacteria 1.72%、奇古菌门（Thaumarchaeota）1.61%、芽单胞菌门（Gemmatimonadetes）1.38%和疣微菌门（Verrucomicrobia）1.00%，其余 27 个门所占比例均低于 1%，共占 2.74%。

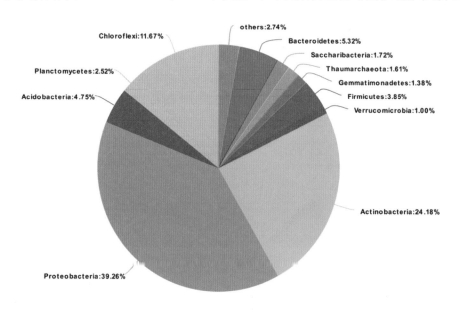

图 3-28　FJ-SW 门水平上物种主要类群组成

在隶属的 183 个目中，相对丰度大于 0.1%的类群如图 3-29 所示，根瘤菌目（Rhizobiales）丰度最高，占 12.72%，其次为微球菌目（Micrococcales）和黄单胞菌目（Xanthomonadales），分别占 12.47%和 9.30%。在现有数据库能注释到具体名称，且相对丰度大于 2%的类群有：

伯克氏菌目(Burkholderiales)6.02%、鞘脂杆菌目(Sphingobacteriales)3.28%、芽孢杆菌目(Bacillales)2.87%、鞘脂单胞菌目(Sphingomonadales)2.80%、弗兰克氏菌目(Frankiales)2.45%、纤线杆菌目(Ktedonobacterales)2.4%、厌氧绳菌目(Anaerolineales)2.35%和浮霉菌目(Planctomycetales)2.02%。

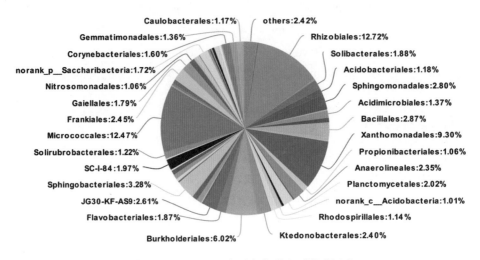

图 3-29　FJ-SW 目水平上物种主要类群组成

在属水平进一步进行分析(图 3-30),在现有数据库注释到名称的类群中,*Pseudarthrobacter* 的相对丰度最高,达到 7.02%,其次为罗丹杆菌属(*Rhodanobacter*)占 4.61%,相对丰度大于 1% 的类群有:鞘脂单胞菌属(*Sphingomonas*)1.71%、慢生根瘤菌属(*Bradyrhizobium*)1.66%、*Devosia* 1.31%、芽孢杆菌属(*Bacillus*)1.28%、分枝杆菌属(*Mycobacterium*)1.25%、紫色杆菌属(*Janthinobacterium*)1.18%、热酸菌属(*Acidothermus*)1.12%、*Burkholderia-Paraburkholderia* 1.12%、*Flavobacterium* 1.05%和 *Variibacter* 1.02%,而雷尔氏菌属(*Ralstonia*)的相对丰度为 0.50%。

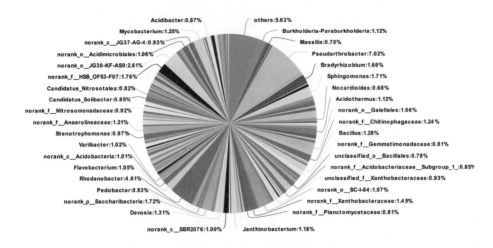

图 3-30　FJ-SW 属水平上物种主要类群组成

3.3　福建省龙岩市

3.3.1　永定区

1. 地理信息

采集地点详细信息：福建龙岩市永定区抚市镇鹊坪村

经度：116°54′49.5″E

纬度：24°49′30.5″N

海拔：304 m

2. 气候条件

永定区属中亚热带海洋性季风气候，其特点是湿润温和，夏长而不酷热，冬短而无严寒。多年平均气温 20.1℃，1 月平均气温 11.3℃，7 月平均气温 27.5℃，年平均日照时数 1742.8 h。年平均降水量 1606.9 mm，年平均降雨日数为 159 d，降雨集中在每年 3～9 月，6 月最多。

3. 种植及发病情况

2017 年 5 月采集地种植品种为云烟 87，该地每年烟稻轮作，连续种植十年以上。2017 年的移栽日期为 1 月底。青枯病发生较为普遍，但发病烟株大部分未出现急性死亡，可进行抢烤，发病的烟株症状表现为：①茎秆部位能够观察到明显的黄色条斑且变黑坏死；②根系主根出现明显的变黑、腐烂，但仍有大量的健康侧根与须根存在，保证烟叶后期的正常采收(图 3-31)。

图 3-31　田间病株照片

A. 大田整体图；B. 单株病株图-茎秆黑色条斑症状；C.发达的须根

4. 菌株基本情况

分类地位：生化变种 3，演化型 Ⅰ 序列变种 34。

菌落培养特性：在 TTC 平板上，菌落流动性强，白边较宽，中心呈浅红色（图 3-32）。

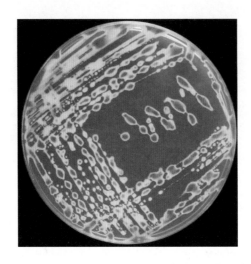

图 3-32　菌株 FJ-YD-1 在 TTC 培养基上的生长情况

5. 土壤信息

土壤类型：粉砂壤土

土壤 pH：4.80

土壤基本理化性质：有机质 33.35 g/kg，全氮 1.37 g/kg，全磷 1.18 g/kg，全钾 4.11 g/kg，碱解氮 143.16 mg/kg，有效磷 113.78 mg/kg，速效钾 500 mg/kg，交换性钙 0.619 g/kg，交换性镁 0.134 g/kg，有效铜 1.84 mg/kg，有效锌 8.19 mg/kg，有效铁 198.74 mg/kg，有效锰 22.57 mg/kg，有效硼 0.303 mg/kg，有效硫 38.44 mg/kg，有效氯 81.14 mg/kg，有效钼 0.314 mg/kg。

6. 根际微生物群落结构信息

对福建省龙岩市永定区发病烟株根际土壤微生物进行 16S rRNA 测序，共鉴定出 3955 个 OTU，其中细菌占 98.03%，古菌占 1.97%，包括 36 个门 85 个纲 173 个目 312 个科 582 个属。在门水平至少隶属于 36 个不同的细菌门，其相对丰度≥1% 的共 11 个门（图 3-33）。其中变形菌门（Proteobacteria）29.38% 和放线菌门（Actinobacteria）19.88%，为土壤细菌中的优势类群。其次为绿弯菌门（Chloroflexi）16.95%、酸杆菌门（Acidobacteria）8.35%、浮霉菌门（Planctomycetes）6.07%、Saccharibacteria 4.74%、拟杆菌门（Bacteroidetes）4.12%、厚壁菌门（Firmicutes）2.40%、疣微菌门（Verrucomicrobia）2.40%、芽单胞菌门（Gemmatimonadetes）1.52% 和蓝藻菌门（Cyanobacteria）1.05%，其余 25 个门所占比例均低于 1%，共占 3.14%。

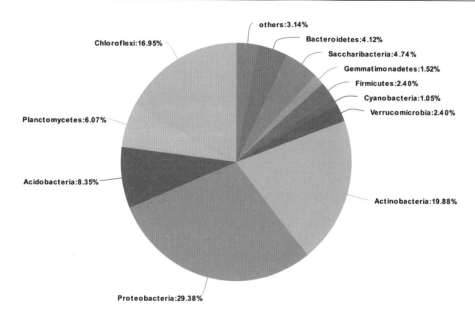

图 3-33　FJ-YD 门水平上物种主要类群组成

在隶属的 173 个目中，相对丰度大于 0.1%的类群如图 3-34 所示，微球菌目（Micrococcales）丰度最高，占 10.27%，其次为根瘤菌目（Rhizobiales）和黄单胞菌目（Xanthomonadales），分别占 8.83%和 8.59%。在现有数据库能注释到具体名称，且相对丰度大于 2%的类群有：纤线杆菌目（Ktedonobacterales）4.74%、厌氧绳菌目（Anaerolineales）4.67%、浮霉菌目（Planctomycetales）4.35%、酸杆菌目（Acidobacteriales）3.77%、鞘脂杆菌目（Sphingobacteriales）3.76% 、 伯 克 氏 菌 目 （Burkholderiales）3.55% 、 鞘 脂 单 胞 菌 目（Sphingomonadales）2.59%和棒杆菌目（Corynebacteriales）2.01%。

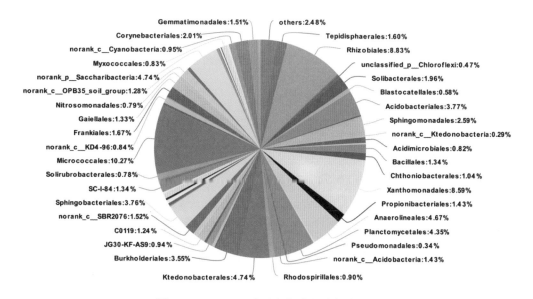

图 3-34　FJ-YD 目水平上物种主要类群组成

在属水平进一步进行分析(图 3-35),在现有数据库注释到名称的类群中,罗丹杆菌属(*Rhodanobacter*)的相对丰度最高,达到 5.73%,其次为 *Pseudarthrobacter* 和厌氧绳菌属(*Anaerolinea*),分别占 5.58% 和 2.15%,相对丰度大于 1% 的类群有:鞘脂单胞菌属(*Sphingomonas*)1.84%、慢生根瘤菌属(*Bradyrhizobium*)1.34%、分枝杆菌属(*Mycobacterium*)1.20% 和类诺卡氏菌属(*Nocardioides*)1.13%,而雷尔氏菌属(*Ralstonia*)的相对丰度为0.17%。

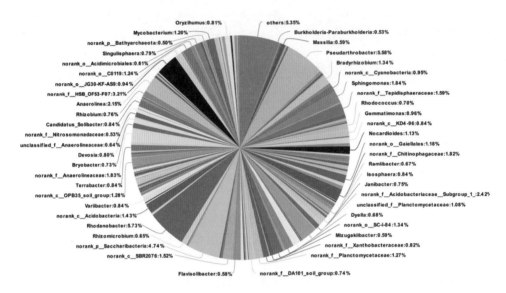

图 3-35   FJ-YD 属水平上物种主要类群组成

3.3.2   武平县

1. 地理信息

采集地点详细信息:福建龙岩市武平县城厢镇东岗村

经度:116°07′58.1″E

纬度:25°07′46.4″N

海拔:288 m

2. 气候条件

武平县属亚热带海洋性季风气候,温暖湿润,雨量充沛,雨热同期,降雨相对集中,干湿季节明显,四季分明,夏长冬短。2 月中旬,全县平均气温开始达到 10℃以上,进入春季;5 月上旬,平均气温开始达到 22℃以上,进入夏季;10 月上旬,开始进入秋季;12 月下旬,平均气温开始低于 10℃,进入冬季。区域气候差别较大,各地四季的开始与持续时间长短也有差异。一般海拔每升高 100 m,春季要推迟 3~5 d,秋季要缩短 2~3 d。

3. 种植及发病情况

2017 年 5 月采集地种植品种为云烟 87,该地每年烟稻轮作,连续种植十年以上。2017 年的移栽日期为 2 月初。发病的烟株青枯病表现特点:①发病烟株烟叶具有明显的"半边疯"症状,叶片黄化,部分下部叶片变褐坏死;②茎秆部位能够观察到明显的黄色条斑且变黑坏死;③根系主根出现明显的变黑,但仍有大量的健康侧根与须根存在(图 3-36)。

图 3-36 田间病株照片

A. 早期发病烟株;B. 发病中期烟株

4. 菌株基本情况

分类地位:生化变种 3,演化型 I 序列变种 15。

菌落培养特性:在 TTC 平板上,分离到的菌株呈两种形态,一种是典型的强致病力菌株菌落形态,其流动性强,白边较宽,中心呈浅红色,另一种则表现为虽然菌落光滑,但流动性较差,白边较窄,中心呈暗红色(图 3-37)。

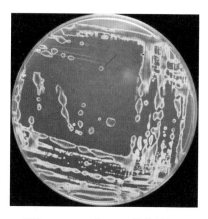

图 3-37 菌株 FJ-WP-2 在 TTC 培养基上的生长情况

5. 土壤信息

土壤类型：粉砂壤土

土壤 pH：5.00

土壤基本理化性质：有机质 14.59 g/kg，全氮 1.69 g/kg，全磷 0.92 g/kg，全钾 46.80 g/kg，碱解氮 146.53 mg/kg，有效磷 102.05 mg/kg，速效钾 510 mg/kg，交换性钙 0.828 g/kg，交换性镁 0.097 g/kg，有效铜 1.12 mg/kg，有效锌 6.12 mg/kg，有效铁 139.52 mg/kg，有效锰 29.05 mg/kg，有效硼 0.108 mg/kg，有效硫 87.37 mg/kg，有效氯 63.83 mg/kg，有效钼 0.068 mg/kg。

6. 根际微生物群落结构信息

对福建龙岩市武平县城厢镇东岗村发病烟株根际土壤微生物进行 16S rRNA 测序，共鉴定出 2961 个 OTU，其中细菌占 98.37%，古菌占 1.63%，包括 32 个门 76 个纲 167 个目 303 个科 565 个属。在门水平至少隶属于 32 个不同的细菌门，其相对丰度 ≥1% 的共 9 个门（图 3-38）。其中变形菌门（Proteobacteria）35.24% 和放线菌门（Actinobacteria）33.90%，为土壤细菌中的优势类群。其次为绿弯菌门（Chloroflexi）9.05%、酸杆菌门（Acidobacteria）4.01%、拟杆菌门（Bacteroidetes）3.53%、厚壁菌门（Firmicutes）3.37%、Saccharibacteria 3.10%、浮霉菌门（Planctomycetes）2.52% 和芽单胞菌门（Gemmatimonadetes）1.72%，其余 23 个门所占比例均低于 1%，共占 3.56%。

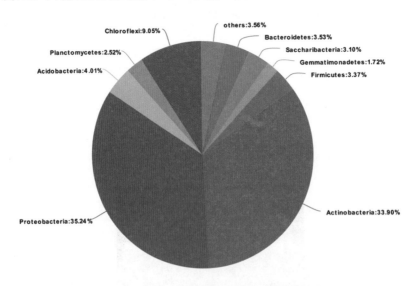

图 3-38　FJ-WP 门水平上物种主要类群组成

在隶属的 167 个目中，相对丰度大于 0.1% 的类群如图 3-39 所示，微球菌目（Micrococcales）丰度最高，占 19.12%，其次为根瘤菌目（Rhizobiales）和黄单胞菌目（Xanthomonadales），分别占 10.09% 和 7.94%。在现有数据库能注释到具体名称，且相对丰度大于 2% 的类群有：伯克氏菌目（Burkholderiales）5.73%、Gaiellales 3.59%、鞘脂杆菌目

（Sphingobacteriales）3.06%、 鞘 脂 单 胞 菌 目（Sphingomonadales）3.01%、 弗 兰 克 氏 菌 目（Frankiales）2.48%、棒杆菌目（Corynebacteriales）2.26%、厌氧绳菌目（Anaerolineales）2.20%、浮霉菌目（Planctomycetales）2.09%、芽孢杆菌目（Bacillales）2.08%。

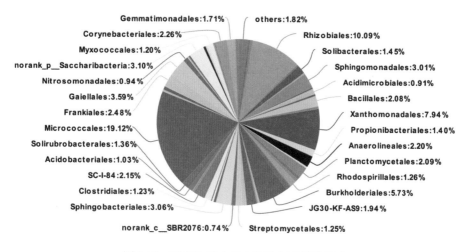

图 3-39　FJ-WP 目水平上物种主要类群组成

在属水平进一步进行分析（图 3-40），在现有数据库注释到名称的类群中，*Pseudarthrobacter* 的相对丰度最高，达到 10.65%，其次为罗丹杆菌属（*Rhodanobacter*）占 3.11%，相对丰度大于 1% 的类群有：*Paenarthrobacter* 1.76%、鞘脂单胞菌属（*Sphingomonas*）1.72%、慢生根瘤菌属（*Bradyrhizobium*）1.43%、分枝杆菌属（*Mycobacterium*）1.25%、*Burkholderia-Paraburkholderia* 1.22%、寡养单胞菌属（*Stenotrophomonas*）1.22%、节杆菌属（*Arthrobacter*）1.15%、根瘤菌属（*Rhizobium*）1.05%和类诺卡氏菌属（*Nocardioides*）1.03%，而雷尔氏菌属（*Ralstonia*）的相对丰度为 0.91%。

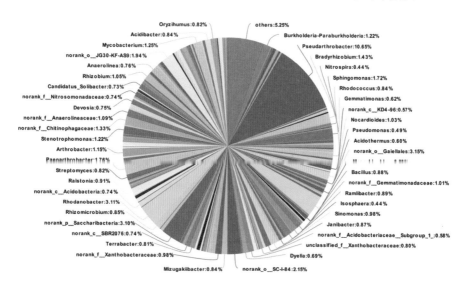

图 3-40　FJ-WP 属水平上物种主要类群组成

对福建省整体烟草发病烟株根际细菌进行分析，在门水平上(图 3-41)，细菌的主要组成类群差异不大，主要由变形菌门(Proteobacteria)、放线菌门(Actinobacteria)、绿弯菌门(Chloroflexi)、酸杆菌门(Acidobacteria)、浮霉菌门(Planctomycetes)和拟杆菌门(Bacteroidetes)等组成，但是不同地区，类群的相对丰度存在显著差异。在属水平上福建省不同地区的群落组成差异如图 3-42 所示，在现有数据库能注释到名称的类群中，*Pseudarthrobacter* 和罗丹杆菌属(*Rhodanobacter*)的相对丰度较其他类群高，是福建省发病烟田烟株根际土壤细菌的主要组成类群；福建省不同地区雷尔氏菌属(*Ralstonia*)的相对丰度差异较大，其中以宁化县的丰度最高。

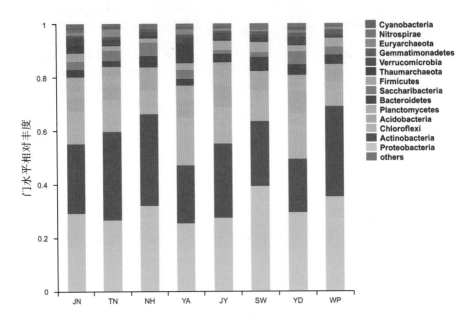

图 3-41　福建烟区青枯病发病烟株根际细菌门水平上主要类群组成

注：JN-建宁县；TN-泰宁县；NH-宁化县；YA-永安县；JY-建阳区；SW-邵武市；YD-永定区；WP-武平县；下同。

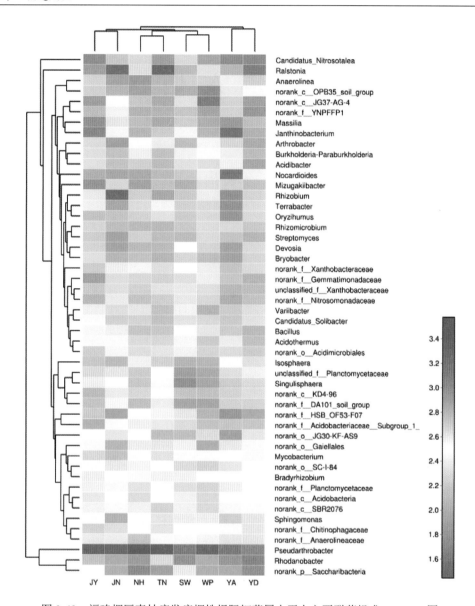

图 3-42　福建烟区青枯病发病烟株根际细菌属水平上主要群落组成 Heatmap 图

第4章 广东烟区

4.1 广东省梅州市

4.1.1 蕉岭县

1. 地理信息

采集地点详细信息：广东省梅州市蕉岭县广福镇石峰村
经度：116°09′39.4″E
纬度：24°51′7.7″N
海拔：294 m

2. 气候条件

蕉岭县属亚热带地区海洋性季风气候，夏长冬短，光照充足，雨季长，雨量充沛，由于南岭山脉的屏障作用，使冷空气影响减弱，所以冬季并不十分寒冷。

3. 种植及发病情况

2017年5月采集地种植品种为云烟87，该地每年烟稻轮作，连续种植约十年以上。2017年的烟草移栽日期为2月初。发病的烟株青枯病表现特点：①下部叶片枯黄坏死，上部叶片出现黄化症状；②茎秆出现明显的黑褐色条斑(图4-1)。

图4-1　田间病株照片

A. 大田整体图；B. 发病单株图片；C. 茎秆黑色条斑症状

4. 菌株基本情况

分类地位：生化变种 3，演化型 I 序列变种 15。

菌落培养特性：在 TTC 平板上，菌落流动性强，白边较宽，中心呈浅红色（图 4-2）。

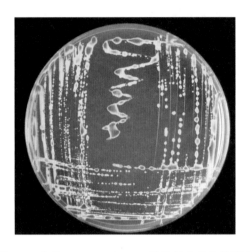

图 4-2　菌株 GD-JL-1 在 TTC 培养基上的生长情况

5. 土壤信息

土壤类型：粉砂土

土壤 pH：4.00

土壤基本理化性质：有机质 20.17 g/kg，全氮 0.95 g/kg，全磷 0.51 g/kg，全钾 12.69 g/kg，碱解氮 106.10 mg/kg，有效磷 82.50 mg/kg，速效钾 330 mg/kg，交换性钙 0.467 g/kg，交换性镁 0.042 g/kg，有效铜 0.42 mg/kg，有效锌 2.70 mg/kg，有效铁 90.19 mg/kg，有效锰 32.51 mg/kg，有效硼 0.217 mg/kg，有效硫 30.58 mg/kg，有效氯 73.71 mg/kg，有效钼 0.219 mg/kg。

6. 根际微生物群落结构信息

对广东省梅州市蕉岭县广福镇石峰村发病烟株根际土壤微生物进行 16S rRNA 测序，共鉴定出 2269 个 OTU，其中细菌占 98.49%，古菌占 1.41%，包括 24 个门 63 个纲 143 个目 262 个科 508 个属。在门水平至少隶属于 24 个不同的细菌门，其相对丰度≥1%的共 9 个门（图 4-3）。其中变形菌门（Proteobacteria）36.69%和放线菌门（Actinobacteria）24.98%，为土壤细菌中的优势类群。其次为绿弯菌门（Chloroflexi）10.52%、拟杆菌门（Bacteroidetes）6.60%、酸杆菌门（Acidobacteria）4.25%、厚壁菌门（Firmicutes）4.50%、Saccharibacteria 4.37%、浮霉菌门（Planctomycetes）3.94%和奇古菌门（Thaumarchaeota）1.21%，其余 15 个门所占比例均低于 1%，共占 2.94%。

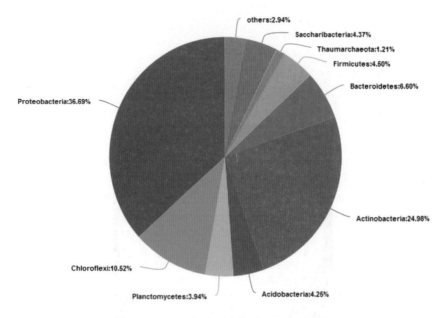

图 4-3　GD-JL 门水平上物种主要类群组成

在隶属的 143 个目中，相对丰度大于 0.1%的类群如图 4-4 所示，黄单胞菌目
（Xanthomonadales）丰度最高，占 12.93%，其次为微球菌目（Micrococcales）和伯克氏菌目
（Burkholderiales），分别占 9.85%和 7.59%。在现有数据库能注释到具体名称，且相对丰度
大于 2%的类群有：根瘤菌目（Rhizobiales）6.83%、鞘脂杆菌目（Sphingobacteriales）4.92%、
纤线杆菌目（Ktedonobacterales）3.82%、鞘脂单胞菌目（Sphingomonadales）3.31%、弗兰克氏
菌目（Frankiales）3.19%、浮霉菌目（Planctomycetales）2.74%、芽孢杆菌目（Bacillales）2.73%、
Gaiellales 2.25%、链霉菌目（Streptomycetales）2.24%、棒杆菌目（Corynebacteriales）2.24%和
酸杆菌目（Acidobacteriales）2.22%。

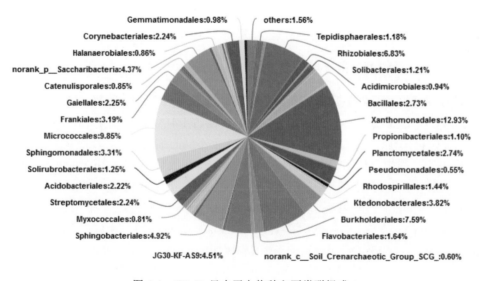

图 4-4　GD-JL 目水平上物种主要类群组成

在属水平进一步进行分析(图 4-5)，在现有数据库注释到名称的类群中，罗丹杆菌属(*Rhodanobacter*)的相对丰度最高，达到 6.33%，其次为 *Pseudarthrobacter* 和水恒杆菌属(*Mizugakiibacter*)，分别占 3.25% 和 2.99%，相对丰度大于 1% 的类群有：鞘脂单胞菌属(*Sphingomonas*)2.50%、链霉菌属(*Streptomyces*)2.24%、*Burkholderia-Paraburkholderia* 2.39%、节杆菌属(*Arthrobacter*)1.67%、金黄杆菌属(*Chryseobacterium*)1.47%、慢生根瘤菌属(*Bradyrhizobium*)1.43%、寡养单胞菌属(*Stenotrophomonas*)1.43%、热酸菌属(*Acidothermus*)1.28%、*Acidibacter* 1.24% 和分枝杆菌属(*Mycobacterium*)1.22%，而雷尔氏菌属(*Ralstonia*)的相对丰度为 1.35%。

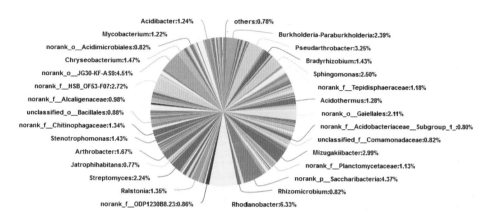

图 4-5　GD-JL 属水平上物种主要类群组成

4.1.2　五华县

1. 地理信息

采集地点详细信息：广东省梅州市五华县华城镇西林村
经度：115°36′48.1″E
纬度：24°02′24.2″N
海拔：120 m

2. 气候条件

五华县属中低纬度南亚热带季风性湿润气候，日照充足，雨水丰富，夏秋温热多雨，冬季较短，开春较早。

3. 种植及发病情况

2017 年 5 月采集地种植品种为华烟 1 号和云烟 87，该地每年烟稻轮作，连续种植约五年。2017 年的烟草移栽日期为 1 月中旬。发病的烟株青枯病表现特点：①叶片出现黄化坏死症状，且"半边疯"症状明显；②茎秆出现明显的黑褐色条斑，蔓延至顶部(图 4-6)。

图 4-6 田间病株照片

A. 大田整体图；B. 茎秆黑色条斑早期症状；C. 单株发病烟株症状

4. 菌株基本情况

分类地位：生化变种 3，演化型 I，序列变种为 15（云烟 87 上分离）和 34（华烟 1 号）。

菌落培养特性：在 TTC 平板上，菌落流动性强，白边较宽，中心呈浅红色（图 4-7）。

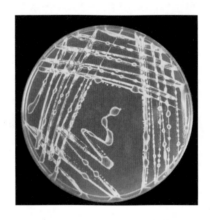

图 4-7 菌株 GD-WH-1 在 TTC 培养基上的生长情况

5. 土壤信息

土壤类型：粉砂壤土

土壤 pH：5.60

土壤基本理化性质：有机质 24.76 g/kg，全氮 1.54 g/kg，全磷 0.61 g/kg，全钾 11.30 g/kg，碱解氮 151.58 mg/kg，有效磷 15.83 mg/kg，速效钾 510 mg/kg，交换性钙 1.177 g/kg，交换性镁 0.095 g/kg，有效铜 0.51 mg/kg，有效锌 3.04 mg/kg，有效铁 42.16 mg/kg，有效锰 71.80 mg/kg，有效硼 0.240 mg/kg，有效硫 41.06 mg/kg，有效氯 98.31 mg/kg，有效钼 0.241 mg/kg。

6. 根际微生物群落结构信息

对广东省梅州市五华县华城镇西林村发病烟株根际土壤微生物进行 16S rRNA 测序，共鉴定出 2728 个 OTU，其中细菌占 99.00%，古菌占 1.00%，包括 26 个门 65 个纲 150 个目 282 个科 548 个属。在门水平至少隶属于 26 个不同的细菌门，其相对丰度≥1%的共 10 个门(图 4-8)。其中变形菌门(Proteobacteria)47.79%和放线菌门(Actinobacteria)24.11%，为土壤细菌中的优势类群。其次为绿弯菌门(Chloroflexi)6.78%、酸杆菌门(Acidobacteria)4.64%、拟杆菌门(Bacteroidetes)3.70%、浮霉菌门(Planctomycetes)2.83%、厚壁菌门(Firmicutes)2.73%、Saccharibacteria 2.23%、疣微菌门(Verrucomicrobia)1.39%和芽单胞菌门(Gemmatimonadetes)1.38%，其余 16 个门所占比例均低于 1%，共占 2.44%。

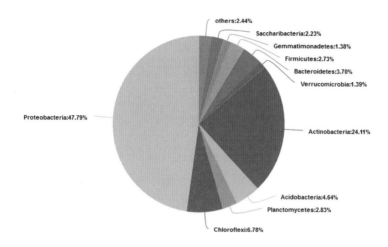

图 4-8　GD-WH 门水平上物种主要类群组成

在隶属的 150 个目中，相对丰度大于 0.1%的类群如图 4-9 所示，伯克氏菌目(Burkholderiales)丰度最高，占 23.14%，其次为微球菌目(Micrococcales)和根瘤菌目(Rhizobiales)，分别占 13.59%和 7.38%。在现有数据库能注释到具体名称，且相对丰度大于 2%的类群有：黄单胞菌目(Xanthomonadales)6.56%、鞘脂单胞菌目(Sphingomonadales)3.54%、鞘脂杆菌目(Sphingobacteriales)3.04%、芽孢杆菌目(Bacillales)2.15%、浮霉菌目(Planctomycetales)2.11%、棒杆菌目(Corynebacteriales)2.07%和 Gaiellales 2.06%。

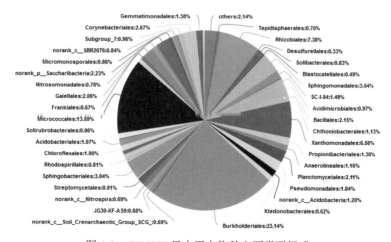

图 4-9　GD-WH 目水平上物种主要类群组成

在属水平进一步进行分析(图 4-10),在现有数据库注释到名称的类群中,马赛菌属(*Massilia*)的相对丰度最高,达到 9.06%,其次为 *Pseudarthrobacter* 和罗丹杆菌属(*Rhodanobacter*),分别占 7.93%和 4.59%,相对丰度大于 1%的类群有:鞘脂单胞菌属(*Sphingomonas*)2.83%、假单胞菌属(*Pseudomonas*)1.82%、节杆菌属(*Arthrobacter*)1.38%、*Paenarthrobacter* 1.19%、*Oryzihumus* 1.06%和分枝杆菌属(*Mycobacterium*)1.04%,而雷尔氏菌属(*Ralstonia*)的相对丰度为 0.20%。

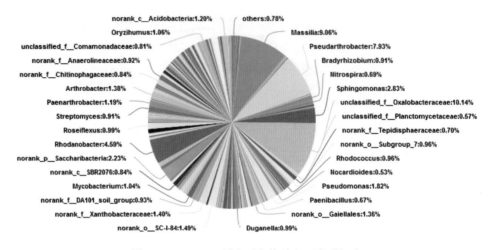

图 4-10　GD-WH 属水平上物种主要类群组成

4.2　广东省韶关市

4.2.1　南雄市

1. 地理信息

采集地点详细信息:广东省韶关市南雄市古市镇溪口村
经度:114°15′42.4″E
纬度:25°04′16.4″N
海拔:126 m

2. 气候条件

南雄市属亚热带季风气候,冬季盛行东北季风,夏季盛行西南和东南季风。四季特点为:春季阴雨连绵,秋季降水偏少,冬季寒冷,夏季偏热。

3. 种植及发病情况

2017 年 5 月采集地种植品种为粤烟 97,该地每年烟稻轮作,连续种植 20～30 年。2017年的移栽日期为 2 月底。发病的烟株青枯病表现特点:①叶片萎蔫黄化,呈明显"半边疯"

症状,叶脉变褐,出现褐色网纹症状;②茎秆出现明显的黑褐色条斑,蔓延至顶部(图4-11)。

图 4-11 田间病株照片

A. 大田整体图;B. 中期发病烟株;C. 后期发病烟株

4. 菌株基本情况

分类地位:生化变种 3,演化型 I 序列变种 17。

菌落培养特性:在 TTC 平板上,菌落流动性强,白边较宽,中心呈浅红色(图4-12)。

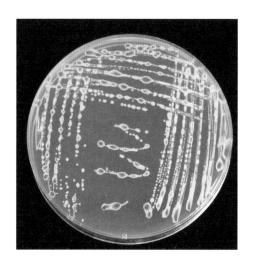

图 4-12 菌株 GD-NX-1 在 TTC 培养基上的生长情况

5. 土壤信息

土壤类型:粉砂壤土

土壤 pH:4.90

土壤基本理化性质:有机质 26.56 g/kg,全氮 1.21 g/kg,全磷 1.00 g/kg,全钾 39.94 g/kg,碱解氮 114.53 mg/kg,有效磷 40.86 mg/kg,速效钾 370 mg/kg,交换性钙 1.215 g/kg,交换性镁 0.114 g/kg,有效铜 0.53 mg/kg,有效锌 2.75 mg/kg,有效铁 135.74 mg/kg,有效锰 115.31 mg/kg,有效硼 0.250 mg/kg,有效硫 58.54 mg/kg,有效氯 73.71 mg/kg,有效钼 0.224 mg/kg。

6. 根际微生物群落结构信息

对广东省韶关市南雄市古市镇溪口村发病烟株根际土壤微生物进行 16S rRNA 测序，共鉴定出 2820 个 OTU，其中细菌占 98.28%，古菌占 1.72%，包括 24 个门 68 个纲 151 个目 273 个科 537 个属。在门水平至少隶属于 24 个不同的细菌门，其相对丰度≥1%的共 12 个门（图 4-13）。其中变形菌门（Proteobacteria）29.05%和放线菌门（Actinobacteria）24.85%，为土壤细菌中的优势类群。其次为绿弯菌门（Chloroflexi）14.46%、酸杆菌门（Acidobacteria）10.24%、拟杆菌门（Bacteroidetes）4.85%、浮霉菌门（Planctomycetes）3.70%、疣微菌门（Verrucomicrobia）2.90%、Saccharibacteria 2.57%、厚壁菌门（Firmicutes）2.20%、奇古菌门（Thaumarchaeota）1.44%，芽单胞菌门（Gemmatimonadetes）1.02%和硝化螺旋菌门（Nitrospirae）1.02%。其余 12 个门所占比例均低于 1%，共占 1.70%。

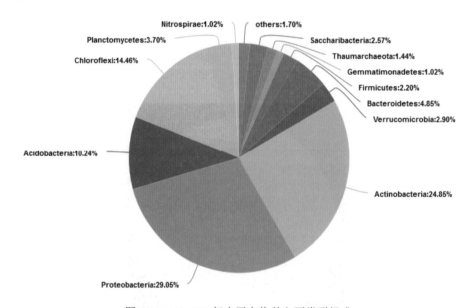

图 4-13　GD-NX 门水平上物种主要类群组成

在隶属的 151 个目中，相对丰度大于 0.1%的类群如图 4-14 所示，微球菌目（Micrococcales）丰度最高，占 15.98%，其次为根瘤菌目（Rhizobiales）和伯克氏菌目（Burkholderiales），分别占 6.57%和 5.40%。在现有数据库能注释到具体名称，且相对丰度大于 2%的类群有：黄单胞菌目（Xanthomonadales）4.25%、酸杆菌目（Acidobacteriales）3.69%、厌氧绳菌目（Anaerolineales）3.63%、纤线杆菌目（Ktedonobacterales）3.09%、鞘脂单胞菌目（Sphingomonadales）3.00%、鞘脂杆菌目（Sphingobacteriales）2.83%、浮霉菌目（Planctomycetales）2.55%和 Solibacterales 2.11%。

在属水平进一步进行分析（图 4-15），在现有数据库注释到名称的类群中，*Pseudarthrobacter* 的相对丰度最高，达到 11.52%，其次为鞘脂单胞菌属（*Sphingomonas*）2.58%，相对丰度大于 1%的类群有：假单胞菌属（*Pseudomonas*）1.60%、*Flavobacterium* 1.48%、厌氧绳菌属（*Anaerolinea*）1.28%、链霉菌属（*Streptomyces*）1.16%、

罗丹杆菌属(*Rhodanobacter*)1.15%、慢生根瘤菌属(*Bradyrhizobium*)1.10%、寡养单胞菌属
(*Stenotrophomonas*)1.08%和硝化螺旋菌属(*Nitrospira*)1.02%，而雷尔氏菌属(*Ralstonia*)的
相对丰度为1.71%。

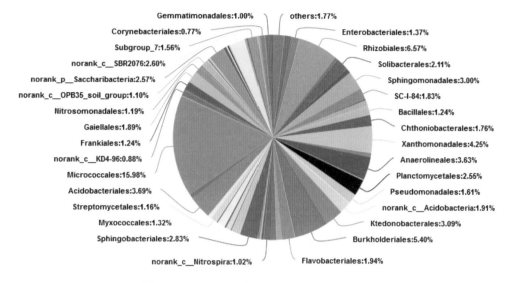

图 4-14　GD-NX 目水平上物种主要类群组成

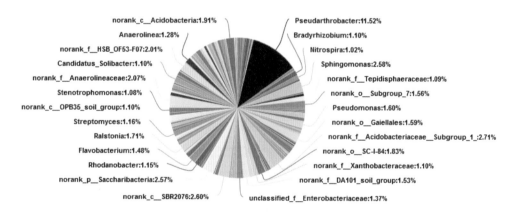

图 4-15　GD-NX 属水平上物种主要类群组成

对广东省所采集的发病烟株根际细菌群落组成进行分析，在门水平上的群落组成如
图4-16所示，细菌的主要组成类群差异不大，主要由变形菌门(Proteobacteria)、放线菌门
(Actinobacteria)、绿弯菌门(Chloroflexi)、酸杆菌门(Acidobacteria)、浮霉菌门
(Planctomycetes)和拟杆菌门(Bacteroidetes)等组成，但是不同地区，类群的相对丰度存在
较大差异。在属水平上广东省不同地区的群落组成差异如图 4-17 所示，在现有数据库能
注释到名称的类群中，*Pseudarthrobacter*、罗丹杆菌属(*Rhodanobacter*)和鞘脂单胞菌属
(*Sphingomonas*)的相对丰度较其他类群高，是广东省主要的组成类群；广东省蕉岭县和南
雄市的雷尔氏菌属(*Ralstonia*)的相对丰度差异不大，但显著高于五华县。

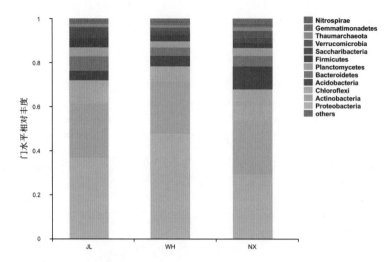

图 4-16　广东烟区青枯病发病烟株根际细菌门水平上主要类群组成

注：JL-蕉岭县；WH-五华县；NX-南雄市；下同。

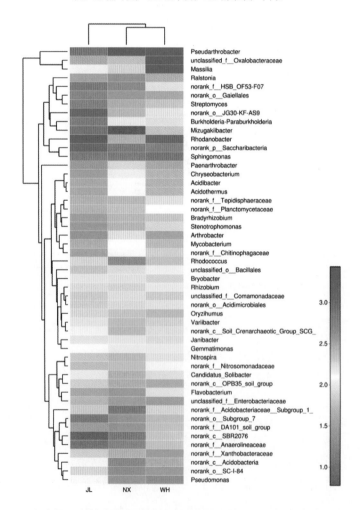

图 4-17　广东烟区青枯病发病烟株根际细菌属水平上主要群落组成 Heatmap 图

第5章 江西烟区

5.1 江西省赣州市

5.1.1 瑞金市

1. 地理信息

采集地点详细信息：江西省赣州市瑞金市壬田镇中潭村

经度：$116°08'2.2''E$

纬度：$26°00'29.6''N$

海拔：208 m

2. 气候条件

瑞金处华中气候区与华南气候区的过渡地带，属中亚热带湿润气候。境内四季分明，日照充足，热量丰富，雨水充沛，无霜期长。

3. 种植及发病情况

2017 年采集地种植品种为云烟 87，该地隔年种植烟草，采用烟稻轮作的方式。2017 年的烟草移栽日期为 2 月 20 日左右。发病的烟株青枯病表现特点：①发病初期，叶片出现明显的半边黄化症状；②茎秆出现黄色条斑且变黑坏死(图 5-1)。

图 5-1　田间病株照片

A. 发病初期；B. 发病初期叶片症状；C. 发病中期烟株症状

4. 菌株基本情况

分类地位：生化变种 3，演化型 I 序列变种 15。

菌落培养特性：在 TTC 平板上，菌落流动性强，白边较宽，中心呈浅红色（图 5-2）。

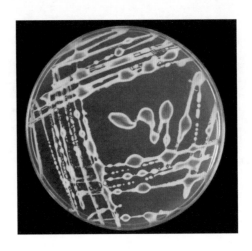

图 5-2　菌株 JX-RJ-2 在 TTC 培养基上的生长情况

5. 土壤信息

土壤类型：砂质壤土

土壤 pH：5.10

土壤基本理化性质：有机质 16.22 g/kg，全氮 0.85 g/kg，全磷 0.44 g/kg，全钾 11.83 g/kg，碱解氮 77.47 mg/kg，有效磷 51.22 mg/kg，速效钾 300 mg/kg，交换性钙 0.527 g/kg，交换性镁 0.088 g/kg，有效铜 0.86 mg/kg，有效锌 2.08 mg/kg，有效铁 110.23 mg/kg，有效锰 30.17 mg/kg，有效硼 0.107 mg/kg，有效硫 29.71 mg/kg，有效氯 73.71 mg/kg，有效钼 0.105 mg/kg。

6. 根际微生物群落结构信息

对江西省赣州市瑞金市壬田镇中潭村发病烟株根际土壤微生物进行 16S rRNA 测序，共鉴定出 2034 个 OTU，包括 27 个门 64 个纲 138 个目 257 个科 456 个属。在门水平至少隶属于 27 个不同的细菌门，其相对丰度≥1%的共 8 个门（图 5-3）。其中变形菌门（Proteobacteria）36.21%和放线菌门（Actinobacteria）37.08%为土壤细菌中的优势类群。其次为厚壁菌门（Firmicutes）4.80%、酸杆菌门（Acidobacteria）4.34%、Saccharibacteria 3.57%、绿弯菌门（Chloroflexi）4.54%、拟杆菌门（Bacteroidetes）3.54%、浮霉菌门（Planctomycetes）2.58%。其余 19 个门所占比例均低于 1%，共占 3.34%。

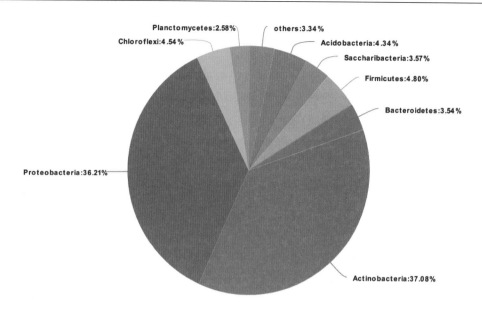

图 5-3　JX-RJ 门水平上物种主要类群组成

在隶属的 138 个目中，相对丰度大于 0.1%的类群如图 5-4 所示，丰度最高为微球菌目（Micrococcales），占 25.21%，其次为根瘤菌目（Rhizobiales）和黄单胞菌目（Xanthomonadales），分别占 10.17%和 9.21%。在现有数据库能注释到具体名称，且相对丰度大于 2%的类群有：伯克氏菌目（Burkholderiales）9.00%、鞘脂单胞菌目（Sphingomonadales）2.79%、芽孢杆菌目（Bacillales）3.88%、鞘脂杆菌目（Sphingobacteriales）3.04%、棒杆菌目（Corynebacteriales）2.81%、浮霉菌目（Planctomycetales）2.29%和酸杆菌目（Acidobacteriales）2.22%。

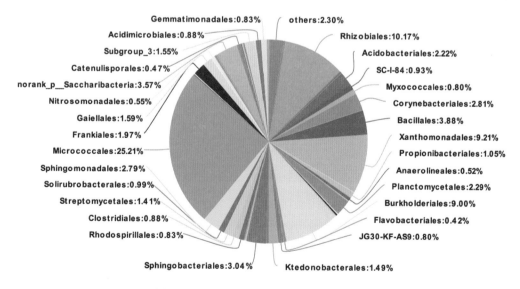

图 5-4　JX-RJ 目水平上物种主要类群组成

在属水平进一步进行分析（图 5-5），在现有数据库注释到名称的类群中，*Pseudarthrobacter* 的相对丰度最高，达到 16.00%，其次为罗丹杆菌属（*Rhodanobacter*）5.64%。相对丰度大于 1% 的类群有：*Burkholderia-Paraburkholderia* 2.74%、马赛菌属（*Massilia*）2.58%、分枝杆菌属（*Mycobacterium*）2.29%、水恒杆菌属（*Mizugakiibacter*）2.14%、鞘脂单胞菌属（*Sphingomonas*）2.01%、节杆菌属（*Arthrobacter*）1.99%、慢生根瘤菌属（*Bradyrhizobium*）1.99%、芽孢杆菌属（*Bacillus*）1.47%、*Rhizomicrobium* 1.20%、地杆菌属（*Terrabacter*）1.19%、根瘤菌属（*Rhizobium*）1.14%、*Acidibacter* 1.13%、*Variibacter* 1.03%、热酸菌属（*Acidothermus*）1.03% 和 *Oryzihumus* 1.01%，而雷尔氏菌属（*Ralstonia*）的相对丰度为 1.02%。

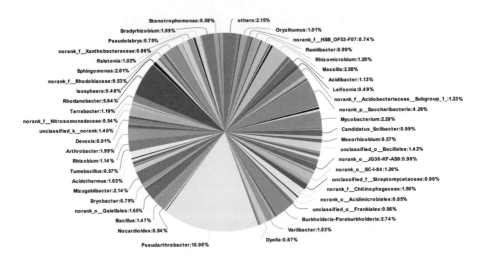

图 5-5　JX-RJ 属水平上物种主要类群组成

5.1.2 信丰县

1. 地理信息

采集地点详细信息：江西省赣州市信丰县正平镇潭口村

经度：114°48′38.4″E

纬度：25°18′0.6″N

海拔：166 m

2. 气候条件

信丰县地处东亚季风区，气候温和，光照充足，热量丰富，雨量充沛，属中亚热带季风湿润气候，具有四季变化分明，春秋短夏冬长，冰雪期短，无霜期长，夏少酷暑冬少严寒等特点。冬春之交，多受西伯利亚干冷空气影响，气候变化无常，阴雨连绵；盛夏之时，多受太平洋副热带高压控制，气候炎热少雨，偶有台风影响；秋季，由于太平洋副热带高压南退减弱，秋高气爽，常多干旱，昼夜温差较大；入冬后，气温渐降，气候干燥寒冷，时有霜冻出现。

3. 种植及发病情况

2017 年 5 月采集地种植品种为云烟 87，旱地，该地块烟草种植实行种一年休一年的形式，田间烟草青枯病与黑胫病混发。发病的烟株青枯病表现特点：①发病初期，叶片出现明显的半边黄化萎蔫症状，部分叶片干枯坏死；②茎秆出现黄色条斑且变黑坏死(图 5-6)。

图 5-6　田间病株照片

A. 大田整体图；B. 中期发病烟株；C. 发病烟株茎秆黑色条斑症状

4. 菌株基本情况

分类地位：生化变种 3，演化型 Ⅰ 序列变种 44。

菌落培养特性：在 TTC 平板上，菌落流动性强，白边较宽，中心呈浅红色(图 5-7)。

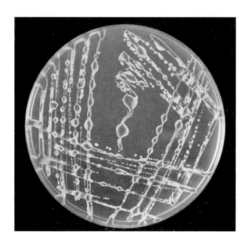

图 5-7　菌株 JX-XF-2 在 TTC 培养基上的生长情况

5. 土壤信息

土壤类型：粉砂壤土

土壤 pH：7.10

土壤基本理化性质：有机质 19.73 g/kg，全氮 2.01 g/kg，全磷 0.61 g/kg，全钾 15.42 g/kg，碱解氮 77.47 mg/kg，有效磷 45.16 mg/kg，速效钾 540 mg/kg，交换性钙 5.779 g/kg，交换性镁 0.394 g/kg，有效铜 0.30 mg/kg，有效锌 1.61 mg/kg，有效铁 0.28 mg/kg，有效锰 39.03 mg/kg，有效硼 0.259 mg/kg，有效硫 72.52 mg/kg，有效氯 77.34 mg/kg，有效钼 0.141 mg/kg。

6. 根际微生物群落结构信息

对江西省赣州市信丰县正平镇潭口村发病烟株根际土壤微生物进行 16S rRNA 测序，共鉴定出 3718 个 OTU，其中细菌占 95.53%，古菌占 4.47%，包括 39 个门 89 个纲 186 个目 340 个科 620 个属。在门水平至少隶属于 39 个不同的细菌门，其相对丰度≥1%的共 12 个门（图 5-8）。其中变形菌门（Proteobacteria）35.26%和放线菌门（Actinobacteria）23.24%为土壤细菌中的优势类群。其次为绿弯菌门（Chloroflexi）9.44%、酸杆菌门（Acidobacteria）7.53%、浮霉菌门（Planctomycetes）5.81%、拟杆菌门（Bacteroidetes）3.42%、疣微菌门（Verrucomicrobia）3.29%、奇古菌门（Thaumarchaeota）2.55%、Saccharibacteria 1.97%、厚壁菌门（Firmicutes）1.78%、芽单胞菌门（Gemmatimonadetes）1.59%和广古菌门（Euryarchaeota）1.48%。其余 27 个门所占比例均低于 1%，共占 2.64%。

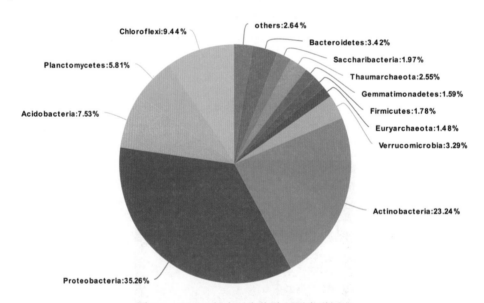

图 5-8　JX-XF 门水平上物种主要类群组成

在隶属的 186 个目中，相对丰度大于 0.1%的类群如图 5-9 所示，丰度最高为微球菌目（Micrococcales），占 10.97%，其次为根瘤菌目（Rhizobiales），占 10.25%。在现有数据库能注释到具体名称，且相对丰度大于 2%的类群有：黄单胞菌目（Xanthomonadales）7.02%、鞘脂单胞菌目（Sphingomonadales）4.62%、伯克氏菌目（Burkholderiales）4.61%、浮霉菌目（Planctomycetales）4.50%、 Gaiellales 2.67%、鞘脂杆菌目（Sphingobacteriales）2.54%和Chthoniobacterales 2.16%。

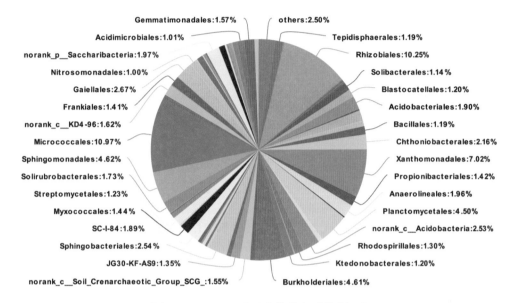

图 5-9　JX-XF 目水平上物种主要类群组成

在属水平进一步进行分析（图 5-10），在现有数据库注释到名称的类群中，*Pseudarthrobacter* 的相对丰度最高，达到 6.68%，其次为鞘脂单胞菌属（*Sphingomonas*）和罗丹杆菌属（*Rhodanobacter*）分别占 3.11%和 2.00%。相对丰度大于 1%的类群有：节杆菌属（*Arthrobacter*）1.81%、寡养单胞菌属（*Stenotrophomonas*）1.62%、慢生根瘤菌属（*Bradyrhizobium*）1.57%、根瘤菌属（*Rhizobium*）1.29%、*Isosphaera* 1.13%、链霉菌属（*Streptomyces*）1.04%，而雷尔氏菌属（*Ralstonia*）的相对丰度为 0.48%。

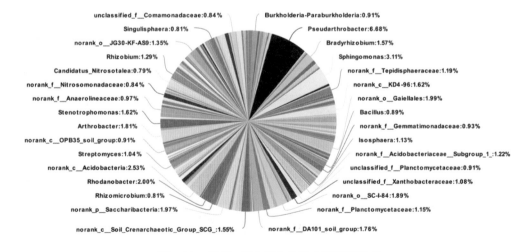

图 5-10　JX-XF 属水平上物种主要类群组成

5.1.3　石城县

1. 地理信息

采集地点详细信息：江西省赣州市石城县琴江镇小别村祠堂段
经度：116°17′47.24″E
纬度：26°22′11.69″N
海拔：265 m

2. 气候条件

亚热带季风性湿润气候。

3. 种植及发病情况

2017 年采集地种植品种为 K326，该地实行烟稻轮作（图 5-11）。2017 年的移栽日期为
3 月初。

图 5-11　田间病株照片

A. 大田整体图；B. 中期发病烟株；C. 发病烟株茎秆黑色条斑症状

4. 菌株基本情况

分类地位：生化变种 3，演化型 I 序列变种 13。
菌落培养特性：在 TTC 平板上，菌落流动性强，白边较宽，中心呈浅红色（图 5-12）。

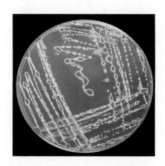

图 5-12　菌株 JX-SC-1 在 TTC 培养基上的生长情况

5.2 江西省抚州市

5.2.1 广昌县

1. 地理信息

采集地点详细信息：江西省抚州市广昌县长桥乡双港村

经度：116°25′38.87″E

纬度：26°53′10.24″N

海拔：182 m

2. 气候条件

广昌县属亚热带季风气候，气候温和湿润，雨量充沛，四季分明，日均气温 19.1℃，年均日照 1932 h，年均降水量 1172 mm，平均无霜期 273 d。

3. 种植及发病情况

2017 年采集地种植品种为云烟 87，该地实行烟稻轮作。2017 年的移栽日期为 3 月初。发病的烟株青枯病表现特点：①发病烟株烟叶黄化萎蔫，呈明显的"半边疯"症状；②茎秆部位能够观察到明显的黑色条斑；③根系主根出现明显的变黑，但仍有大量的健康侧根与须根存在(图 5-13)。

图 5-13 田间病株照片

A. 大田整体图；B. 早期发病烟株；C. 发病烟株茎秆黑色条斑症状

4. 菌株基本情况

分类地位：生化变种 3，演化型Ⅰ序列变种 34。

菌落培养特性：在 TTC 平板上，菌落流动性强，白边较宽，中心呈浅红色(图 5-14)。

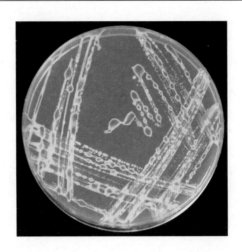

图 5-14　菌株 JX-GC-3 在 TTC 培养基上的生长情况

5. 土壤信息

土壤类型：粉砂壤土

土壤 pH：4.50

土壤基本理化性质：有机质 37.50 g/kg，全氮 2.02 g/kg，全磷 0.89 g/kg，全钾 26.29 g/kg，碱解氮 153.26 mg/kg，有效磷 89.34 mg/kg，速效钾 370 mg/kg，交换性钙 0.536 g/kg，交换性镁 0.062 g/kg，有效铜 3.14 mg/kg，有效锌 3.32 mg/kg，有效铁 148.65 mg/kg，有效锰 14.53 mg/kg，有效硼 0.292 mg/kg，有效硫 34.07 mg/kg，有效氯 89.31 mg/kg，有效钼 0.301 mg/kg。

6. 根际微生物群落结构信息

对江西省抚州市广昌县长桥乡双港村发病烟株根际土壤微生物进行 16S rRNA 测序，共鉴定出 3103 个 OTU，其中细菌占 92.36%，古菌占 7.64%，包括 39 个门 91 个纲 185 个目 322 个科 553 个属。在门水平至少隶属于 39 个不同的细菌门，其相对丰度≥1% 的共 12 个门（图 5-15）。其中绿弯菌门（Chloroflexi）23.73% 和变形菌门（Proteobacteria）22.52%，为土壤细菌中的优势类群。其次为放线菌门（Actinobacteria）11.57%、酸杆菌门（Acidobacteria）10.58%、浮霉菌门（Planctomycetes）9.47%、奇古菌门（Thaumarchaeota）5.99%、厚壁菌门（Firmicutes）4.45%、Saccharibacteria 2.64%、疣微菌门（Verrucomicrobia）2.27%、拟杆菌门（Bacteroidetes）1.76%、芽单胞菌门（Gemmatimonadetes）1.33% 和广古菌门（Euryarchaeota）1.17%。其余 27 个门所占比例均低于 1%，共占 2.52%。

在隶属的 185 个目中，相对丰度大于 0.1% 的类群如图 5-16 所示，丰度最高为纤线杆菌目（Ktedonobacterales），占 9.35%，其次为浮霉菌目（Planctomycetales），占 8.50%。在现有数据库能注释到具体名称，且相对丰度大于 2% 的类群有：黄单胞菌目（Xanthomonadales）7.90%、酸杆菌目（Acidobacteriales）5.94%、根瘤菌目（Rhizobiales）5.78%、厌氧绳菌目（Anaerolineales）3.06%、弗兰克氏菌目（Frankiales）2.78%、Solibacterales 2.34%、芽孢杆菌目（Bacillales）2.19% 和土壤红杆菌目（Solirubrobacterales）2.08%。

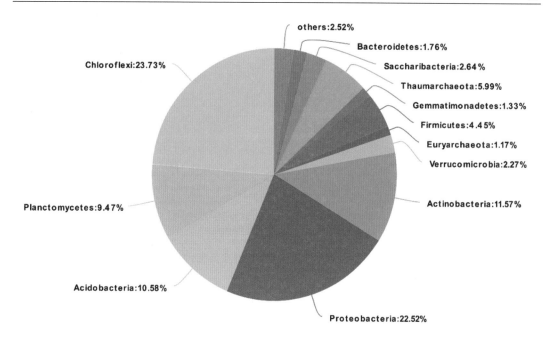

图 5-15　JX-GC 门水平上物种主要类群组成

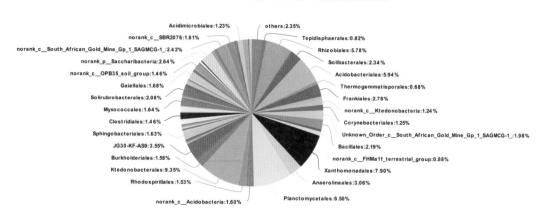

图 5-16　JX-GC 目水平上物种主要类群组成

　　在属水平进一步进行分析(图 5-17)，在现有数据库注释到名称的类群中，罗丹杆菌属(*Rhodanobacter*)的相对丰度最高，达到 2.49%，其次为水恒杆菌属(*Mizugakiibacter*)和 *Isosphaera* 分别占 2.19% 和 2.15%，相对丰度大于 1% 的类群有：热酸菌属(*Acidothermus*)2.06%、*Acidibacter* 1.88%、*Singulisphaera* 1.77%、芽孢杆菌属(*Bacillus*)1.43%、慢生根瘤菌属(*Bradyrhizobium*)1.22%、厌氧绳菌属(*Anaerolinea*)1.15%、分枝杆菌属(*Mycobacterium*)1.01%，而雷尔氏菌属(*Ralstonia*)的相对丰度为 0.19%。

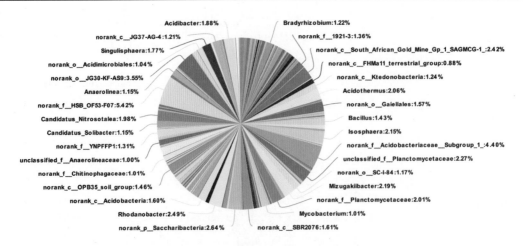

图 5-17　JX-GC 属水平上物种主要类群组成

对江西省所采集的发病烟株根际细菌群落组成进行分析，在门水平上的群落组成如图5-18 所示，细菌的主要组成类群差异不大，主要由变形菌门（Proteobacteria）、放线菌门（Actinobacteria）、绿弯菌门（Chloroflexi）、酸杆菌门（Acidobacteria）和浮霉菌门（Planctomycetes）等组成，其中瑞金市放线菌门（Actinobacteria）的相对丰度最高，广昌县绿弯菌门（Chloroflexi）、酸杆菌门（Acidobacteria）、浮霉菌门（Planctomycetes）和奇古菌门（Thaumarchaeota）的相对丰度均高于其他两个地区。在属水平上江西省不同地区的群落组成差异如图 5-19 所示，在现有数据库能注释到名称的类群中，罗丹杆菌属（*Rhodanobacter*）和慢生根瘤菌属（*Bradyrhizobium*）的相对丰度较其他类群高，是江西省主要的组成类群，广昌县鞘脂单胞菌属（*Sphingomonas*）、节杆菌属（*Arthrobacter*）和马赛菌属（*Massilia*）的相对丰度均显著低于其他两个地区；瑞金市雷尔氏菌属（*Ralstonia*）的相对丰度最高。

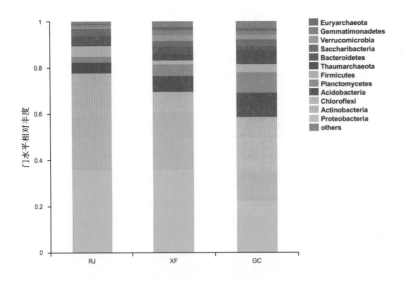

图 5-18　江西烟区烟草青枯病发病烟株根际细菌门水平上主要类群组成

注：RJ-瑞金市；XF-信丰县；GC-广昌县；下同。

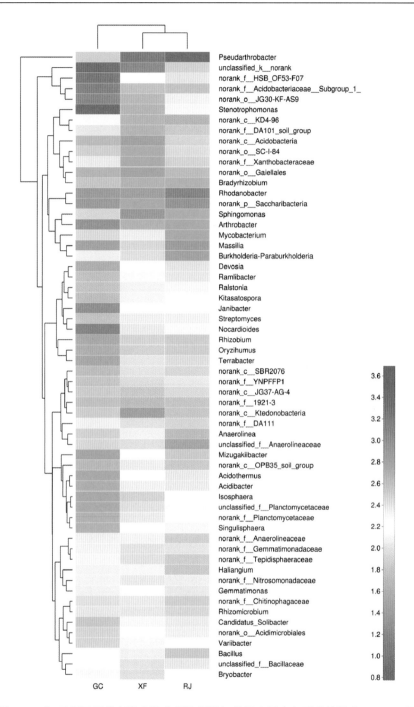

图 5-19　江西烟区烟草青枯病发病烟株根际细菌属水平上主要群落组成 Heatmap 图
（物种排名前 60 的物种）

第6章 广西烟区

6.1 广西壮族自治区百色市

6.1.1 靖西市

1. 地理信息

采集地点详细信息：广西百色市靖西市同德乡足表村
经度：106°34′50.3″E
纬度：23°06′33.4″N
海拔：702 m

2. 气候条件

靖西市属亚热带季风气候，年均气温19.1℃。

3. 种植及发病情况

该地采用烟稻轮作的方式，连续种植约十年。2017年6月采集地种植品种为云烟87，移栽日期为2月20日左右，5月中下旬开始发病。青枯病发生较为普遍，但发病烟株大部分未出现大量的急性死亡，发病的烟株青枯病表现特点：①茎秆部位能够观察到明显的黄色条斑，且条斑位置基本达到烟株顶部；②部分上部烟叶出现白化；③根系主根出现明显的变黑、腐烂，但仍有大量的健康侧根与须根存在，保证烟叶后期的正常采收(图6-1)。

图 6-1　田间病株照片

A. 烟田整体情况；B. 发病烟株；C 和 D.发病烟株茎秆的黄色与黑色条斑

4. 菌株基本情况

分类地位：生化变种 3，演化型 I 序列变种 17。

菌落培养特性：在 TTC 平板上，菌落流动性强，白边较宽，中心呈浅红色(图 6-2)。

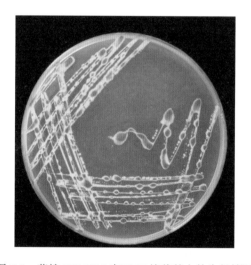

图 6-2　菌株 GX-JX-1 在 TTC 培养基上的生长情况

5. 土壤信息

土壤类型：粉砂壤土

土壤 pH：5.20

土壤基本理化性质：有机质 35.58 g/kg，全氮 2.33 g/kg，全磷 1.16 g/kg，全钾 14.50 g/kg，碱解氮 143.16 mg/kg，有效磷 43.79 mg/kg，速效钾 390 mg/kg，交换性钙 1.185 g/kg，交换性镁 0.076 g/kg，有效铜 0.99 mg/kg，有效锌 8.08 mg/kg，有效铁 50.18 mg/kg，有效

锰 22.28 mg/kg，有效硼 0.356 mg/kg，有效硫 41.94 mg/kg，有效氯 93.71 mg/kg，有效钼 0.309 mg/kg。

6. 根际微生物群落结构信息

对广西百色市靖西市同德乡足表村发病烟株根际土壤微生物进行 16S rRNA 测序，共鉴定出 2618 个 OTU，其中细菌占 96.93%，古菌占 3.07%，包括 24 个门 68 个纲 153 个目 273 个科 528 个属。在门水平至少隶属于 24 个不同的细菌门，其相对丰度≥1%的共 11 个门（图 6-3）。其中放线菌门（Actinobacteria）23.57%和变形菌门（Proteobacteria）22.64%，为土壤细菌中的优势类群。其次为绿弯菌门（Chloroflexi）21.50%、酸杆菌门（Acidobacteria）9.08%、浮霉菌门（Planctomycetes）6.81%、疣微菌门（Verrucomicrobia）5.30%、芽单胞菌门（Gemmatimonadetes）2.19%、拟杆菌门（Bacteroidetes）2.03%、厚壁菌门（Firmicutes）1.85%、奇古菌门（Thaumarchaeota）1.71%和广古菌门（Euryarchaeota）1.08%。其余 13 个门所占比例均低于 1%，共占 2.24%。

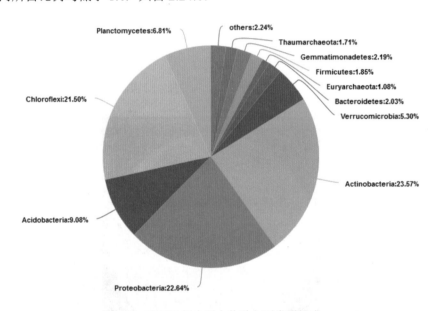

图 6-3 GX-JX 门水平上物种主要类群组成

在隶属的 153 个目中，相对丰度大于 0.1%的类群如图 6-4 所示，微球菌目（Micrococcales）丰度最高，占 12.00%，其次为根瘤菌目（Rhizobiales）和纤线杆菌目（Ktedonobacterales），分别占 6.74%和 5.99%。在现有数据库能注释到具体名称，且相对丰度大于 2%的类群有：厌氧绳菌目（Anaerolineales）5.44%、伯克氏菌目（Burkholderiales）4.55%、Chthoniobacterales 4.29%、浮霉菌目（Planctomycetales）3.94%、Solibacterales 2.94%、黄单胞菌目（Xanthomonadales）2.84%、Tepidisphaerales 2.61%、土壤红杆菌目（Solirubrobacterales）2.25%、芽单胞菌目（Gemmatimonadales）2.16%、棒杆菌目（Corynebacteriales）2.16%和鞘脂单胞菌目（Sphingomonadales）2.06%。

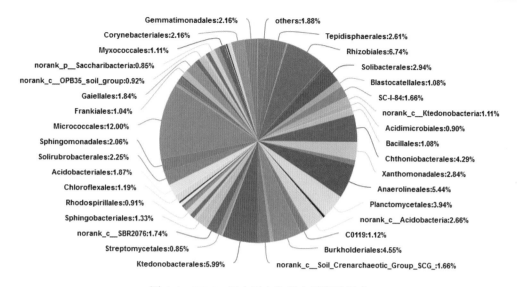

图 6-4 GX-JX 目水平上物种主要类群组成

在属水平进一步进行分析（图 6-5），在现有数据库注释到名称的类群中，*Pseudarthrobacter* 的相对丰度最高，达到 8.33%，其次为厌氧绳菌属（*Anaerolinea*）1.98%，相对丰度大于 1% 的类群有：分枝杆菌属（*Mycobacterium*）1.70%、鞘脂单胞菌属（*Sphingomonas*）1.67%、*Variibacter* 1.35%、寡养单胞菌属（*Stenotrophomonas*）1.29%、玫瑰弯菌属（*Roseiflexus*）1.19%、芽单胞菌属（*Gemmatimonas*）1.13% 和慢生根瘤菌属（*Bradyrhizobium*）1.05%，而雷尔氏菌属（*Ralstonia*）的相对丰度为 1.13%。

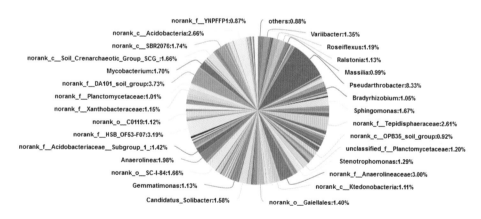

图 6-5 GX-JX 属水平上物种主要类群组成

6.1.2 隆林各族自治县

1. 地理信息

采集地点详细信息：广西百色市隆林各族自治县德峨镇保上村

经度：105°07′59.6″E

纬度：24°38′54.1″N

海拔：1463 m

2. 气候条件

隆林各族自治县属亚热带季风气候。

3. 种植及发病情况

该地烟草连续种植约 15 年。2017 年种植品种为云烟 97，移栽日期为 4 月 7 日左右，5 月中旬开始发病。青枯病发病率属中等偏下（发病率约 30%左右），烟田伴有零星的普通花叶病毒病与蚀纹病毒病以及黑胫病，但大部分以青枯病为主，发病症状主要表现在下部叶片，发病较轻。发病的烟株青枯病表现特点：①发病烟株烟叶具有明显的"半边疯" 症状；②根系主根出现明显的变黑，但仍有大量的健康侧根与须根存在，保证烟叶的正常生长（图 6-6）。

图 6-6　田间病株照片

A. 烟田整体情况；B. 发病烟株；C. 下部叶典型"半边疯"症状；D. 根部主根发黑

4. 菌株基本情况

分类地位：生化变种 3，演化型 I 序列变种 54。

菌落培养特性：在 TTC 平板上，菌落流动性强，白边较宽，中心呈浅红色（图 6-7）。

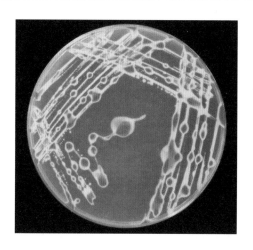

图 6-7 菌株 GX-LL 在 TTC 培养基上的生长情况

5. 土壤信息

土壤类型：粉砂土

土壤 pH：5.40

土壤基本理化性质：有机质 27.62 g/kg，全氮 1.66 g/kg，全磷 0.99 g/kg，全钾 40.16 g/kg，碱解氮 133.05 mg/kg，有效磷 29.52 mg/kg，速效钾 720 mg/kg，交换性钙 1.710 g/kg，交换性镁 0.308 g/kg，有效铜 4.51 mg/kg，有效锌 7.30 mg/kg，有效铁 1.30 mg/kg，有效锰 150.34 mg/kg，有效硼 0.226 mg/kg，有效硫 79.51 mg/kg，有效氯 85.13 mg/kg，有效钼 0.230 mg/kg。

6. 根际微生物群落结构信息

对广西百色市隆林各族自治县德峨镇保上村发病烟株根际土壤微生物进行 16S rRNA 测序，共鉴定出 2350 个 OTU，其中细菌占 86.39%，古菌占 13.61%，包括 23 个门 65 个纲 138 个目 261 个科 503 个属。在门水平至少隶属于 23 个不同的细菌门，其相对丰度≥1%的共 11 个门（图 6-8）。其中变形菌门（Proteobacteria）29.08% 和放线菌门（Actinobacteria）20.39%，为土壤细菌中的优势类群。其次为奇古菌门（Thaumarchaeota）13.48%、绿弯菌门（Chloroflexi）9.38%、酸杆菌门（Acidobacteria）9.37%、拟杆菌门（Bacteroidetes）3.56%、芽单胞菌门（Gemmatimonadetes）3.24%、硝化螺旋菌门（Nitrospirae）2.88%、厚壁菌门（Firmicutes）2.57%、浮霉菌门（Planctomycetes）2.26% 和疣微菌门（Verrucomicrobia）1.85%。其余 12 个门所占比例均低于 1%，共占 1.94%。

在隶属的 138 个目中，相对丰度大于 0.1%的类群如图 6-9 所示，根瘤菌目（Rhizobiales）丰度最高，占 7.46%，其次为鞘脂单胞菌目（Sphingomonadales）和 Gaiellales，分别占 4.94% 和 4.03%。在现有数据库能注释到具体名称，且相对丰度大于 2%的类群有：伯克氏菌目（Burkholderiales）3.96%、微球菌目（Micrococcales）3.86%、土壤红杆菌目（Solirubrobacterales）3.68%、黄单胞菌目（Xanthomonadales）3.32%、芽单胞菌目（Gemmatimonadales）3.21%、绿弯菌目（Chloroflexales）3.17%、鞘脂杆菌目（Sphingobacteriales）2.67%、丙酸杆菌目

（Propionibacteriales）2.37%和芽孢杆菌目（Bacillales）2.30%。

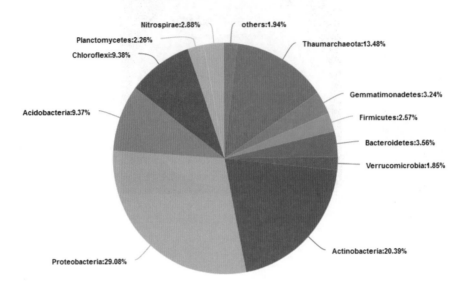

图6-8　GX-LL门水平上物种主要类群组成

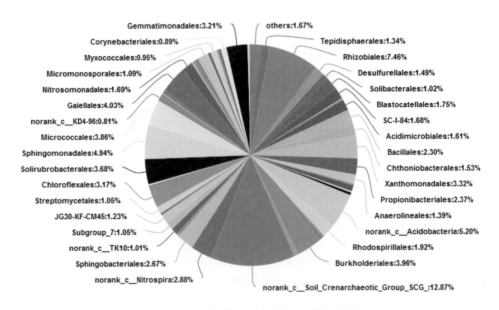

图6-9　GX-LL目水平上物种主要类群组成

在属水平进一步进行分析（图6-10），在现有数据库注释到名称的类群中，鞘脂单胞菌属（*Sphingomonas*）的相对丰度最高，达到4.00%，其次为玫瑰弯菌属（*Roseiflexus*）3.16%，相对丰度大于1%的类群有：硝化螺旋菌属（*Nitrospira*）2.88%、溶杆菌属（*Lysobacter*）1.74%、*Pseudarthrobacter* 1.62%、芽孢杆菌属（*Bacillus*）1.34%、*Gaiella* 1.17%，马赛菌属（*Massilia*）1.14%和链霉菌属（*Streptomyces*）1.05%，而雷尔氏菌属（*Ralstonia*）的相对丰度为0.29%。

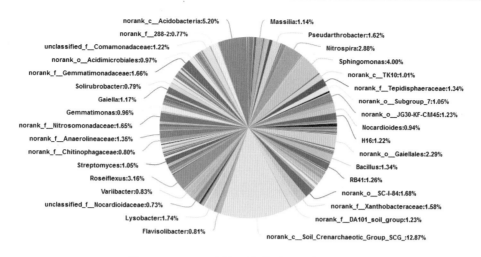

图 6-10　GX-LL 属水平上物种主要类群组成

6.2　广西壮族自治区贺州市

6.2.1　钟山县

1. 地理信息

采集地点详细信息：广西贺州市钟山县红花镇红花村

经度：111°10′9.3″E

纬度：24°35′44.3″N

海拔：206 m

2. 气候条件

钟山县处在热带与亚热带季风气候过渡地带，兼有两者的气候特征。

3. 种植及发病情况

该地实行烟稻轮作，烟草连续种植 20 年以上。2017 年采集地种植品种为云烟 87，移栽日期为 3 月中旬。该田块发病较重(发病率 80%左右)，烟田伴有零星的马铃薯 Y 病毒病以及黑胫病，但大部分以青枯病为主，发病较重。发病的烟株青枯病表现特点：①发病烟株烟叶具有明显的"半边疯"症状；②具有网格状症状；③根系主根出现明显的变黑，但仍有大量的健康侧根与须根存在，保证烟叶的正常生长(图 6-11)。

图 6-11　田间病株照片

A. 烟田整体情况；B. 发病烟株；C. 典型网格状；D. 发达的须根

4. 菌株基本情况

分类地位：生化变种 3，演化型Ⅰ序列变种 54。

菌落培养特性：在 TTC 平板上，菌落流动性强，白边较宽，中心呈浅红色(图 6-12)。

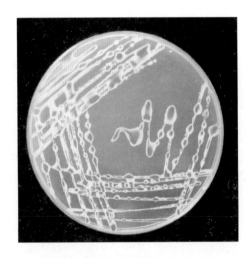

图 6-12　菌株 GX-ZS-1 在 TTC 培养基上的生长情况

5. 土壤信息

土壤类型：粉砂壤土

土壤 pH：5.20

土壤基本理化性质：有机质 24.23 g/kg，全氮 1.36 g/kg，全磷 0.78 g/kg，全钾 37.16 g/kg，碱解氮 136.42 mg/kg，有效磷 77.22 mg/kg，速效钾 250 mg/kg，交换性钙 1.004 g/kg，交换性镁 0.094 g/kg，有效铜 4.85 mg/kg，有效锌 5.04 mg/kg，有效铁 104.97 mg/kg，有效锰 45.93 mg/kg，有效硼 0.226 mg/kg，有效硫 28.83 mg/kg，有效氯 60.83 mg/kg，有效钼 0.218 mg/kg。

6. 根际微生物群落结构信息

对广西贺州市钟山县红花镇红花村发病烟株根际土壤微生物进行 16S rRNA 测序，共鉴定出 2486 个 OTU，其中细菌占 96.64%，古菌占 3.36%，包括 29 个门 71 个纲 157 个目 279 个科 543 个属。在门水平至少隶属于 29 个不同的细菌门，其相对丰度≥1%的共 11 个门（图 6-13）。其中变形菌门（Proteobacteria）31.27%和放线菌门（Actinobacteria）19.39%，为土壤细菌中的优势类群。其次为绿弯菌门（Chloroflexi）12.83%、酸杆菌门（Acidobacteria）8.39%、厚壁菌门（Firmicutes）7.74%、Saccharibacteria 6.07%、浮霉菌门（Planctomycetes）2.97%、拟杆菌门（Bacteroidetes）2.61%、疣微菌门（Verrucomicrobia）2.01%、广古菌门（Euryarchaeota）1.97%和芽单胞菌门（Gemmatimonadetes）1.36%。其余 18 个门所占比例均低于 1%，共占 3.39%。

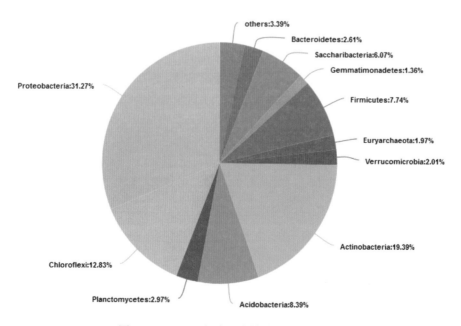

图 6-13　GX-ZS 门水平上物种主要类群组成

在隶属的 157 个目中，相对丰度大于 0.1%的类群如图 6-14 所示，伯克氏菌目（Burkholderiales）的相对丰度最高，达到 13.55%，其次为微球菌目（Micrococcales），占 13.16%，在现有数据库能注释到具体名称，且相对丰度大于 2%的类群有：根瘤菌目（Rhizobiales）6.54%、纤线杆菌目（Ktedonobacterales）5.20%、酸杆菌目（Acidobacteriales）4.56%、梭菌目（Clostridiales）4.54%、黄单胞菌目（Xanthomonadales）3.62%、厌氧绳菌目（Anaerolineales）3.25%、芽孢杆菌目（Bacillales）2.62%、鞘脂杆菌目（Sphingobacteriales）2.45%、浮霉菌目（Planctomycetales）2.27%、鞘脂单胞菌目（Sphingomonadales）2.10%和 Solibacterales 2.02%。

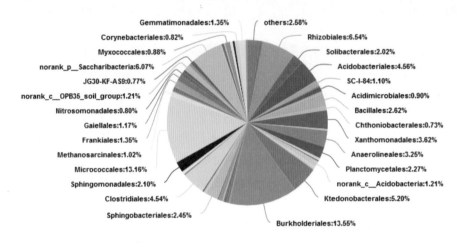

图 6-14　GX-ZS 目水平上物种主要类群组成

在属水平进一步进行分析（图 6-15），在现有数据库注释到名称的类群中，*Pseudarthrobacter* 的相对丰度最高，达到 10.29%，其次为马赛菌属（*Massilia*）6.72%，相对丰度大于 1%的类群有：罗丹杆菌属（*Rhodanobacter*）2.22%、鞘脂单胞菌属（*Sphingomonas*）1.67%、厌氧绳菌属（*Anaerolinea*）1.53%、慢生根瘤菌属（*Bradyrhizobium*）1.19%、紫色杆菌属（*Janthinobacterium*）1.14%和 *Methanpsarcina* 1.01%，而雷尔氏菌属（*Ralstonia*）的相对丰度为 0.26%。

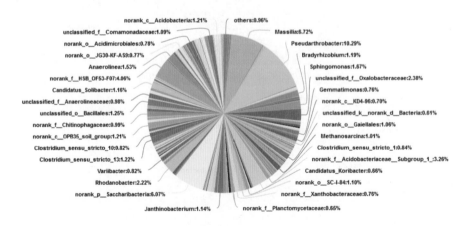

图 6-15　GX-ZS 属水平上物种主要类群组成

6.2.2　富川瑶族自治县

1. 地理信息

采集地点详细信息：广西贺州市富川瑶族自治县新华乡路西村

经度：111°27′53.8″E

纬度：24°48′05″N

海拔：324 m

2. 气候条件

富川瑶族自治县属典型的亚热带季风气候，雨量充沛，气候温和，阳光充足，昼夜温差大。

3. 种植及发病情况

该地种植烟草 15 年以上。2017 年采集地种植品种为云烟 87，移栽日期为 3 月初，5月中旬开始发病。该田块发病严重(发病率 80%左右)，烟田伴有零星的黑胫病，但大部分以青枯病为主，发病较重，前期天气变化导致部分烟株急性死亡。发病的烟株青枯病表现特点：①发病烟株烟叶具有明显的"半边疯"症状；②茎秆具有明显的黄色与黑色条斑；③部分烟株急性死亡(图 6-16)。

图 6-16　田间病株照片

A. 烟田整体情况；B. 发病烟株

4. 菌株基本情况

分类地位：生化变种 3，演化型Ⅰ序列变种 54。

菌落培养特性：在 TTC 平板上，菌落流动性强，白边较宽，中心呈浅红色(图 6-17)。

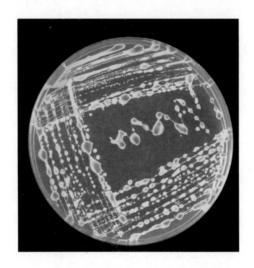

图 6-17　菌株 GX-FC-2 在 TTC 培养基上的生长情况

5. 土壤信息

土壤类型：粉砂壤土

土壤 pH：5.80

土壤基本理化性质：有机质 31.42 g/kg，全氮 1.58 g/kg，全磷 1.11 g/kg，全钾 11.30 g/kg，碱解氮 79.16 mg/kg，有效磷 29.52 mg/kg，速效钾 810 mg/kg，交换性钙 2.105 g/kg，交换性镁 0.164 g/kg，有效铜 0.67 mg/kg，有效锌 3.70 mg/kg，有效铁 0.81 mg/kg，有效锰 191.29 mg/kg，有效硼 0.326 mg/kg，有效硫 38.44 mg/kg，有效氯 60.83 mg/kg，有效钼 0.308 mg/kg。

6. 根际微生物群落结构信息

对广西贺州市富川瑶族自治县新华乡路西村发病烟株根际土壤微生物进行 16S rRNA 测序，共鉴定出 2258 个 OTU，其中细菌占 96.87%，古菌占 3.13%，包括 22 个门 57 个纲 124 个目 248 个科 483 个属。在门水平至少隶属于 22 个不同的细菌门，其相对丰度≥1% 的共 10 个门（图 6-18）。其中变形菌门（Proteobacteria）42.37% 和放线菌门（Actinobacteria）20.91%，为土壤细菌中的优势类群。其次为拟杆菌门（Bacteroidetes）11.34%、绿弯菌门（Chloroflexi）7.18%、酸杆菌门（Acidobacteria）5.19%、奇古菌门（Thaumarchaeota）3.12%、芽单胞菌门（Gemmatimonadetes）2.98%、Saccharibacteria 2.47%、硝化螺旋菌门（Nitrospirae）1.13% 和厚壁菌门（Firmicutes）1.10%。其余 12 个门所占比例均低于 1%，共占 2.21%。

在隶属的 124 个目中，相对丰度大于 0.1% 的类群如图 6-19 所示，伯克氏菌目（Burkholderiales）丰度最高，占 12.76%，其次为黄单胞菌目（Xanthomonadales）和微球菌目（Micrococcales），分别占 8.08% 和 7.33%。在现有数据库能注释到具体名称，且相对丰度大于 2% 的类群有：根瘤菌目（Rhizobiales）6.58%、鞘脂杆菌目（Sphingobacteriales）5.90%、鞘脂单胞菌目（Sphingomonadales）5.75%、黄杆菌目（Flavobacteriales）5.38%、Gaiellales 3.79%、芽单胞菌目（Gemmatimonadales）2.95% 和绿弯菌目（Chloroflexales）2.24%。

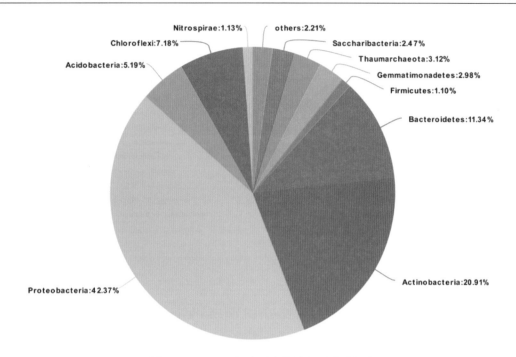

图 6-18　GX-FC 门水平上物种主要类群组成

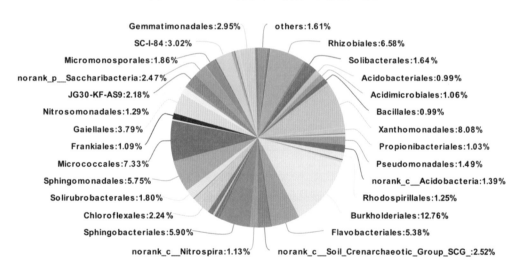

图 6-19　GX-FC 目水平上物种主要类群组成

　　在属水平进一步进行分析（图 6-20），在现有数据库注释到名称的类群中，罗丹杆菌属（*Rhodanobacter*）的相对丰度最高，达到 5.31%，其次为黄杆菌属（*Flavobacterium*）5.20%，相对丰度大于 1% 的类群有：鞘脂单胞菌属（*Sphingomonas*）4.83%、马赛菌属（*Massilia*）4.76%、*Pseudarthrobacter* 4.32%、玫瑰弯菌属（*Roseiflexus*）2.24%、土地杆菌属（*Pedobacter*）2.23%、假单胞菌属（*Pseudomonas*）1.47%、杜擀氏菌属（*Duganella*）1.36%，慢生根瘤菌属（*Bradyrhizobium*）1.34%，*Bryobacter* 1.16%，硝化螺旋菌属（*Nitrospira*）1.13%和芽单胞菌属（*Gemmatimonas*）1.03%，而雷尔氏菌属（*Ralstonia*）的相对丰度为 0.64%。

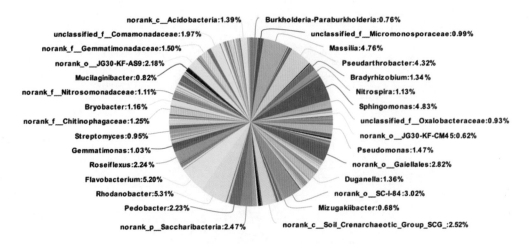

图 6-20　GX-FC 属水平上物种主要类群组成

6.3　广西壮族自治区河池市

6.3.1　南丹县

1. 地理信息

采集地点详细信息：广西河池市南丹县巴定乡巴定村

经度：107°19′29.5″E

纬度：25°17′31.9″N

海拔：804 m

2. 气候条件

南丹县属亚热带季风气候，且该县地区差异和垂直差异明显，具有高原山区的气候特点和变化规律。

3. 种植及发病情况

该地每年烟稻轮作，连续种植 15 年以上。2017 年采集地种植品种为云烟 99，移栽日期为 3 月 10 日左右，6 月初开始发病。烟田大部分以青枯病为主，中度发生(发病率 40%左右)。发病的烟株青枯病表现特点：①发病烟株烟叶具有明显的"半边疯"症状；②茎秆具有明显的黄色与黑色条斑；③部分烟株急性死亡；④发病烟株大部分根系表现正常，烟株仍能够正常生长(图 6-21)。

图 6-21　田间病株照片

A. 烟田整体情况；B. 发病烟株；C. 典型"半边疯"症状；D. 发达的根系

4. 菌株基本情况

分类地位：生化变种 3，演化型 Ⅰ 序列变种 54。

菌落培养特性：在 TTC 平板上，菌落流动性强，白边较宽，中心呈浅红色（图 6-22）。

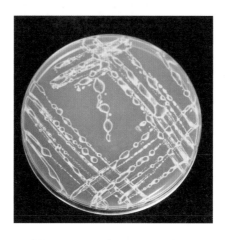

图 6-22　菌株 GX-ND-1 在 TTC 培养基上的生长情况

5. 土壤信息

土壤类型：粉砂壤土

土壤 pH：6.20

土壤基本理化性质：有机质 26.11 g/kg，全氮 1.57 g/kg，全磷 0.74 g/kg，全钾 17.26 g/kg，碱解氮 143.16 mg/kg，有效磷 60.80 mg/kg，速效钾 450 mg/kg，交换性钙 1.404 g/kg，交换性镁 0.305 g/kg，有效铜 2.72 mg/kg，有效锌 2.36 mg/kg，有效铁 29.02 mg/kg，有效锰 25.90 mg/kg，有效硼 0.192 mg/kg，有效硫 39.32 mg/kg，有效氯 77.34 mg/kg，有效钼 0.227 mg/kg。

6. 根际微生物群落结构信息

对广西河池市南丹县巴定乡巴定村发病烟株根际土壤微生物进行 16S rRNA 测序，共鉴定出 2961 个 OTU，其中细菌占 92.34%，古菌占 7.65%，包括 25 个门 72 个纲 158 个目 304 个科 582 个属。在门水平至少隶属于 25 个不同的细菌门，其相对丰度 ≥1% 的共 11 个门（图 6-23）。其中变形菌门（Proteobacteria）30.30% 和放线菌门（Actinobacteria）19.08%，为土壤细菌中的优势类群。其次为酸杆菌门（Acidobacteria）13.80%、绿弯菌门（Chloroflexi）7.51%、奇古菌门（Thaumarchaeota）7.02%、拟杆菌门（Bacteroidetes）5.33%、浮霉菌门（Planctomycetes）4.07%、疣微菌门（Verrucomicrobia）3.25%、厚壁菌门（Firmicutes）3.13%、硝化螺旋菌门（Nitrospirae）1.97% 和芽单胞菌门（Gemmatimonadetes）1.83%。其余 14 个门所占比例均低于 1%，共占 2.71%。

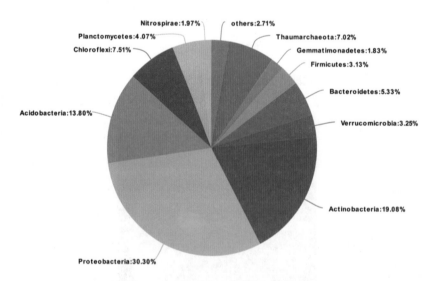

图 6-23 GX-ND 门水平上物种主要类群组成

在隶属的 158 个目中，相对丰度大于 0.1% 的类群如图 6-24 所示，根瘤菌目（Rhizobiales）丰度最高，占 8.86%，其次为微球菌目（Micrococcales），占 6.77%。在现有数据库能注释到具体名称，且相对丰度大于 2% 的类群有：黄单胞菌目（Xanthomonadales）3.97%、伯克氏菌目

（Burkholderiales）3.95%、鞘脂杆菌目（Sphingobacteriales）3.44%、Blastocatellales 2.84%、浮霉菌目（Planctomycetales）2.70%、Gaiellales 2.64%、鞘脂单胞菌目（Sphingomonadales）2.62%、Chthoniobacterales 2.34%、芽孢杆菌目（Bacillales）2.27%和亚硝化单胞菌目（Nitrosomonadales）2.09%。

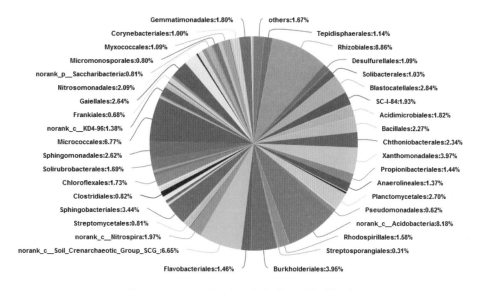

图 6-24　GX-ND 目水平上物种主要类群组成

在属水平进一步进行分析（图 6-25），在现有数据库注释到名称的类群中，*Pseudarthrobacter* 的相对丰度最高，达到 4.07%，其次为硝化螺旋菌属（*Nitrospira*）1.97%，相对丰度大于 1% 的类群有：玫瑰弯菌属（*Roseiflexus*）1.72%、溶杆菌属（*Lysobacter*）1.58%、鞘脂单胞菌属（*Sphingomonas*）1.55%、黄杆菌属（*Flavobacterium*）1.41%、芽孢杆菌属（*Bacillus*）1.18%和 *Variibacter* 1.13%，而雷尔氏菌属（*Ralstonia*）的相对丰度为 0.06%。

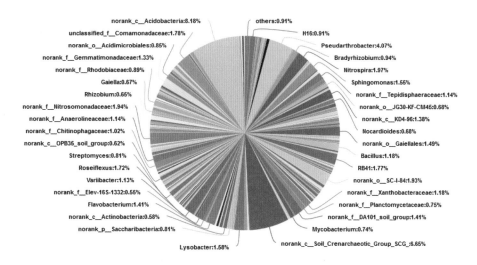

图 6-25　GX-ND 属水平上物种主要类群组成

对广西壮族自治区不同地区所采集的青枯病发病烟株根际细菌群落结构进行分析，在门水平上（图6-26），广西壮族自治区主要组成类群有：变形菌门（Proteobacteria）、放线菌门（Actinobacteria）、绿弯菌门（Chloroflexi）和酸杆菌门（Acidobacteria）等；奇古菌门（Thaumarchaeota）的相对丰度在不同地区差异较大，以龙陵县的相对丰度最高，而富川的拟杆菌门（Bacteroidetes）的相对丰度显著高于其他地区。在属水平上，不同地区的组成差异如图6-27所示，在现有数据库能注释到具体名称的类群中，*Pseudarthrobacter*、鞘脂单胞菌属（*Sphingomonas*）、硝化螺旋菌属（*Nitrospira*）和马赛菌属（*Massilia*）等在所有地区的相对丰度均较高；雷尔氏菌属（*Ralstonia*）的相对丰度以南丹县的最低。

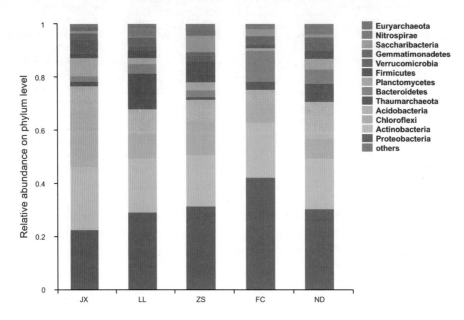

图6-26 广西烟区青枯病发病烟株根际细菌门水平上主要类群组成

注：JX-靖西市；LL-隆林县；ZS-钟山县；FC-富川县；ND-南丹县，下同。

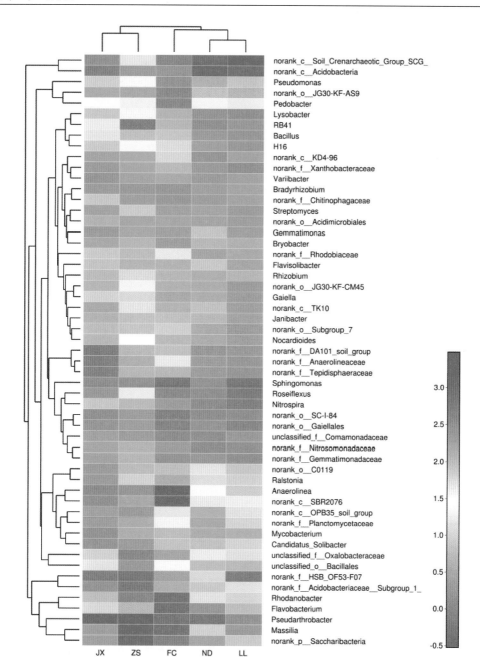

图 6-27　广西烟区青枯病发病烟株根际细菌属水平上主要群落组成 Heatmap 图

第7章 湖 南 烟 区

7.1 湖南省郴州市

7.1.1 桂阳县

1. 地理信息

采集地点详细信息：湖南省郴州市桂阳县龙潭街道梧桐村

经度：112°41′19.4″E

纬度：25°46′43.7″N

海拔：214 m

2. 气候条件

桂阳县属亚热带湿润季风气候，气候宜人，四季分明。年平均气温 17.2℃，年平均日照时数 1705.4 h，年平均降水量 1385.2 mm。

3. 种植及发病情况

桂阳种植烟草的旱地发病较水田早，旱地种植的烟草与玉米或红薯轮作，水田则与水稻轮作。2017 年采集地为旱地，种植品种为湘烟 5 号，连续种植三年以上，该年烟草移栽日期为 3 月 10 日左右，五月下旬开始发病。发病的烟株青枯病表现特点：①发病初期，下部叶片出现典型的半边萎蔫症状，部分叶片黄化坏死；②发病中期，茎秆部位能够观察到明显的黄色条斑，且下部条斑变褐腐烂（图 7-1）。

图 7-1　田间病株照片

A. 烟田整体情况；B. 早期发病烟株——叶片典型"半边疯"症状；C. 茎秆黑色条斑，叶片黄化症状

4. 菌株基本情况

分类地位：生化变种 3，演化型 I，序列变种 34。

菌落培养特性：在 TTC 平板上，菌落流动性强，白边较宽，中心呈浅红色（图 7-2）。

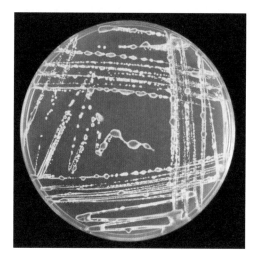

图 7-2　菌株 HN-CZ-1 在 TTC 培养基上的生长情况

5. 土壤信息

土壤类型：粉砂壤土

土壤 pH：4.70

土壤基本理化性质：有机质 21.90 g/kg，全氮 1.22 g/kg，全磷 0.57 g/kg，全钾 7.12 g/kg，碱解氮 96.00 mg/kg，有效磷 40.86 mg/kg，速效钾 610 mg/kg，交换性钙 0.859 g/kg，交换性镁 0.109 g/kg，有效铜 0.86 mg/kg，有效锌 22.84 mg/kg，有效铁 13.62 mg/kg，有效锰 201.99 mg/kg，有效硼 0.250 mg/kg，有效硫 50.68 mg/kg，有效氯 50.21 mg/kg，有效钼 0.232 mg/kg。

6. 根际微生物群落结构信息

对湖南省郴州市桂阳县龙潭街道梧桐村发病烟株根际土壤微生物进行 16S rRNA 测序，共鉴定出 2367 个 OTU，其中细菌占 98.61%，古菌占 1.34%，包括 21 个门 55 个纲 127 个目 246 个科 463 个属。在门水平至少隶属于 21 个不同的细菌门，其相对丰度≥1% 的共 11 个门（图 7-3）。其中放线菌门（Actinobacteria）35.81% 和变形菌门（Proteobacteria）30.97%，为土壤细菌中的优势类群。其次为 Saccharibacteria 8.85%、酸杆菌门（Acidobacteria）6.61%、绿弯菌门（Chloroflexi）4.81%、拟杆菌门（Bacteroidetes）3.24%、蓝细菌门（Cyanobacteria）2.53%、浮霉菌门（Planctomycetes）1.87%、芽单胞菌门（Gemmatimonadetes）1.47%、奇古菌门（Thaumarchaeota）1.34% 和疣微菌门（Verrucomicrobia）1.26%，其余 10 个门所占比例均低于 1%，共占 1.24%。

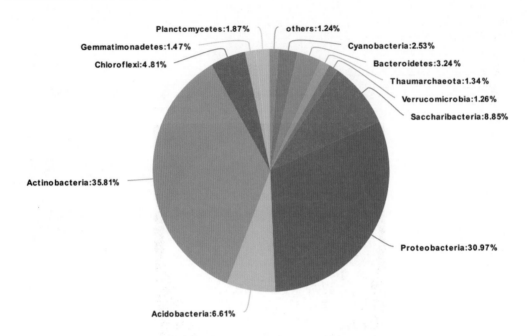

图7-3　HN-CZ门水平上物种主要类群组成

在隶属的 127 个目中，相对丰度大于 0.1%的类群如图 7-4 所示，微球菌目（Micrococcales）丰度最高，占 24.40%，其次为黄单胞菌目（Xanthomonadales）和伯克氏菌目（Burkholderiales），分别占 8.49%和 8.29%。在现有数据库能注释到具体名称，且相对丰度大于 2%的类群有：根瘤菌目（Rhizobiales）5.49%、酸杆菌目（Acidobacteriales）4.85%、鞘脂单胞菌目（Sphingomonadales）4.49%、弗兰克氏菌目（Frankiales）2.88%、鞘脂杆菌目（Sphingobacteriales）2.47%、Gaiellales 2.38%和纤线杆菌目（Ktedonobacterales）2.09%。

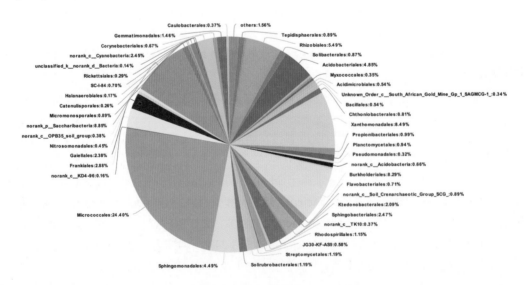

图7-4　HN-CZ目水平上物种主要类群组成

在属水平进一步进行分析（图 7-5），在现有数据库注释到名称的类群中，*Pseudarthrobacter* 的相对丰度最高，达到 12.01%，其次为罗丹杆菌属（*Rhodanobacter*）和节杆菌属（*Arthrobacter*）分别占 5.94%和 4.77%，相对丰度大于 1%的类群有：鞘脂单胞菌属（*Sphingomonas*）4.08%、*Burkholderia-Paraburkholderia* 3.12%、*Oryzihumus* 2.65%、赖氏菌属（*Leifsonia*）2.08%、雷尔氏菌属（*Ralstonia*）1.42%、慢生根瘤菌属（*Bradyrhizobium*）1.30%、*Dyella* 1.10%、*Granulicella* 1.08%、链霉菌属（*Streptomyces*）1.04%和马赛菌属（*Massilia*）1.03%。

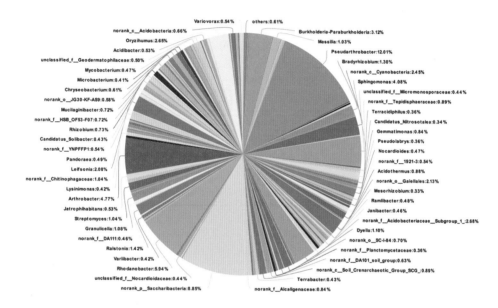

图 7-5　HN-CZ 属水平上物种主要类群组成

7.2　湖南省湘西土家族苗族自治州

7.2.1　龙山县

1. 地理信息

采集地点详细信息：湖南省湘西土家族苗族自治州龙山县大安乡木鱼坪村

经度：109°38′00″E

纬度：29°29′08″N

海拔：1045 m

2. 气候条件

龙山县属亚热带大陆性湿润季风气候。全年四季分明。夏半年受夏季风影响，降水较丰沛，气候温暖湿润。

3. 种植及发病情况

2017 年 7 月采集地种植品种为 K326，该年烟草移栽日期为 5 月 15 日左右，该地块种植玉米三年后，连作烟草 2 年。团棵期开始发病，7 月初症状明显，7 月中下旬病级多为 3 级及以下，茎部出现黑线，根部有部分坏死，明显发黑并有腐臭气味，但其须根发达（图 7-6）。

图 7-6　田间病株照片

A. 采样地整体发病情况；B. 发病烟株根部；C. 发病烟株；D. 发病烟株茎部

4. 菌株基本情况

分类地位：生化变种 3，演化型 I 序列变种 54。

菌落培养特性：在 TTC 平板上，菌落流动性强，白边较宽，中心呈浅红色（图 7-7）。

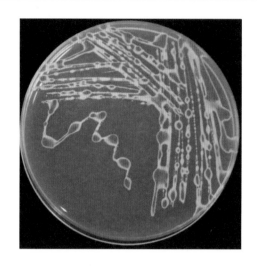

图 7-7　菌株 HN-LS-1 在 TTC 培养基上的生长情况

5. 土壤信息

土壤类型：砂质壤土

土壤 pH：4.50

土壤基本理化性质：有机质 21.90 g/kg，全氮 1.28 g/kg，全磷 1.21 g/kg，全钾 11.79 g/kg，碱解氮 104.42 mg/kg，有效磷 130.00 mg/kg，速效钾 350 mg/kg，交换性钙 0.496 g/kg，交换性镁 0.075 g/kg，有效铜 4.84 mg/kg，有效锌 12.69 mg/kg，有效铁 13.08 mg/kg，有效锰 124.97 mg/kg，有效硼 0.237 mg/kg，有效硫 44.56 mg/kg，有效氯 26.90 mg/kg，有效钼 0.269 mg/kg。

6. 根际微生物群落结构信息

对湖南省湘西土家族苗族自治州龙山县大安乡木鱼坪村发病烟株根际土壤微生物进行 16S rRNA 测序，共鉴定出 2356 个 OTU，其中细菌占 97.57%，古菌占 2.42%，包括 27 个门 64 个纲 136 个目 259 个科 500 个属。在门水平至少隶属于 27 个不同的细菌门，其相对丰度≥1%的共 10 个门（图 7-8）。其中变形菌门（Proteobacteria）42.39%和放线菌门（Actinobacteria）16.91%，为土壤细菌中的优势类群。其次为绿弯菌门（Chloroflexi）11.92%、酸杆菌门（Acidobacteria）10.67%、拟杆菌门（Bacteroidetes）3.99%、Saccharibacteria 2.97%、浮霉菌门（Planctomycetes）2.64%、芽单胞菌门（Gemmatimonadetes）2.53%、奇古菌门（Thaumarchaeota）2.42%和厚壁菌门（Firmicutes）1.77%，其余 17 个门所占比例均低于 1%，共占 1.79%。

在隶属的 136 个目中，相对丰度大于 0.1%的类群如图 7-9 所示，黄单胞菌目（Xanthomonadales）丰度最高，占 13.39%，其次为伯克氏菌目（Burkholderiales）和根瘤菌目（Rhizobiales），分别占 9.93%和 7.61%，在现有数据库能注释到具体名称，且相对丰度大于 2%的类群有：微球菌目（Micrococcales）5.10%、纤线杆菌目（Ktedonobacterales）4.28%、鞘脂杆菌目（Sphingobacteriales）3.56%、酸杆菌目（Acidobacteriales）3.21%、鞘脂单胞菌目

（Sphingomonadales）2.80%、芽单胞菌目（Gemmatimonadales）2.48%、红螺菌目（Rhodospirillales）2.41%、弗兰克氏菌目（Frankiales）2.30%和链霉菌目（Streptomycetales）2.13%。

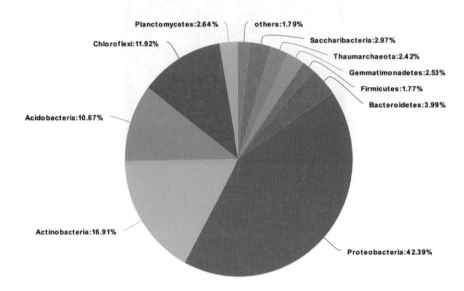

图 7-8　HN-LS 门水平上物种主要类群组成

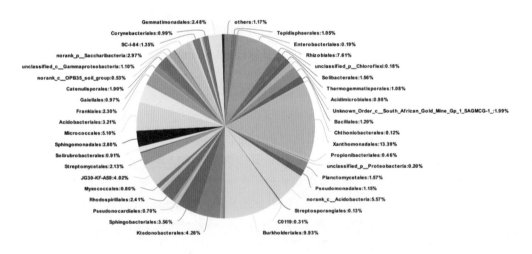

图 7-9　HN-LS 目水平上物种主要类群组成

在属水平进一步进行分析（图 7-10），在现有数据库注释到名称的类群中，*Burkholderia-Paraburkholderia* 的相对丰度最高，达到 4.19%，其次为罗丹杆菌属（*Rhodanobacter*）和水恒杆菌属（*Mizugakiibacter*），分别占有 3.57%和 3.33%，相对丰度大于 1%的类群有 *Acidibacter* 2.46%、链霉菌属（*Streptomyces*）1.99%、*Candidatus_Nitrosotalea* 1.99%、慢生根瘤菌属（*Bradyrhizobium*）1.69%、*Actinospica* 1.66%、*Dyella* 1.43%、节杆菌属（*Arthrobacter*）1.28%、*Rhizomicrobium* 1.22%、鞘脂菌属（*Sphingobium*）1.21%、寡养单胞菌属

（*Stenotrophomonas*）1.19%、马赛菌属（*Massilia*）1.19%、*Pseudarthrobacter* 1.19%、鞘脂单胞菌属（*Sphingomonas*）1.14%和假单胞菌属（*Pseudomonas*）1.12%，而雷尔氏菌属（*Ralstonia*）的相对丰度为 1.50%。

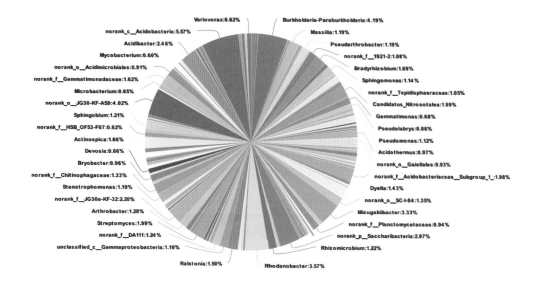

图 7-10　HN-LS 属水平上物种主要类群组成

7.2.2　花垣县

1. 地理信息

采集地点详细信息：湖南省湘西土家族苗族自治州花垣县道二乡科技示范区

经度：109°26′48″E

纬度：28°31′22″N

海拔：478 m

2. 气候条件

花垣县属亚热带季风山地湿润气候，气候温和，四季分明，光照充足，雨水充沛。

3. 种植及发病情况

2017 年 7 月采集地种植品种为 K326，该年烟草移栽日期为 4 月 28 日左右，该地块前茬作物为玉米，连作烟草 3～5 年。7 月 15 日前后病状明显，7 月下旬大部分烟株病级达 3 级及以上，茎基部出现黑线，空心并有腐臭气味，根部有部分坏死，明显发黑（图 7-11）。

图 7-11　田间病株照片

A. 采样地整体发病情况；B. 发病烟株茎内部；C. 发病烟株茎部

4. 菌株基本情况

分类地位：生化变种 3，演化型Ⅰ序列变种 54。

菌落培养特性(附图)：在 TTC 平板上，菌落流动性强，白边较宽，中心呈浅红色(图 7-12)。

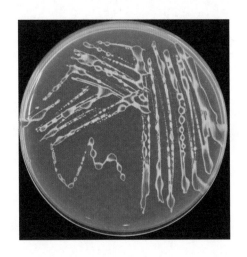

图 7-12　菌株 HN-HY-1 在 TTC 培养基上的生长情况

5. 土壤信息

土壤类型：粉砂壤土

土壤 pH：6.30

土壤基本理化性质：有机质 26.05 g/kg，全氮 1.60 g/kg，全磷 0.81 g/kg，全钾 11.52 g/kg，碱解氮 107.79 mg/kg，有效磷 24.63 mg/kg，速效钾 360 mg/kg，交换性钙 1.863 g/kg，交换性镁 0.262 g/kg，有效铜 1.12 mg/kg，有效锌 7.74 mg/kg，有效铁 3.10 mg/kg，有效锰 126.31 mg/kg，有效硼 0.216 mg/kg，有效硫 48.93 mg/kg，有效氯 52.68 mg/kg，有效钼 0.223 mg/kg。

6. 根际微生物群落结构信息

对湖南省湘西土家族苗族自治州花垣县道二乡科技示范区发病烟株根际土壤微生物进行

16S rRNA 测序，共鉴定出 3202 个 OTU，其中细菌占 93.41%，古菌占 6.59%，包括 27 个门 68 个纲 145 个目 286 个科 539 个属。在门水平至少隶属于 27 个不同的细菌门，其相对丰度 ≥ 1% 的共 11 个门（图 7-13）。其中变形菌门（Proteobacteria）28.45% 和放线菌门（Actinobacteria）15.02%，为土壤细菌中的优势类群。其次为酸杆菌门（Acidobacteria）13.88%、绿弯菌门（Chloroflexi）12.69%、奇古菌门（Thaumarchaeota）6.56%、芽单胞菌门（Gemmatimonadetes）4.98%、拟杆菌门（Bacteroidetes）4.46%、浮霉菌门（Planctomycetes）3.86%、疣微菌门（Verrucomicrobia）3.78%、硝化螺旋菌门（Nitrospirae）2.12% 和 Saccharibacteria 1.23%，其余 16 个门所占比例均低于 1%，共占 2.97%。

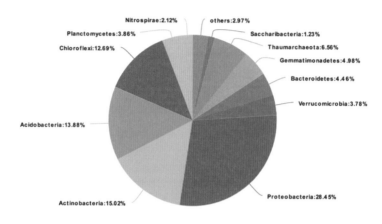

图 7-13　HN-HY 门水平上物种主要类群组成

在隶属的 145 个目中，相对丰度大于 0.1% 的类群如图 7-14 所示，根瘤菌目（Rhizobiales）丰度最高，占 7.42%，其次为芽单胞菌目（Gemmatimonadales）和 Solibacterales，分别占 4.97% 和 4.26%，在现有数据库能注释到具体名称，且相对丰度大于 2% 的类群有：伯克氏菌目（Burkholderiales）4.25%、鞘脂杆菌目（Sphingobacteriales）4.01%、微球菌目（Micrococcales）3.81%、鞘脂单胞菌目（Sphingomonadales）3.36%、绿弯菌目（Chloroflexales）2.99%、酸杆菌目（Acidobacteriales）2.87%、Gaiellales 2.73% 和亚硝化单胞菌目（Nitrosomonadales）2.07%。

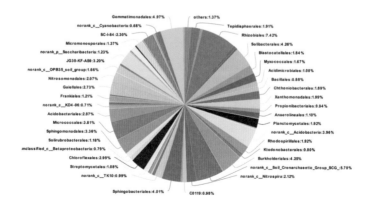

图 7-14　HN-HY 在目水平上主要类群组成

在属水平进一步进行分析(图 7-15)，在现有数据库注释到名称的类群中，玫瑰弯菌属(*Roseiflexus*)的相对丰度最高，达到了 2.96%，其次为鞘脂单胞菌属(*Sphingomonas*)和芽单胞菌属(*Gemmatimonas*)，分别占 2.39%和 2.24%，相对丰度大于 1%的类群有：*Bryobacter* 2.15%、硝化螺旋菌属(*Nitrospira*)2.12%、*Candidatus_Solibacter* 1.68%、慢生根瘤菌属(*Bradyrhizobium*)1.56%、*Pseudarthrobacter* 1.46%和链霉菌属(*Streptomyces*)1.06%，而雷尔氏菌属(*Ralstonia*)的相对丰度为 0.65%。

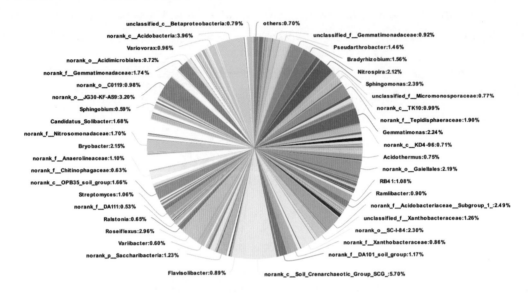

图 7-15　HN-HY 在属水平上物种类群组成

7.2.3　凤凰县

1. 地理信息

采集地点详细信息：湖南省湘西土家族苗族自治州凤凰县千工坪镇

经度：109°30′01″E

纬度：28°01′58″N

海拔：458 m

2. 气候条件

凤凰县属中亚热带季风湿润气候，全年平均气温 15.2～15.5℃，年平均降水量1300 mm。

3. 种植及发病情况

2017 年 7 月采集地种植品种为云烟 87，该年烟草移栽日期为 4 月 25 日左右，该地块连作烟草 15 年以上。7 月中旬病状明显，7 月下旬大部分烟株病级达 3 级及以上，茎基部出现黑线，空心并有腐臭气味，根部有部分坏死，明显发黑(图 7-16)。

图 7-16　田间病株照片

A. 采样地整体发病情况；B. 发病烟株根部；C. 发病烟株茎部

4. 菌株基本情况

分类地位：生化变种 3，演化型 I 序列变种 54。

菌落培养特性：在 TTC 平板上，菌落流动性强，白边较宽，中心呈浅红色（图 7-17）。

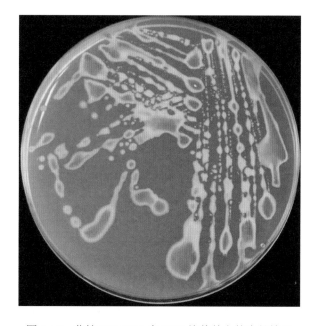

图 7-17　菌株 HN-FH-1 在 TTC 培养基上的生长情况

5. 土壤信息

土壤类型：粉砂壤土

土壤 pH：6.20

土壤基本理化性质：有机质 33.05 g/kg，全氮 1.45 g/kg，全磷 0.88 g/kg，全钾 38.74 g/kg，碱解氮 129.68 mg/kg，有效磷 67.64 mg/kg，速效钾 340 mg/kg，交换性钙 1.556 g/kg，交换性镁 0.189 g/kg，有效铜 1.08 mg/kg，有效锌 13.73 mg/kg，有效铁 18.54 mg/kg，有效锰 114.49 mg/kg，有效硼 0.251 mg/kg，有效硫 47.18 mg/kg，有效氯 45.61 mg/kg，有效钼 0.248 mg/kg。

6. 根际微生物群落结构信息

对湖南省湘西土家族苗族自治州凤凰县千工坪镇发病烟株根际土壤微生物进行 16S rRNA 测序，共鉴定出 3540 个 OTU，其中细菌占 96.29%，古菌占 3.71%，包括 27 个门 72 个纲 161 个目 312 个科 596 个属。在门水平至少隶属于 27 个不同的细菌门，其相对丰度≥1%的共 11 个门（图 7-18）。其中变形菌门（Proteobacteria）31.46% 和放线菌门（Actinobacteria）23.28%，为土壤细菌中的优势类群。其次为酸杆菌门（Acidobacteria）8.19%、绿弯菌门（Chloroflexi）7.51%、厚壁菌门（Firmicutes）7.30%、拟杆菌门（Bacteroidetes）4.97%、浮霉菌门（Planctomycetes）4.22%、奇古菌门（Thaumarchaeota）3.68%、疣微菌门（Verrucomicrobia）3.64%、芽单胞菌门（Gemmatimonadetes）2.21% 和 Saccharibacteria 1.62%，其余 16 个门所占比例均低于 1%，共占 1.92%。

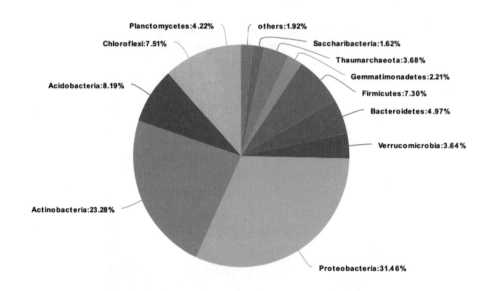

图 7-18　HN-FH 门水平上物种主要类群组成

在隶属的 161 个目中，相对丰度大于 0.1%的类群如图 7-19 所示，根瘤菌目（Rhizobiales）的丰度最高，占 8.64%，其次为芽孢杆菌目（Bacillales）和微球菌目（Micrococcales），分别占 7.06% 和 6.40%，在现有数据库能注释到具体名称，且相对丰度大于 2%的类群有：伯克氏菌目（Burkholderiales）5.12%、鞘脂杆菌目（Sphingobacteriales）4.54%、黄单胞菌目（Xanthomonadales）4.50%、链霉菌目（Streptomycetales）4.48%、鞘脂单胞菌目（Sphingomonadales）3.70%、Gaiellales 2.54%、Chthoniobacterales 2.34%、浮霉菌目（Planctomycetales）2.25%、芽单胞菌目（Gemmatimonadales）2.18%、土壤红杆菌目（Solirubrobacterales）2.16% 和丙酸杆菌目（Propionibacteriales）2.04%。

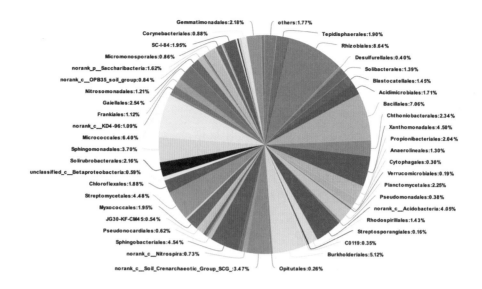

图 7-19 HN-FH 目水平上物种主要类群组成

在属水平进一步进行分析 (图 7-20), 在现有数据库注释到名称的类群中, 芽孢杆菌属 (*Bacillus*) 相对丰度最高, 达到 5.40%, 其次为链霉菌属 (*Streptomyces*) 和 *Pseudarthrobacter*, 分别 4.42% 和 2.69%, 相对丰度大于 1% 的类群有玫瑰弯菌属 (*Roseiflexus*) 1.79%, 鞘脂单胞菌属 (*Sphingomonas*) 1.70%、慢生根瘤菌属 (*Bradyrhizobium*) 1.38%、鞘脂菌属 (*Sphingobium*) 1.31%、*Ramlibacter* 1.24% 和类诺卡氏属 (*Nocardioides*) 1.03%, 而雷尔氏菌属 (*Ralstonia*) 的相对丰度为 0.44%。

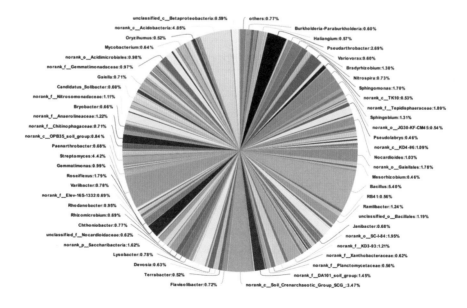

图 7-20 HN-FH 属水平上物种主要类群组成

对湖南省不同地区所采集的青枯病发病烟株根际细菌群落结构进行分析,在门水平上(图7-21),根际细菌主要组成类群有:变形菌门(Proteobacteria)、放线菌门(Actinobacteria)、酸杆菌门(Acidobacteria)、绿弯菌门(Chloroflexi)和拟杆菌门(Bacteroidetes);郴州市桂阳县 Saccharibacteria 的相对丰度显著高于其他地区,且放线菌门(Actinobacteria)的相对丰度最高,花垣县奇古菌门(Thaumarchaeota)的相对丰度在四个地区中最高。在属水平上,不同地区的组成差异如图 7-22 所示,在现有数据库能注释到具体名称的类群中,*Pseudarthrobacter*、鞘脂菌属(*Sphingomonas*)、链霉菌属(*Streptomyces*)、慢生根瘤菌属(*Bradyrhizobium*)等在所有地区的相对丰度均较高;所采集的湖南省的四个地区的发病土样雷尔氏菌属(*Ralstonia*)的相对丰度均较高,并且没有显著差异。

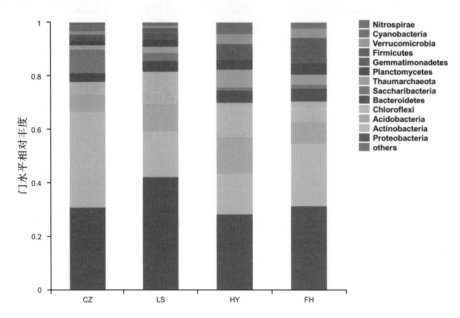

图 7-21　湖南烟区烟草青枯病发病烟株根际细菌门水平上主要类群组成

注:CZ-郴州市桂阳县;LS-龙山县;HY-花垣县;FH-凤凰县,下同。

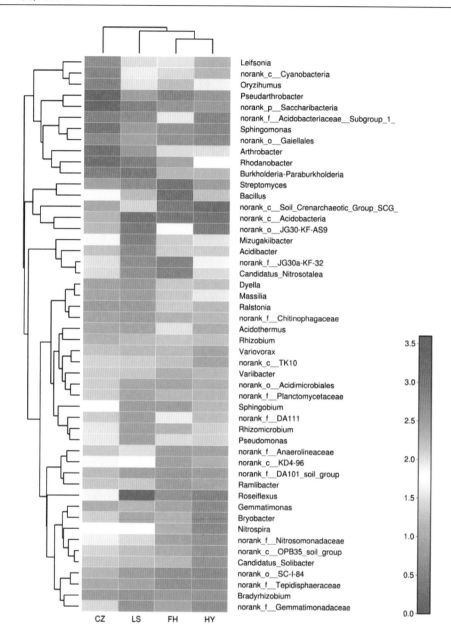

图 7-22　湖南烟区烟草青枯病发病烟株根际细菌属水平上主要群落组成 Heatmap 图

第8章 四川烟区

8.1 四川省宜宾市

8.1.1 兴文县

1. 地理信息

采集地点详细信息：四川省宜宾市兴文县大河乡永苹村

经度：105°15′1.9″E

纬度：28°12′02″N

海拔：703 m

2. 气候条件

兴文县属亚热带湿润气候，雨量充沛，无霜期长，四季分明，雨热同季。

3. 种植及发病情况

2017 年采集地种植品种为云烟 87，该年烟草移栽日期为 4 月初，前茬作物为玉米。团棵期开始发生青枯病。田间青枯病发病的症状表现为：①发病初期，下部叶片出现典型的"半边疯"症状，发病后期，整片叶子枯萎坏死；②茎秆出现黄色条斑，随病害加重，条斑变黑腐烂，最后蔓延至顶部；③出现急性坏死现象(图 8-1)。

图 8-1　田间病株照片

A. 烟田整体情况；B. 早期发病烟株；C. 后期发病烟株

4. 菌株基本情况

分类地位：生化变种 3，演化型 I 序列变种 17。

菌落培养特性：在 TTC 平板上，菌落流动性强，白边较宽，中心呈浅红色（图 8-2）。

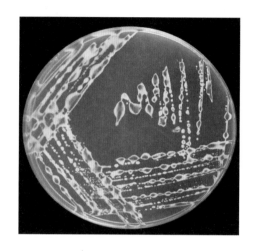

图 8-2　菌株 SC-YB-1 在 TTC 培养基上的生长情况

5. 土壤信息

土壤类型：砂质壤土

土壤 pH：6.40

土壤基本理化性质：有机质 37.45 g/kg，全氮 2.00 g/kg，全磷 2.06 g/kg，全钾 9.13 g/kg，碱解氮 160.00 mg/kg，有效磷 46.92 mg/kg，速效钾 700 mg/kg，交换性钙 3.132 g/kg，交换性镁 0.191 g/kg，有效铜 1.10 mg/kg，有效锌 8.02 mg/kg，有效铁 0.35 mg/kg，有效锰 79.63 mg/kg，有效硼 0.263 mg/kg，有效硫 93.49 mg/kg，有效氯 108.22 mg/kg，有效钼 0.350 mg/kg。

6. 根际微生物群落结构信息

对四川省宜宾市兴文县大河乡永苹村发病烟株根际土壤微生物进行细菌 16S rRNA 测序分析，共鉴定出 3538 个 OTU（基于 97%相似性），其中细菌占 98.47%，古菌占 1.53%。所有 OTU 归属到 30 个门 69 个纲 148 个目 288 个科 584 属，其中，相对丰度≥1%的门有 11 个（图 8-3）。变形菌门（Proteobacteria）33.36%、放线菌门（Actinobacteria）24.66%和绿弯菌门（Chloroflexi）12.22%为土壤优势类群，其次为拟杆菌门（Bacteroidetes）6.76%、酸杆菌门（Acidobacteria）5.41%、Saccharibacteria 5.40%、浮霉菌门（Planctomycetes）3.19%、芽单胞菌门（Gemmatimonadetes）2.48%、蓝藻菌门（Cyanobacteria）1.91%、奇古菌门（Thaumarchaeota）1.53%和疣微菌门（Verrucomicrobia）1.38%，其余 19 个门相对丰度均低于 1%，共占 1.70%。

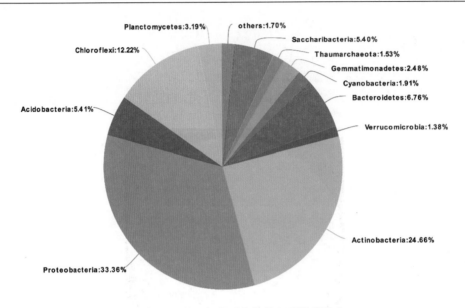

图 8-3　SC-YB 门水平上物种主要类群组成

在隶属的 148 个目中，相对丰度大于 0.1% 的类群如图 8-4 所示，微球菌目（Micrococcales）丰度最高，占 14.13%，其次为伯克氏菌目（Burkholderiales）和鞘脂单胞菌目（Sphingomonadales）分别占 11.01% 和 7.57%。在现有数据库能注释到具体名称，且相对丰度大于 2% 的类群有：根瘤菌目（Rhizobiales）5.23%、鞘脂杆菌目（Sphingobacteriales）3.81%、纤线杆菌目（Ktedonobacterales）3.58%、黄单胞菌目（Xanthomonadales）3.45%、黄杆菌目（Flavobacteriales）2.71%、芽单胞菌目（Gemmatimonadales）2.47%、小单孢菌目（Micromonosporales）2.33%、弗兰克氏菌目（Frankiales）2.16% 和绿弯菌目（Chloroflexales）2.16%。

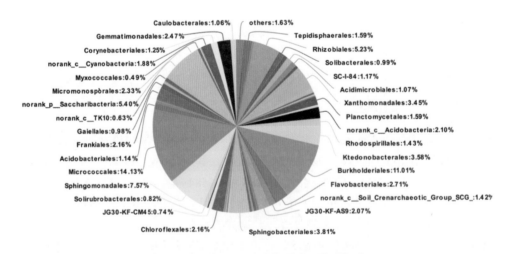

图 8-4　SC-YB 目水平上物种主要类群组成

在属水平进一步进行分析（图 8-5），在现有数据库注释到名称的类群中，马赛菌属（*Massilia*）的相对丰度最高，达到 4.84%，其次为鞘脂单胞菌属（*Sphingomonas*）4.56%，相对丰度大于 1% 的类群有：黄杆菌属 (*Flavobacterium*) 2.59%、玫瑰弯菌属 (*Roseiflexus*) 2.15%、*Ramlibacter* 1.84%、鞘脂菌属 (*Sphingobium*) 1.48%、溶杆菌属 (*Lysobacter*) 1.22% 和芽单胞菌属 (*Gemmatimonas*) 1.21%，而雷尔氏菌属 (*Ralstonia*) 的相对丰度为 0.51%。

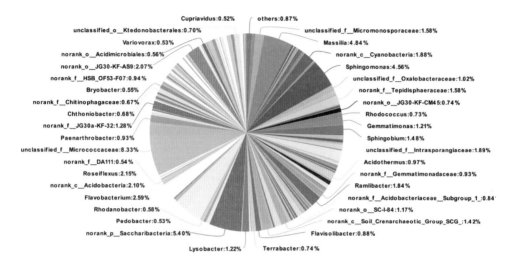

图 8-5　SC-YB 属水平上主要群落组成

8.1.2　筠连县

1. 地理信息

采集地点详细信息：四川省宜宾市筠连县维新镇山坝村

经度：104°43′23″E

纬度：28°01′40″N

海拔：880 m

2. 气候条件

筠连县属四川盆地中亚热带湿润季风气候，气候温暖、降水充沛、四季分明、冬暖春早、夏长秋短、霜雪较少；光热水资源丰富，常年日照时数 1064.4 h，占可照时数的 25%。常年平均气温 17.6℃，年际变化小。

3. 种植及发病情况

2017 年采集地种植品种为云烟 87，该年烟草移栽日期为 4 月中旬。团棵期开始发生青枯病，后期混发黑胫病。田间青枯病发病的症状表现为：①发病初期，下部叶片出现典型的"半边疯"症状；②茎秆出现黄色条斑，随病害加重，条斑变黑腐烂，蔓延至顶部；③根部茎基部内部变黑腐烂 (图 8-6)。

图 8-6　田间病株照片

A. 早期发病烟株；B. 中期发病烟株；C. 早期发病烟株根部剖开图

4. 菌株基本情况

分类地位：生化变种 3，演化型 I 序列变种 17。

菌落培养特性：在 TTC 平板上，菌落流动性强，白边较宽，中心呈浅红色（图 8-7）。

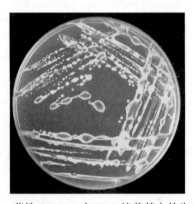

图 8-7　菌株 SC-JL-1 在 TTC 培养基上的生长情况

5. 根际微生物群落结构信息

对四川省宜宾市筠连县维新镇山坝村发病烟株根际土壤微生物进行 16S rRNA 测序分析，共鉴定出 3547 个 OTU（基于 97%相似性），其中 4.49%属于古生菌，95.51%属于细菌。所有 OTU 归属到 28 个门 71 个纲 144 个目 290 个科 572 个属，其中，相对丰度≥1%的门有 10 个（图 8-8）。变形菌门（Proteobacteria）35.08%和放线菌门（Actinobacteria）21.68%为土壤优势类群，其次为绿弯菌门（Chloroflexi）10.54%、酸杆菌门（Acidobacteria）8.20%、拟杆菌门（Bacteroidetes）7.10%、芽单胞菌门（Gemmatimonadetes）4.61%、奇古菌门（Thaumarchaeota）4.48%、浮霉菌门（Planctomycetes）3.05%、疣微菌门（Verrucomicrobia）1.76%和 Saccharibacteria 1.35%，其余 18 个门相对丰度均低于 1%，共占 2.15%。

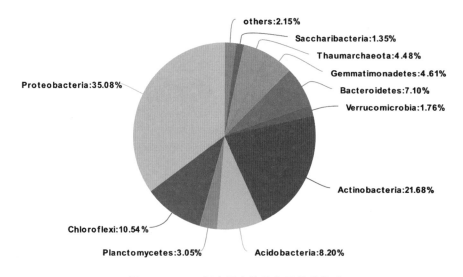

图 8-8　SC-JL 门水平上物种主要类群组成

在隶属的 144 个目中，相对丰度大于 0.1%的类群如图 8-9 所示，鞘脂单胞菌目（Sphingomonadales）和根瘤菌目（Rhizobiales）丰度最高，均占 7.48%，其次为微球菌目（Micrococcales）7.02%和黄单胞菌目（Xanthomonadales）5.97%。在现有数据库能注释到具体名称，且相对丰度大于 2%的类群有：伯克氏菌目（Burkholderiales）5.75%、鞘脂杆菌目（Sphingobacteriales）5.46%、芽单胞菌目（Gemmatimonadales）4.58%、绿弯菌目（Chloroflexales）3.91%、Gaiellales 2.93%和酸微菌目（Acidimicrobiales）2.19%。

在属水平进一步进行分析（图 8-10），在现有数据库注释到名称的类群中，鞘脂单胞菌属（Sphingomonas）相对丰度最高，达到 5.35%，其次为玫瑰弯菌属（Roseiflexus）3.87%，相对丰度大于 1%的类群有：芽单胞菌属（Gemmatimonas）2.80%、Ramlibacter 2.75%、溶杆菌属（Lysobacter）2.28%、罗丹杆菌属（Rhodanobacter）1.55%、类诺卡氏菌属（Nocardioides）1.44%、Oryzihumus 1.31%、Flavisolibacter 1.18%、慢生根瘤菌属（Bradyrhizobium）1.16%、黄杆菌属（Flavobacterium）1.12%和硝化螺旋菌属（Nitrospira）1.00%，而雷尔氏菌属（Ralstonia）的相对丰度为 0.12%。

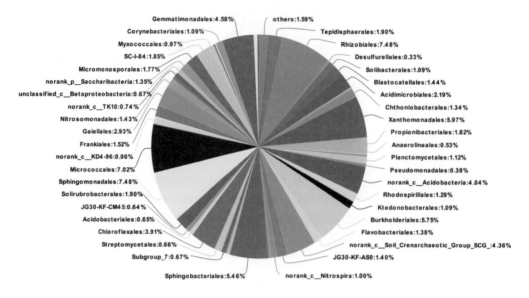

图 8-9　SC-JL 目水平上物种主要类群组成

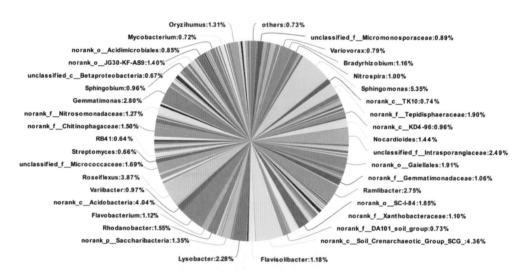

图 8-10　SC-JL 属水平上主要群落组成

8.2　四川省泸州市

8.2.1　古蔺县

1. 地理信息

采集地点详细信息：四川省泸州市古蔺县双沙镇庆丰村

经度：105°47′29.9″E

纬度：27°50′1.5″N

海拔：1083 m

2. 气候条件

古蔺县属亚热带季风气候，移栽后一个月内雨水较少，气候闷热，6 月开始连续降雨，气温较低。

3. 种植及发病情况

2017 年采集地种植品种为云烟 85，该地连续十几年种植烟草，前茬作物为油菜。2017 年的移栽日期为 4 月下旬，6 月份开始发病。田间青枯病发病的症状表现为：①发病初期，下部叶片半边萎蔫黄化，出现典型的"半边疯"症状；②茎秆出现黄色条斑，随病害加重，条斑变黑腐烂，蔓延至顶部；③根系部分主根坏死，须根发达(图 8-11)。

图 8-11 田间病株照片

A. 早期病烟叶片典型"半边疯"症状；B. 发病烟株根部症状；C. 病株后期症状

4. 菌株基本情况

分类地位：生化变种 3，演化型 I 序列变种 17。

菌落培养特性：在 TTC 平板上，菌落流动性强，白边较宽，中心呈浅红色(图 8-12)。

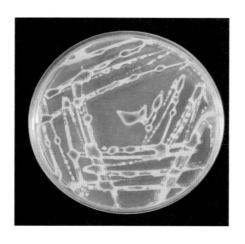

图 8-12 菌株 SC-LZ-2 在 TTC 培养基上的生长情况

5. 土壤信息

土壤类型：粉砂壤土

土壤 pH：5.00

土壤基本理化性质：有机质 47.77 g/kg，全氮 2.58 g/kg，全磷 1.31 g/kg，全钾 3.22 g/kg，碱解氮 205.47 mg/kg，有效磷 69.20 mg/kg，速效钾 520 mg/kg，交换性钙 1.487 g/kg，交换性镁 0.144 g/kg，有效铜 2.47 mg/kg，有效锌 6.35 mg/kg，有效铁 10.19 mg/kg，有效锰 108.89 mg/kg，有效硼 0.209 mg/kg，有效硫 60.29 mg/kg，有效氯 52.68 mg/kg，有效钼 0.329 mg/kg。

6. 根际微生物群落结构信息

对四川省泸州市古蔺县双沙镇庆丰村发病烟株根际土壤微生物进行 16S rRNA 测序，共鉴定出 4003 个 OTU（基于 97% 相似性），其中古生菌占 1.62%，细菌占 98.38%。所有 OTU 可归属到 33 个门 78 个纲 157 个目 307 个科 622 个属，其中相对丰度≥1% 的门有 11 个（图 8-13）。变形菌门（Proteobacteria）、放线菌门（Actinobacteria）、绿弯菌门（Chloroflexi）、酸杆菌门（Acidobacteria）和浮霉菌门（Planctomycetes）为优势类群，其丰度分别为 32.14%、30.13%、7.76%、7.21% 和 6.61%，其次为芽单胞菌门（Gemmatimonadetes）3.60%、拟杆菌门（Bacteroidetes）3.48%、Saccharibacteria 2.05%、厚壁菌门（Firmicutes）1.90%、疣微菌门（Verrucomicrobia）1.81% 和奇古菌门（Thaumarchaeota）1.73%，其余 22 个门相对丰度均小于 1%，共占 1.58%。

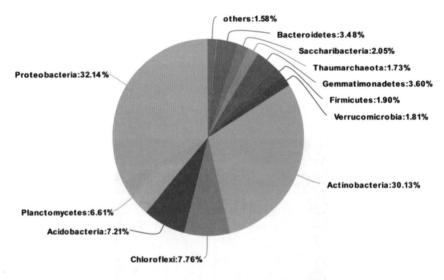

图 8-13　SC-LZ 门水平上物种主要类群组成

在隶属的 157 个目中，相对丰度大于 0.1% 的类群如图 8-14 所示，微球菌目（Micrococcaceae）丰度最高，占 8.64%，其次为黄单胞菌目（Xanthomonadales）7.48%、根瘤菌目（Rhizobiales）7.42%、弗兰克氏菌目（Frankiales）5.58% 和伯克氏菌目（Burkholderiales）

5.41%。在现有数据库能注释到具体名称，且相对丰度大于 2% 的类群有：Gaiellales 3.83%、芽单胞菌目（Gemmatimonadales）3.57%、Tepidisphaerales 3.32%、浮霉菌目（Planctomycetales）3.04%、酸杆菌目（Acidobacteriales）2.79%、鞘脂单胞菌目（Sphingomonadales）2.70%、鞘脂杆菌目（Sphingobacteriales）2.69%、土壤红杆菌目（Solirubrobacterales）2.56%、丙酸杆菌目（Propionibacteriales）2.54%、Solibacterales 2.36% 和红螺菌目（Rhodospirllales）2.19%。

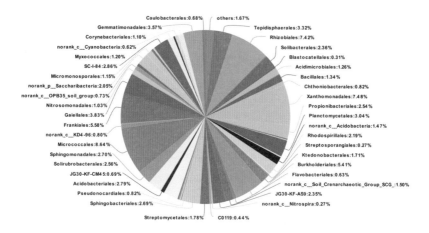

图 8-14　SC-LZ 目水平上物种主要类群组成

　　在属水平进一步进行分析（图 8-15），在现有数据库注释到名称的类群中，水恒杆菌属（*Mizugakiibacter*）属的相对丰度最高，达到 2.52%，其次为热酸菌属（*Acidothermus*）2.21%、罗丹杆菌属（*Rhodanobacter*）2.16% 和芽单胞菌属（*Gemmatimonas*）2.08%。相对丰度大于 1% 的类群有：类诺卡氏菌（*Nocardioides*）1.98%、鞘脂单胞菌属（*Sphingomonas*）1.96%、链霉菌属（*Streptomyces*）1.78%、慢生根瘤菌属（*Bradyrhizobium*）1.38%、*Bryobacter* 1.22%、*Ramlibacter* 1.16% 和 *Burkholderia-Paraburkholderia* 1.11%，而雷尔氏菌属（*Ralstonia*）的相对丰度为 0.23%。

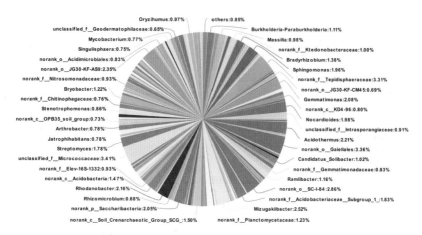

图 8-15　SC-LZ 属水平上物种主要群落组成

8.3 四川省攀枝花市

8.3.1 米易县

1. 地理信息

采集地点详细信息：四川省攀枝花市米易县湾丘乡青山村
经度：102°7′44.6″E
纬度：27°6′48.1″N
海拔：1679 m

2. 气候条件

米易县是以南亚热带为基带的立体气候小岛，具有四季不分明，而干雨季分明，日照充足，太阳辐射强，蒸发量大，气候垂直差异显著等特征。

3. 种植及发病情况

2017 年采集地种植品种为云烟 87，该地为旱地，烟草与玉米轮作，连续种植 15 年。2017 年的移栽日期为 4 月下旬。发病烟株症状特点：①茎秆部位能够观察到明显的黄色条斑，发生严重时条斑变黑，且蔓延到烟株顶部；②烟叶变黄，部分变褐，不能烘烤；③根系主根出现明显的变黑、腐烂，但仍有大量的健康侧根与须根存在(图 8-16)。

图 8-16　田间病株照片

A. 发病中期烟株症状；B. 茎秆黑色条斑症状

4. 菌株基本情况

分类地位：生化变种 3，演化型 I 序列变种 17。

菌落培养特性：在 TTC 平板上，菌落流动性强，白边较宽，中心呈浅红色（图 8-17）。

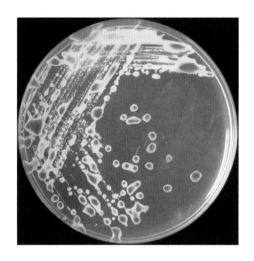

图 8-17　菌株 SC-MY-1 在 TTC 培养基上的生长情况

5. 土壤信息

土壤类型：粉砂壤土

土壤 pH：5.20

土壤基本理化性质：有机质 23.01 g/kg，全氮 1.17 g/kg，全磷 0.88 g/kg，全钾 3.34 g/kg，碱解氮 163.37 mg/kg，有效磷 92.86 mg/kg，速效钾 1520 mg/kg，交换性钙 2.029 g/kg，交换性镁 0.400 g/kg，有效铜 2.54 mg/kg，有效锌 1.24 mg/kg，有效铁 3.77 mg/kg，有效锰 36.51 mg/kg，有效硼 0.159 mg/kg，有效硫 57.67 mg/kg，有效氯 52.68 mg/kg，有效钼 0.208 mg/kg。

6. 根际微生物群落结构信息

对四川省攀枝花市米易县湾丘乡青山村发病烟株根际土壤微生物进行 16S rRNA 测序分析，共鉴定出 3810 个 OTU（基于 97% 相似性），其中 3.46% 属于古生菌，96.54% 属于细菌。所有 OTU 可归属到 26 个门 68 个纲 143 个目 289 个科 588 个属。所有 OTU 归属到的 26 个门中，相对丰度≥1% 的门有 11 个，变形菌门（Proteobacteria）和放线菌门（Actinobacteria）为优势类群，其丰度分别为 42.10% 和 29.74%（图 8-18），其次为酸杆菌门（Acidobacteria）5.52%、绿弯菌门（Chloroflexi）5.08%、芽单胞菌门（Gemmatimonadetes）3.02%、浮霉菌门（Planctomycetes）2.69%、拟杆菌门（Bacteroidetes）2.62%、Saccharibacteria 2.45%、厚壁菌门（Firmicutes）2.37%、奇古菌门（Thaumarchaeota）1.85% 和疣微菌门（Verrucomicrobia）1.31%，其余 15 个门相对丰度均低于 1%，共占 1.25%。

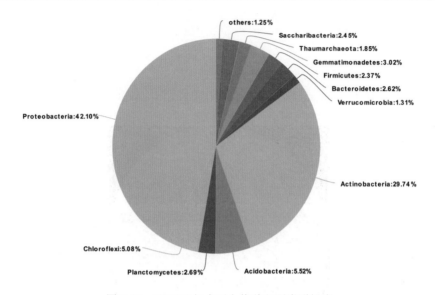

图 8-18　SC-MY 门水平上物种主要类群组成

在隶属的 143 个目中，相对丰度大于 0.1%的类群如图 8-19 所示，伯克氏菌目 (Burkholderiales)相对丰度最高，占 13.77%，其次为根瘤菌目(Rhizobiales)8.78%、鞘脂单胞菌目(Sphingomonadales)8.20%、微球菌目(Micrococcales)7.58%和 Gaiellales 5.98%。在现有数据库能注释到具体名称，且相对丰度大于 2%的类群有：黄单胞菌目(Xanthomonadales)3.22%、弗兰克氏菌属(Frankiales)3.11%、芽单胞菌目(Gemmatimonadales)2.99%、土壤红杆菌目 (Solirubrobacterales)2.88%、鞘脂杆菌目(Sphingobacteriales)2.47%、丙酸杆菌目 (Propionibacteriales)2.29%、链霉菌目(Streptomycetales)2.18%和芽孢杆菌目(Bacillales)2.10%。

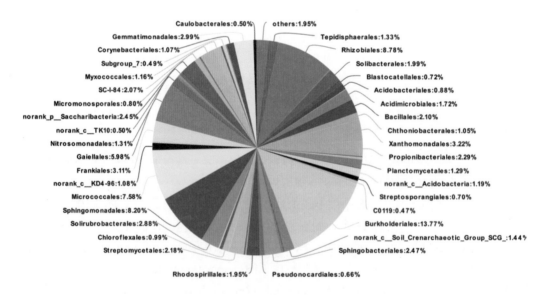

图 8-19　SC-MY 目水平上物种主要类群组成

在属水平进一步进行分析(图 8-20),在现有数据库注释到名称的类群中,马赛菌属(*Massilia*)的相对丰度最高,达到 8.32%,其次为鞘脂单胞菌属(*Sphingomonas*)7.12%。相对丰度大于 1%的类群有:链霉菌属(*Streptomyces*)2.18%、类诺卡氏菌属(*Nocardioides*)1.73%、慢生根瘤菌属(*Bradyrhizobium*)1.60%、芽单胞菌属(*Gemmatimonas*)1.27%、*Ramlibacter* 1.26%、*Bryobacter* 1.15%和 *Burkholderia-Paraburkholderia* 1.10%,而雷尔氏菌属(*Ralstonia*)的相对丰度为 0.48%。

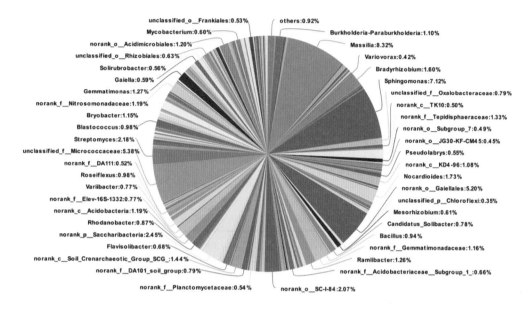

图 8-20 SC-MY 属水平上物种主要群落组成

8.4 四川省凉山彝族自治州

8.4.1 德昌县

1. 地理信息

采集地点详细信息:四川省凉山彝族自治州德昌县王所乡王所村

经度:102°10′29.3″E

纬度:27°22′4.9″N

海拔:1408 m

2. 气候条件

德昌县属亚热带高原季风气候。

3. 种植及发病情况

2017 年采集地种植品种为云烟 87，该地为旱地，烟草与玉米轮作，连续种植 5 年。2017 年的移栽日期为 4 月 23 日，于 6 月初开始发病。发病烟株症状特点：①茎秆部位能够观察到明显的黄色条斑，发生严重时病斑变黑，向顶部蔓延；②烟叶变黄；③根系主根出现明显的变黑、腐烂，但仍有少量的健康侧根与须根存在（图 8-21）。

图 8-21　田间病株照片

A. 发病中期烟株症状；B. 茎秆黑色条斑症状

4. 菌株基本情况

分类地位：生化变种 3，演化型 I 序列变种 17。

菌落培养特性：在 TTC 平板上，菌落流动性强，白边较宽，中心呈浅红色（图 8-22）。

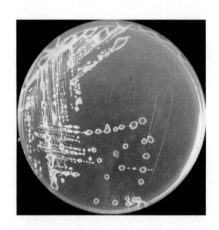

图 8-22　菌株 SC-DC-3 在 TTC 培养基上的生长情况

5. 土壤信息

土壤类型：粉砂壤土

土壤 pH：5.60

土壤基本理化性质：有机质 20.53 g/kg，全氮 1.44 g/kg，全磷 0.64 g/kg，全钾 40.05 g/kg，碱解氮 129.68 mg/kg，有效磷 47.50 mg/kg，速效钾 380 mg/kg，交换性钙 1.214 g/kg，交换性镁 0.115 g/kg，有效铜 2.74 mg/kg，有效锌 3.67 mg/kg，有效铁 96.38 mg/kg，有效锰 24.70 mg/kg，有效硼 0.164 mg/kg，有效硫 53.30 mg/kg，有效氯 63.83 mg/kg，有效钼 0.208 mg/kg。

6. 根际微生物群落结构信息

对四川省凉山彝族自治州德昌县王所乡王所村发病烟株根际土壤微生物进行 16S rRNA 测序分析，共鉴定出 3949 个 OTU（基于 97%相似性），其中 2.58%属于古生菌，97.42%属于细菌。所有 OTU 归属到 32 个门 81 个纲 165 个目 310 个科 602 个属，其中，相对丰度≥1%的门有 11 个（图 8-23），变形菌门 (Proteobacteria) 27.15%、放线菌门 (Actinobacteria) 22.24%和绿弯菌门 (Chloroflexi) 17.79%为土壤优势类群，其次为酸杆菌门 (Acidobacteria) 11.42%、浮霉菌门 (Planctomycetes) 4.50%、疣微菌门 (Verrucomicrobia) 3.56%、厚壁菌门 (Firmicutes) 2.89%、芽单胞菌门 (Gemmatimonadetes) 2.84%、拟杆菌门 (Bacteroidetes) 2.13%、奇古菌门 (Thaumarchaeota) 1.54%和 Saccharibacteria 1.04%，其余 21 个门相对丰度均低于 1%，共占 2.90%。

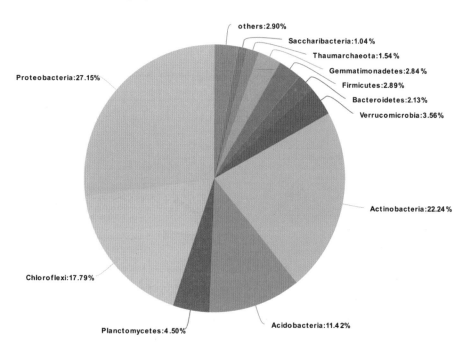

图 8-23　SC-DC 门水平上物种主要类群组成

在隶属的 165 个目中,相对丰度大于 0.1%的类群如图 8-24 所示,微球菌目(Micrococcales)丰度最高,占 9.90%,其次为根瘤菌目(Rhizobiales)6.04%、厌氧绳菌目(Anaerolineales)5.88%和伯克氏菌目(Burkholderiales)5.82%。在现有数据库能注释到具体名称,且相对丰度大于 2%的类群有: 鞘脂单胞菌目(Sphingomonadales)4.68%、 Solibacterales 3.54%、 酸杆菌目(Acidobacteriales)3.33%、Gaiellales 2.97%、芽单胞菌目(Gemmatimonadales)2.78%、浮霉菌目(Planctomycetales)2.56%、黄单胞菌目(Xanthomonadales)2.31%和芽孢杆菌目(Bacillales)2.16%。

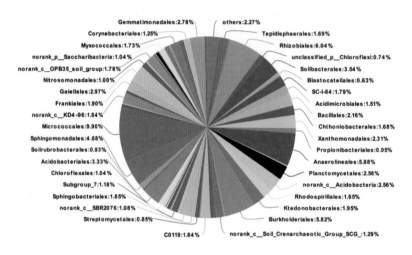

图 8-24 SC-DC 目水平上物种主要类群组成

在属水平进一步进行分析(图 8-25),在现有数据库注释到名称的类群中,鞘脂单胞菌属(Sphingomonas)的相对丰度最高,达到 4.07%,其次为厌氧绳菌属(Anaerolinea)2.95%和马赛菌属(Massilia)2.47%,相对丰度大于 1%的类群有:Candidatus_Solibacter 1.99%、芽单胞菌属(Gemmatimonas)1.45%、Bryobacter 1.09%、慢生根瘤菌属(Bradyrhizobium)1.06%和玫瑰弯菌属(Roseiflexus)1.03%,而雷尔氏菌属(Ralstonia)的相对丰度为 0.41%。

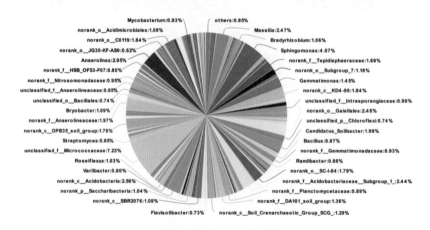

图 8-25 SC-DC 属水平上主要群落组成

8.4.2　冕宁县

1. 地理信息

采集地点详细信息：四川省凉山彝族自治州冕宁县回龙乡石古村
经度：$102°7'4.5''$E
纬度：$28°29'28.4''$N
海拔：1840 m

2. 气候条件

冕宁县属亚热带季风气候。

3. 种植及发病情况

2017 年采集地种植品种为云烟 85，该地为旱地，已连续种植烟草 10 年。2017 年的移栽日期为 4 月 28 日，于 6 月 10 日左右开始发病。该地青枯病发生较为零星，发病烟株茎秆黄色条斑颜色较浅，叶片有明显的半边萎蔫症状(图 8-26)。

图 8-26　田间病株照片

A-B. 发病中期烟株症状

4. 菌株基本情况

分类地位：生化变种 3，演化型 I 序列变种 44。
菌落培养特性：在 TTC 平板上，菌落流动性强，白边较宽，中心呈浅红色(图 8-27)。

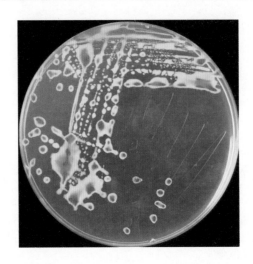

图 8-27　菌株 SC-MN-1 在 TTC 培养基上的生长情况

5. 土壤信息

土壤类型：砂质壤土

土壤 pH：5.60

土壤基本理化性质：有机质 23.67 g/kg，全氮 1.09 g/kg，全磷 0.83 g/kg，全钾 11.10 g/kg，碱解氮 79.16 mg/kg，有效磷 37.93 mg/kg，速效钾 220 mg/kg，交换性钙 0.806 g/kg，交换性镁 0.076 g/kg，有效铜 2.66 mg/kg，有效锌 6.70 mg/kg，有效铁 35.32 mg/kg，有效锰 90.32 mg/kg，有效硼 0.244 mg/kg，有效硫 57.67 mg/kg，有效氯 52.68 mg/kg，有效钼 0.209 mg/kg。

6. 根际微生物群落结构信息

对四川省凉山彝族自治州冕宁县回龙乡石古村发病烟株根际土壤微生物进行 16S rRNA 测序分析，共鉴定出 3702 个 OTU（基于 97% 相似性），其中 2.09% 属于古生菌，99.91% 属于细菌。所有 OTU 归属到 28 个门 71 个纲 142 个目 284 个科 570 个属，其中相对丰度 ≥ 1% 的门有 10 个（图 8-28），变形菌门（Proteobacteria）37.17% 和放线菌门（Actinobacteria）29.80% 为土壤优势类群，其次为绿弯菌门（Chloroflexi）6.88%、酸杆菌门（Acidobacteria）6.61%、芽单胞菌门（Gemmatimonadetes）3.46%、浮霉菌门（Planctomycetes）3.20%、奇古菌门（Thaumarchaeota）3.15%、拟杆菌门（Bacteroidetes）2.51%、厚壁菌门（Firmicutes）2.46% 和 Saccharibacteria 2.21%，其余 18 个门相对丰度均低于 1%，共占 2.55%。

在隶属的 142 个目中，相对丰度大于 0.1% 的类群如图 8-29 所示，微球菌目（Micrococcales）丰度最高，占 10.65%，其次为鞘脂单胞菌目（Sphingomonadales）10.00%、伯克氏菌目（Burkholderiales）8.46% 和根瘤菌目（Rhizobiales）7.90%。在现有数据库能注释到具体名称，且相对丰度大于 2% 的类群有：Gaiellales 5.46%、芽单胞菌目（Gemmatimonadales）3.43%、弗兰克氏菌目（Frankiales）2.71%、Solibacterales 2.60%、黄单胞菌目（Xanthomonadales）2.48%、鞘脂杆菌目（Sphingobacteriales）2.34% 和芽孢杆菌目（Bacillales）2.19%。

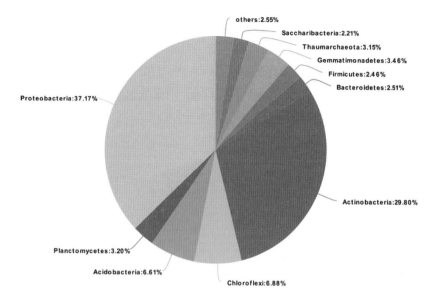

图 8-28　SC-MN 门水平上物种主要类群组成

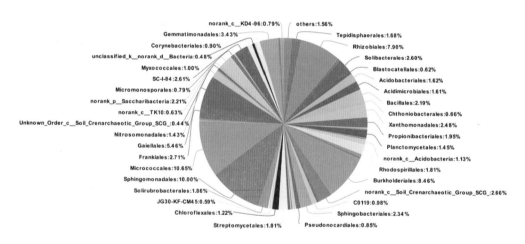

图 8-29　SC-MN 目水平上物种主要类群组成

　　在属水平进一步进行分析(图 8-30),在现有数据库注释到名称的类群中,鞘脂单胞菌属(Sphingomonas)相对丰度最高,达到 9.01%,其次为马赛菌属(Massilia)3.74%。相对丰度大于 1%的类群有:链霉菌属(Streptomyces)1.81%、芽单胞菌属(Gemmatimonas)1.56%、慢生根瘤菌属(Bradyrhizobium)1.54%、Bryobacter 1.54%、类诺卡氏菌属(Nocardioides)1.50%、Ramlibacter 1.31%、玫瑰弯菌属(Roseiflexus)1.21%、Candidatus_Solibacter 1.02%和芽孢杆菌属(Bacillus)1.01%,而雷尔氏菌属(Ralstonia)的相对丰度为 0.49%。

　　对四川省不同地区所采集的青枯病发病烟株根际细菌群落结构进行分析,在门水平上(图 8-31),四川省主要组成类群有:变形菌门(Proteobacteria)、放线菌门(Actinobacteria)、酸杆菌门(Acidobacteria)、绿弯菌门(Chloroflexi)和拟杆菌门(Bacteroidetes)等,不同地区的主要群落组成差异不大,但是相对丰度不同。在属水平上,不同地区的组成差异如图 8-32

所示，在现有数据库能注释到具体名称的类群中，鞘脂单胞菌属（*Sphingomonas*）、芽单胞菌属（*Gemmatimonas*）、*Ramlibacter*、链霉菌属（*Streptomyces*）、慢生根瘤菌属（*Bradyrhizobium*）等在所有地区的相对丰度均较高；所采集的四川省的六个地区的发病土样雷尔氏菌属（*Ralstonia*）的相对丰度以宜宾市的最高，筠连县的最低，但不同地区间雷尔氏菌属（*Ralstonia*）的相对丰度之间不存在显著差异（图8-33）。

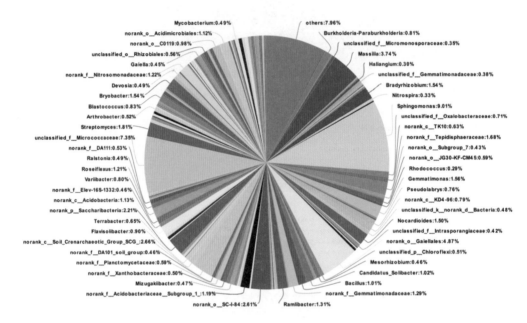

图 8-30　SC-MN 属水平上主要群落组成

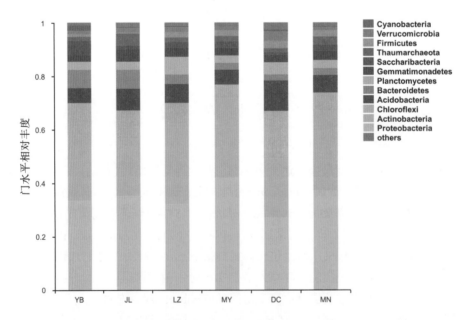

图 8-31　四川烟区烟草青枯病发病烟株根际细菌门水平上主要类群组成

注：YB-宜宾市兴文县；JL-宜宾市筠连县；LZ-泸州市古蔺县；MY-米易县；DC-德昌县；MN-冕宁县；下同。

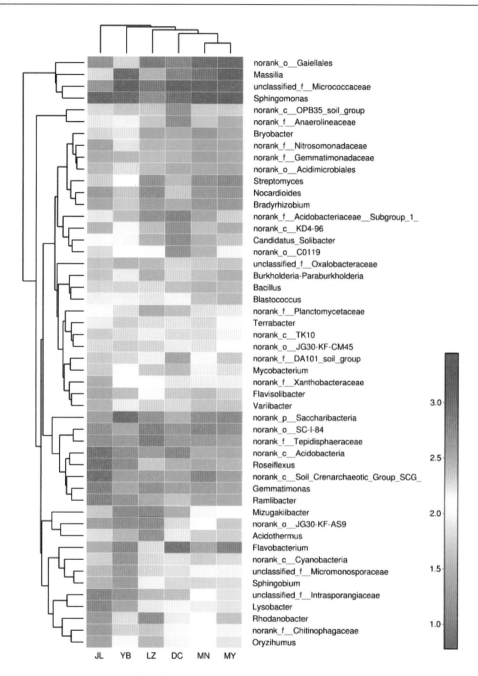

图 8-32　四川烟区烟草青枯病发病烟株根际细菌属水平上主要群落组成 Heatman 图

（总丰度排名前 50 的物种）

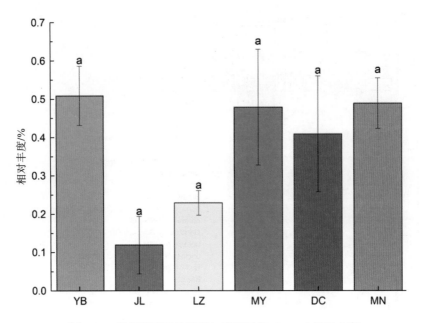

图 8-33 四川省不同地区雷尔氏菌属（*Ralstonia*）相对丰度

第9章 安徽烟区

9.1 安徽省芜湖市

9.1.1 南陵县

1. 地理信息

采集地点详细信息：安徽省芜湖市南陵县溪滩镇
经度：118°28′36.4″E
纬度：30°47′46.3″N
海拔：19 m

2. 气候条件

南陵县属北亚热带湿润型季风气候，东亚季风盛行，受冷暖空气频繁交替影响显著。气候的特征表现为：气候温暖湿润，雨水充沛；四季分明，季风明显；光照充足，雨热同季；气象灾害，特别是水、旱灾害较为频繁。多年平均气温15.8℃。1月份最冷平均气温为2.8℃，7月份最热平均气温为28.3℃，气温年较差25.5℃。

3. 种植及发病情况

种植品种为云烟97，发病地块采用水旱轮作的方式，前茬作物为水稻。在3月中旬移栽，正常情况下7月下旬烘烤完毕，后抢种晚稻，采烤中期灌溉一次水。

前期没有发生青枯病，集中在6月中旬开始发生，发病率在10%左右，主要是青枯病，无其他根茎病害。田间有明显的发病中心，病株茎秆黄色条斑明显且变黑坏死，部分叶片有褐色网纹症状，但烟株根系健壮，耐受性较强，发病叶片能够进行抢烤，对产量损失影响较小(图9-1)。

图 9-1　田间病株照片

A. 发病烟田整体图；B. 发病烟株；C. 叶片褪绿变黄，形成褐色网格状网纹；D. 叶片半边褪绿变黄

4. 菌株基本情况

分类地位：生化变种 3，演化型 I 序列变种 34。

菌落培养特性：在 TTC 平板上，菌落流动性强，白边较宽，中心呈浅红色（图 9-2）。

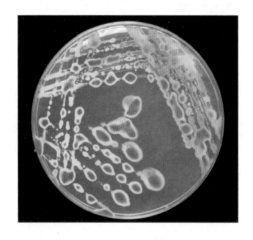

图 9-2　菌株 AH-WH-1 在 TTC 培养基上的生长情况

5. 土壤信息

土壤类型：粉砂壤土

土壤 pH：5.50

土壤基本理化性质：有机质 20.71 g/kg，全氮 1.11 g/kg，全磷 0.66 g/kg，全钾 32.50 g/kg，碱解氮 89.26 mg/kg，有效磷 59.62 mg/kg，速效钾 230 mg/kg，交换性钙 0.583 g/kg，交换性镁 0.132 g/kg，有效铜 0.57 mg/kg，有效锌 2.39 mg/kg，有效铁 99.89 mg/kg，有效锰 8.57 mg/kg，有效硼 0.189 mg/kg，有效硫 47.18 mg/kg，有效氯 50.21 mg/kg，有效钼 0.213 mg/kg。

6. 根际微生物群落结构信息

对安徽省芜湖市南陵县溪滩镇发病烟株根际土壤微生物进行 16S rRNA 测序，共鉴定出 3185 个 OTU，其中细菌占 98.74%，古菌占 1.26%，包括 32 个门 78 个纲 166 个目 308 个科 567 个属。在门水平至少隶属于 32 个不同的细菌门，其相对丰度≥1%的共 11 个门（图 9-3）。其中变形菌门（Proteobacteria）29.63%和放线菌门（Actinobacteria）23.28%，为土壤细菌中的优势类群。其次为酸杆菌门（Acidobacteria）11.59%、绿弯菌门（Chloroflexi）9.75%、浮霉菌门（Planctomycetes）6.34%、厚壁菌门（Firmicutes）6.30%、疣微菌门（Verrucomicrobia）3.95%、Saccharibacteria 2.59%、拟杆菌门（Bacteroidetes）2.53%、奇古菌门（Thaumarchaeota）1.20%和芽单胞菌门（Gemmatimonadetes）1.19%，其余 21 个门所占比例均低于 1%，共占 1.65%。

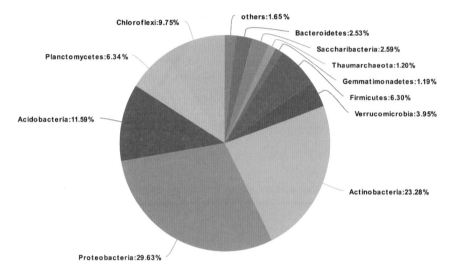

图 9-3　AH-WH 门水平上物种主要类群组成

　　在隶属的 166 个目中，相对丰度大于 0.1%的类群如图 9-4 所示，微球菌目（Micrococcales）丰度最高，占 13.13%，其次为根瘤菌目（Rhizobiales）占 12.31%。在现有数据库能注释到具体名称，且相对丰度大于 2%的类群有：芽孢杆菌目（Bacillales）5.22%、Gaiellales 2.24%、浮霉菌目（Planctomycetales）5.15%、酸杆菌目（Acidobacteriales）4.20%、黄单胞菌目（Xanthomonadales）3.76%、Chthoniobacterales 3.10%、纤线杆菌目（Ktedonobacterales）2.99%、伯克氏菌目（Burkholderiales）2.98%、Solibacterales 2.5%、鞘脂单胞菌目（Sphingomonadales）2.36%和鞘脂杆菌目（Sphingobacteriales）2.10%。

　　在属水平进一步进行分析（图 9-5），在现有数据库注释到名称的类群中，Pseudarthrobacter 的相对丰度最高，达到 9.64%，其次为芽孢杆菌属（Bacillus）和慢生根瘤菌属（Bradyrhizobium）分别占 3.57%和 2.55%，相对丰度大于 1%的类群有：鞘脂单胞菌属（Sphingomonas）1.79%和 Bryobacter 1.01%，而雷尔氏菌属（Ralstonia）的相对丰度为 0.22%。

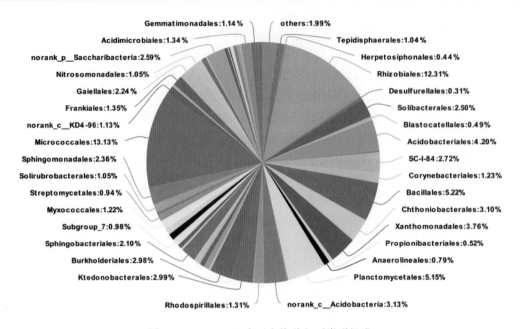

图 9-4　AH-WH 目水平上物种主要类群组成

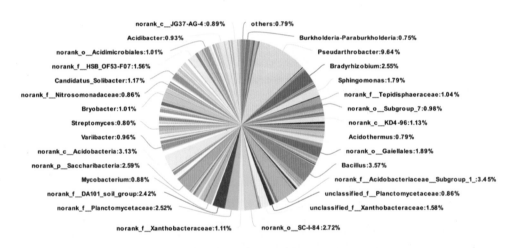

图 9-5　AH-WH 属水平上物种主要类群组成

9.2　安徽省宣城市

9.2.1　宣州区文昌镇

1. 地理信息

采集地点一详细信息：安徽省宣城市宣州区文昌镇施田村

经度：118°30′8.1″E

纬度：30°52′52.9″N

海拔：17 m

2. 气候条件

宣州区属亚热带湿润季风气候，季风气候明显。年均日照时数 2072.5 h，年均温度 15.8℃，无霜期 228 d，年均降水量 1324.8 mm。

3. 种植及发病情况

2017 年采集地种植品种为云烟 97，该地连续三十多年种植烟草，3 月中旬移栽，于 7 月上旬烘烤完毕，后抢种晚稻，采烤中期灌溉一次水。青枯病于 6 月中旬发生，发病情况较为零星，伴随有烟草根黑腐病，发病率在 5%左右，病株茎秆黄色条斑明显且变黑坏死，部分叶片有褐色网纹症状，顶部部分叶片枯黄坏死(图 9-6)。

图 9-6　田间病株照片田间病株照片

A. 发病烟田整体情况；B. 发病烟株茎秆条斑变黑；C. 叶片出现半边萎蔫，有褐色网纹症状

4. 菌株基本情况

分类地位：生化变种 3，演化型 Ⅰ 序列变种 15。

菌落培养特性：在 TTC 平板上，菌落流动性强，白边较宽，中心呈浅红色(图 9-7)。

5. 土壤信息

土壤类型：粉砂土

土壤 pH：6.00

土壤基本理化性质：有机质 25.64 g/kg,全氮 1.48 g/kg,全磷 0.72 g/kg,全钾 16.26 g/kg,碱解氮 134.74 mg/kg,有效磷 33.04 mg/kg,速效钾 310 mg/kg,交换性钙 1.400 g/kg,交

换性镁 0.142 g/kg，有效铜 1.60 mg/kg，有效锌 3.11 mg/kg，有效铁 149.35 mg/kg，有效锰 95.49 mg/kg，有效硼 0.233 mg/kg，有效硫 57.67 mg/kg，有效氯 73.71 mg/kg，有效钼 0.224 mg/kg。

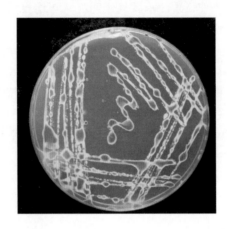

图 9-7　菌株 AH-XC-1 在 TTC 培养基上的生长情况

6. 根际微生物群落结构信息

对安徽省宣城市宣州区文昌镇施田村发病烟株根际土壤微生物进行 16S rRNA 测序，共鉴定出 3839 个 OTU，其中细菌占 97.32%，古菌占 2.68%，包括 40 个门 102 个纲 202 个目 360 个科 627 个属。在门水平至少隶属于 40 个不同的细菌门，其相对丰度≥1%的共 11 个门（图 9-8）。其中变形菌门（Proteobacteria）28.02%和绿弯菌门（Chloroflexi）16.17%，为土壤细菌中的优势类群。其次为酸杆菌门（Acidobacteria）15.16%、放线菌门（Actinobacteria）14.59%、浮霉菌门（Planctomycetes）6.29%、疣微菌门（Verrucomicrobia）3.54%、拟杆菌门（Bacteroidetes）2.92%、硝化螺旋菌门（Nitrospirae）2.78%、厚壁菌门（Firmicutes）2.52%、芽单胞菌门（Gemmatimonadetes）1.43%、深古菌门（Bathyarchaeota）1.20%。其余 29 个门所占比例均低于 1%，共占 5.38%。

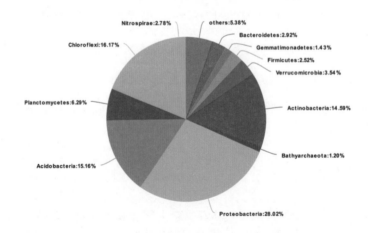

图 9-8　AH-XC-1 门水平上物种主要类群组成

在隶属的 154 个目中，相对丰度大于 0.1%的类群如图 9-9 所示，微球菌目（Micrococcales）丰度最高，占 8.46%，其次为根瘤菌目（Rhizobiales）和厌氧绳菌目（Anaerolineales），分别占 7.26%和 6.62%。在现有数据库能注释到具体名称，且相对丰度大于 2%的类群有：浮霉菌目（Planctomycetales）5.46%、酸杆菌目（Acidobacteriales）4.23%、伯克氏菌目（Burkholderiales）3.24%、黄单胞菌目（Xanthomonadales）2.73%、Solibacterales 2.54%、鞘脂单胞菌目（Sphingomonadales）2.50%和鞘脂杆菌目（Sphingobacteriales）2.12%。

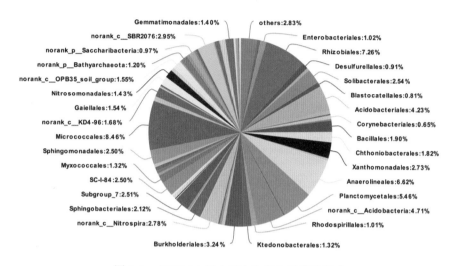

图 9-9　AH-XC-1 目水平上物种主要类群组成

在属水平进一步进行分析（图 9-10），在现有数据库注释到名称的类群中，*Pseudarthrobacter* 的相对丰度最高，达到 6.85%，其次为硝化螺旋菌属（*Nitrospira*）2.78%，相对丰度大于 1%的类群有：芽孢杆菌属（*Bacillus*）1.55%、*Isosphaera* 1.50%、厌氧绳菌属（*Anaerolinea*）1.33%、鞘脂单胞菌属（*Sphingomonas*）1.21%，而雷尔氏菌属（*Ralstonia*）的相对丰度为 0.67%。

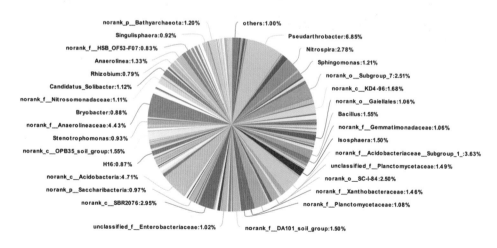

图 9-10　AH-XC-1 属水平上物种主要类群组成

9.2.2　宣州区黄渡乡

1. 地理信息

采集地点二详细信息：安徽省宣城市宣州区黄渡乡伏村
经度：118°51′5.8″E
纬度：30°46′22.4″N
海拔：60 m

2. 气候条件

宣州区属亚热带湿润季风气候，季风气候明显。年均日照时数 2072.5 h，年均温度 15.8℃，无霜期 228 d，年均降水量 1324.8 mm。

3. 种植及发病情况

该地块 2017 年为间隔 5～7 年后首次种植烟草，种植品种为云烟 97，3 月中旬移栽，7 月上旬烘烤完毕，后抢种晚稻。青枯病于 6 月上旬发生，病情发生较快，地块相对独立。采样地块青枯病发病严重，发病率在 70%左右。发病的烟株青枯病表现特点：①茎秆部位能够观察到明显的黄色条斑，发生严重的已经变黑，且条斑位置基本到达烟株顶部；②烟叶变黄，可正常抢烤；③根系主根明显变黑、腐烂，但仍有大量的健康侧根与须根存在，保证烟叶后期的正常采收(图 9-11)。

图 9-11　田间病株照片

A. 发病烟田整体情况；B. 发病严重的烟株茎秆条斑变黑；C. 发病较轻的烟株茎秆出现黄色条斑

4. 菌株基本情况

分类地位：生化变种 3，演化型 I 序列变种 15。
菌落培养特性：在 TTC 平板上，菌落流动性强，白边较宽，中心呈浅红色(图 9-12)。

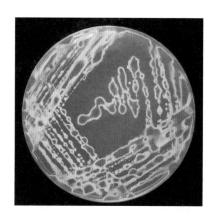

图 9-12　菌株 AH-XC-2 在 TTC 培养基上的生长情况

5. 土壤信息

土壤类型：粉砂土

土壤 pH：5.40

土壤基本理化性质：有机质 21.68 g/kg，全氮 1.16 g/kg，全磷 0.54 g/kg，全钾 8.82 g/kg，碱解氮 124.63 mg/kg，有效磷 76.44 mg/kg，速效钾 300 mg/kg，交换性钙 0.835 g/kg，交换性镁 0.179 g/kg，有效铜 0.61 mg/kg，有效锌 3.73 mg/kg，有效铁 94.96 mg/kg，有效锰 46.05 mg/kg，有效硼 0.225 mg/kg，有效硫 39.32 mg/kg，有效氯 70.26 mg/kg，有效钼 0.227 mg/kg。

6. 根际微生物群落结构信息

对安徽省宣城市宣州区黄渡乡伏村发病烟株根际土壤微生物进行 16S rRNA 测序，共鉴定出 3730 个 OTU，其中细菌占 96.60%，古菌占 3.40%，包括 37 个门 93 个纲 188 个目 344 个科 619 个属。在门水平至少隶属于 37 个不同的细菌门，其相对丰度≥1%的共 11 个门（图 9-13）。其中变形菌门（Proteobacteria）32.99%和放线菌门（Actinobacteria）20.16%，为土壤细菌中的优势类群。其次为绿弯菌门（Chloroflexi）12.12%、酸杆菌门（Acidobacteria）7.39%、拟杆菌门（Bacteroidetes）6.01%、浮霉菌门（Planctomycetes）5.03%、疣微菌门（Verrucomicrobia）3.72%、Saccharibacteria 3.55%、厚壁菌门（Firmicutes）2.07%、奇古菌门（Thaumarchaeota）1.52 %和硝化螺旋菌门（Nitrospirae）1.26%。其余 26 个门所占比例均低于 1%，共占 4.18%。

在隶属的 188 个目中，相对丰度大于 0.1%的类群如图 9-14 所示，微球菌目（Micrococcales）丰度最高，占 12.07%，其次为根瘤菌目（Rhizobiales）和伯克氏菌目（Burkholderiales），分别占 9.60%和 5.33%。在现有数据库能注释到具体名称，且相对丰度大于 2%的类群有：黄单胞菌目（Xanthomonadales）4.55%、浮霉菌目（Planctomycetales）4.28%、鞘脂单胞菌目（Sphingomonadales）3.76%、黄杆菌目（Flavobacteriales）3.28%，厌氧绳菌目（Anaerolineales）3.20%、Chthoniobacterales 3.07%、纤线杆菌目（Ktedonobacterales）2.63%、鞘脂杆菌目（Sphingobacteriales）2.53%、酸杆菌目（Acidobacteriales）2.28%和 Gaiellales 2.24%。

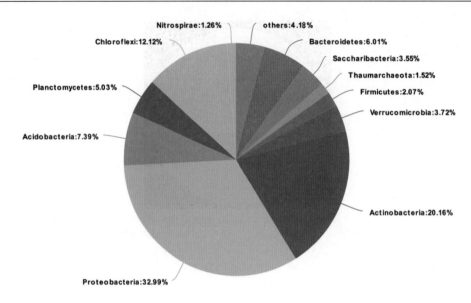

图 9-13　AH-XC-2 门水平上物种主要类群组成

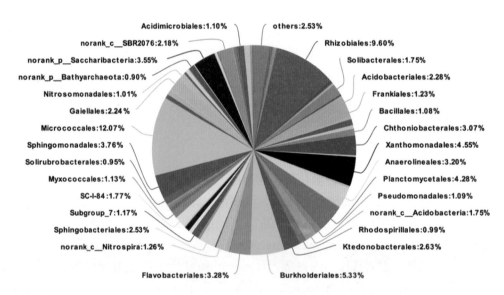

图 9-14　AH-XC-2 目水平上物种主要类群组成

在属水平进一步进行分析（图 9-15），在现有数据库注释到名称的类群中，
Pseudarthrobacter 的相对丰度最高，达到 9.81%，其次为金黄杆菌属
（*Chryseobacterium*）2.61%和鞘脂单胞菌属（*Sphingomonas*）2.35%，相对丰度大于1%的类群
有：寡养单胞菌（*Stenotrophomonas*）1.67%、马赛菌属（*Massilia*）1.52%、慢生根瘤菌属
（*Bradyrhizobium*）1.43%、紫色杆菌属（*Janthinobacterium*）1.34%、硝化螺旋菌属
（*Nitrospira*）1.26%、*Singulisphaera* 1.08%、假单胞菌属（*Pseudomonas*）1.07%和 *Variibacter*
1.01%，而雷尔氏菌属（*Ralstonia*）的相对丰度为 0.39%。

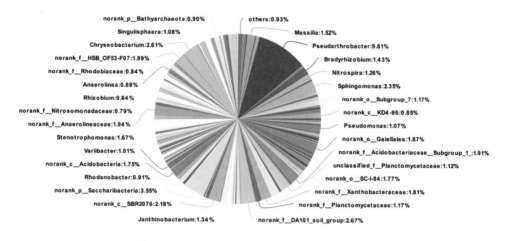

图 9-15　AH-XC-2 属水平上物种主要类群组成

对安徽省不同地区所采集的青枯病发病烟株根际细菌群落结构进行分析，在门水平上（图 9-16），根际细菌主要组成类群有：变形菌门（Proteobacteria）、放线菌门（Actinobacteria）、绿弯菌门（Chloroflexi）、酸杆菌门（Acidobacteria）和拟杆菌门（Bacteroidetes）等；芜湖市南陵县厚壁菌门（Firmicutes）的相对丰度显著高于宣城市。在属水平上，不同地区的组成差异如图 9-17 所示，在现有数据库能注释到具体名称的类群中，*Pseudarthrobacter*、鞘脂单胞菌属（*Sphingomonas*）、链霉菌属（*Streptomyces*）、慢生根瘤菌属（*Bradyrhizobium*）等在所有地区的相对丰度均较高；芜湖市南陵县厌氧绳菌属（*Anaerolinea*）、假单胞菌属（*Pseudomonas*）、金黄杆菌属（*Chryseobacterium*）、寡养单胞菌属（*Stenotrophomonas*）的相对丰度显著低于宣城市；所采集的安徽省的发病土样雷尔氏菌属（*Ralstonia*）的相对丰度没有显著差异，其中芜湖市的相对丰度最低。

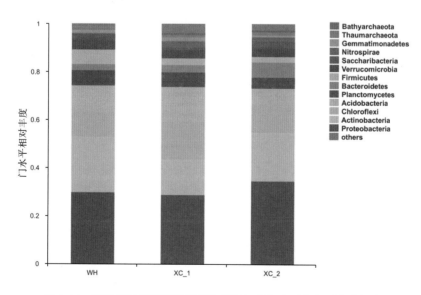

图 9-16　安徽烟区烟草青枯病烟株根际细菌门水平上主要类群组成

注：WH-芜湖市南陵县；XC_1-宣城市宣州区文昌镇；XC_2-宣城市宣州区黄渡乡；下同。

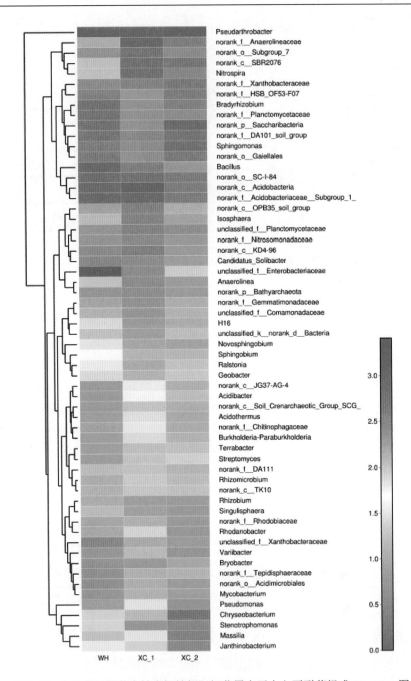

图 9-17 安徽烟区烟草青枯病烟株根际细菌属水平上主要群落组成 Heatmap 图

（总丰度排名前 60 的物种）

第10章 云南烟区

10.1 云南省曲靖市

10.1.1 罗平县

1. 地理信息

采集地点详细信息：云南省曲靖市罗平县板桥镇品德村

经度：104°24′16.4″E

纬度：24°56′54.9″N

海拔：1455 m

2. 气候条件

罗平县属高原季风气候。

3. 种植及发病情况

该地块为生姜-烟草轮作，已连续种植 10 年，2017 年烟草种植品种为云烟 87，种植烟草时套作大豆，4 月 29 日移栽。田间青枯病发生较零星，具体症状表现为：①茎秆部位黄色条斑不明显；②叶片有明显的半边萎蔫症状；③根系主根出现明显的变黑、腐烂，仍有部分健康侧根和须根存在(图 10-1)。

图 10-1　田间病株照片

A. 发病烟田整体照片；B. 发病早期烟株症状

4. 菌株基本情况

分类地位：生化变种 3，演化型 I 序列变种 17。

菌落培养特性：在 TTC 平板上，菌落流动性强，白边较宽，中心呈浅红色（图 10-2）。

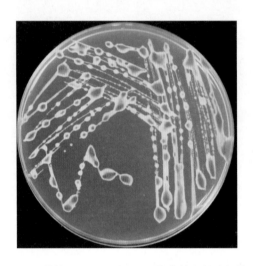

图 10-2　菌株 YN-LP-1 在 TTC 培养基上的生长情况

5. 土壤信息

土壤类型：砂质壤土

土壤 pH：5.70

土壤基本理化性质：有机质 46.33 g/kg，全氮 2.56 g/kg，全磷 2.75 g/kg，全钾 7.02 g/kg，碱解氮 205.47 mg/kg，有效磷 95.59 mg/kg，速效钾 510 mg/kg，交换性钙 1.631 g/kg，交换性镁 0.161 g/kg，有效铜 1.19 mg/kg，有效锌 13.56 mg/kg，有效铁 39.91 mg/kg，有效锰 91.21 mg/kg，有效硼 0.356 mg/kg，有效硫 12.23 mg/kg，有效氯 52.68 mg/kg，有效钼 0.370 mg/kg。

6. 根际微生物群落结构信息

对云南省曲靖市罗平县板桥镇品德村发病烟株根际土壤微生物进行 16S rRNA 测序，共鉴定出 2862 个 OTU，其中细菌占 89.88%，古菌占 10.10%，包括 27 个门 63 个纲 146 个目 275 个科 551 个属。在门水平至少隶属于 27 个不同的细菌门，其相对丰度≥1%的共 11 个门（图 10-3）。其中变形菌门（Proteobacteria）32.78%和放线菌门（Actinobacteria）25.25%，为土壤细菌中的优势类群。其次为奇古菌门（Thaumarchaeota）10.09%、绿弯菌门（Chloroflexi）6.96%、酸杆菌门（Acidobacteria）6.42%、芽单胞菌门（Gemmatimonadetes）4.73%、拟杆菌门（Bacteroidetes）3.20%、浮霉菌门（Planctomycetes）3.51%、Saccharibacteria 2.44%、厚壁菌门（Firmicutes）1.69%和疣微菌门（Verrucomicrobia）1.63%，其余 16 个门所占比例均低于 1%，共占 1.30%。

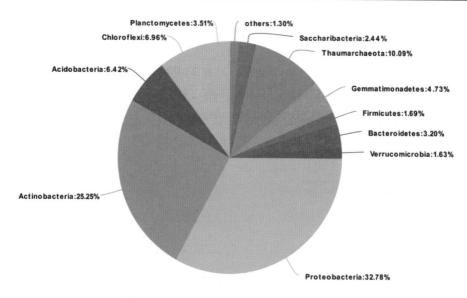

图 10-3　YN-LP 门水平上物种主要类群组成

在隶属的 146 个目中，相对丰度大于 0.1% 的类群如图 10-4 所示，伯克氏菌目 （Burkholderiales）丰度最高，占 8.55%，其次为微球菌目（Micrococcales）和根瘤菌目 （Rhizobiales），分别占 7.42% 和 6.38%。在现有数据库能注释到具体名称，且相对丰度大于 2% 的类群有：Gaiellales 5.91%、鞘脂单胞菌目（Sphingomonadales）5.23%，芽单胞菌目 （Gemmatimonadales）4.71%、黄单胞菌目（Xanthomonadales）4.40%、土壤红杆菌目 （Solirubrobacterales）2.95%、鞘脂杆菌目（Sphingobacteriales）2.84% 和 Tepidisphaerales 2.18%。

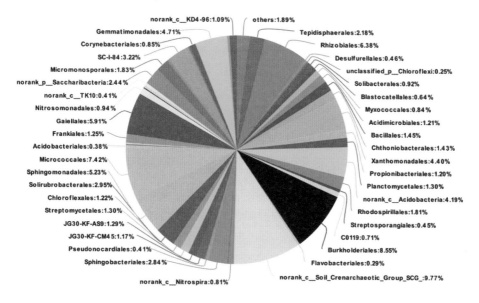

图 10-4　YN-LP 目水平上物种主要类群组成

在属水平进一步进行分析(图 10-5)，在现有数据库注释到名称的类群中，鞘脂单胞菌属(*Sphingomonas*)的相对丰度最高，达到 4.83%，其次为马赛菌属(*Massilia*)和芽单胞菌属(*Gemmatimonas*)，分别占 3.71%和 2.02%，相对丰度大于 1%的类群有：两面神菌属(*Janibacter*)1.69%、链霉菌属(*Streptomyces*)1.30%、罗丹杆菌属(*Rhodanobacter*)1.25%、玫瑰弯菌属(*Roseiflexus*)1.22%、*Gaiella* 1.21%和杜擀氏菌属(*Duganella*)1.14%，而雷尔氏菌属(*Ralstonia*)的相对丰度为 0.29%。

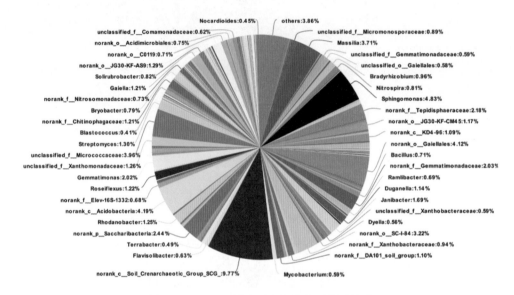

图 10-5　YN-LP 属水平上物种主要类群组成

10.2　云南省文山壮族苗族自治州

10.2.1　麻栗坡县

1. 地理信息

采集地点详细信息：云南省文山壮族苗族自治州麻栗坡县大坪镇
经度：104°36′52″E
纬度：25°6′39″N
海拔：1590 m

2. 气候条件

麻栗坡县属南亚热带高原季风气候。

3. 种植及发病情况

该地块为玉米-烟草轮作,已连续种植 20 年,冬季种植油菜作为绿肥,2017 年种植烟草品种为云烟 87,4 月 10 日移栽,7 月 10 日发病。发病烟株青枯病症状表现为:①茎秆部位黄色条斑明显,严重时出现褐色条斑直至烟株顶部;②烟叶变黄有明显萎蔫并伴有褐色网纹症状;③根系主根明显变黑、腐烂,仍有大量健康侧根和须根存在(图 10-6)。

图 10-6　田间病株照片

A. 发病烟田整体照片;B-C. 发病中期烟株症状

4. 菌株基本情况

分类地位:生化变种 3,演化型 I 序列变种 54。

菌落培养特性:在 TTC 平板上,菌落流动性强,白边较宽,中心呈浅红色(图 10-7)。

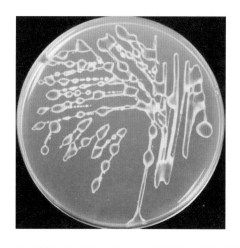

图 10-7　菌株 YN-WS-2 在 TTC 培养基上的生长情况

5. 土壤信息

土壤类型:砂质壤土

土壤 pH:5.20

土壤基本理化性质:有机质 38.09 g/kg,全氮 1.64 g/kg,全磷 1.01 g/kg,全钾 14.96 g/kg,

碱解氮 129.68 mg/kg，有效磷 50.63 mg/kg，速效钾 1260 mg/kg，交换性钙 1.116 g/kg，交换性镁 0.097 g/kg，有效铜 1.23 mg/kg，有效锌 5.36 mg/kg，有效铁 0.41 mg/kg，有效锰 97.38 mg/kg，有效硼 0.247 mg/kg，有效硫 93.49 mg/kg，有效氯 23.29 mg/kg，有效钼 0.327 mg/kg。

6. 根际微生物群落结构信息

对云南省文山壮族苗族自治州麻栗坡县大坪镇发病烟株根际土壤微生物进行 16S rRNA 测序，共鉴定出 3731 个 OTU，其中细菌占 95.50%，古菌占 4.50%，包括 31 个门 74 个纲 160 个目 308 个科 614 个属。在门水平至少隶属于 31 个不同的细菌门，其相对丰度≥1%的共 11 个门(图 10-8)。其中变形菌门(Proteobacteria)36.13%和放线菌门(Actinobacteria)23.95%，为土壤细菌中的优势类群。其次为绿弯菌门(Chloroflexi)10.21%、酸杆菌门(Acidobacteria)6.76%、芽单胞菌门(Gemmatimonadetes)5.33%、奇古菌门(Thaumarchaeota)4.49%、浮霉菌门(Planctomycetes)3.54%、拟杆菌门(Bacteroidetes)2.60%、Saccharibacteria 2.26%、厚壁菌门(Firmicutes)2.00%和硝化螺旋菌门(Nitrospirae)1.01%，其余 20 个门所占比例均低于 1%，共占 1.72%。

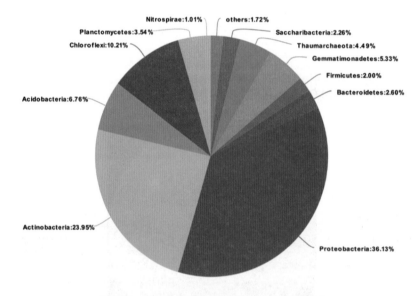

图 10-8　YN-WS 门水平上物种主要类群组成

在隶属的 160 个目中，相对丰度大于 0.1%的类群如图 10-9 所示，伯克氏菌目(Burkholderiales)丰度最高，占 7.62%，其次为根瘤菌目(Rhizobiales)和鞘脂单胞菌目(Sphingomonadales)，分别占 7.14%和 5.95%。在现有数据库能注释到具体名称，且相对丰度大于 2%的类群有：芽单胞菌目(Gemmatimonadales)5.32%、Gaiellales 4.89%、微球菌目(Micrococcales)4.87%、黄单胞菌目(Xanthomonadales)4.45%、土壤红杆菌目(Solirubrobacterales)2.98%、Solibacterales 2.43%、弗兰克氏菌目(Frankiales)2.33%、鞘脂杆菌目(Sphingobacteriales)2.19%和红螺菌目(Rhodospirillales)2.15%。

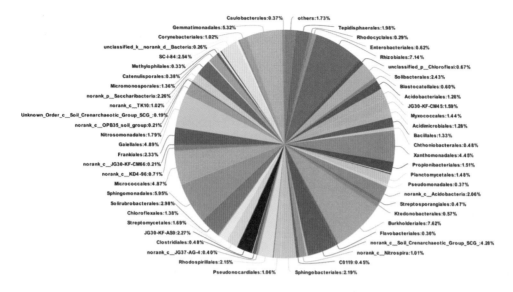

图 10-9　YN-WS 目水平上物种主要类群组成

在属水平进一步进行分析(图 10-10)，在现有数据库注释到名称的类群中，鞘脂单胞菌属(*Sphingomonas*)的相对丰度最高，达到 4.97%，其次为芽单胞菌属(*Gemmatimonas*)和 *Bryobacter*，分别占 2.32%和 1.98%，相对丰度大于 1%的类群有：链霉菌属(*Streptomyces*)1.69%、慢生根瘤菌属(*Bradyrhizobium*)1.51%、水恒杆菌属(*Mizugakiibacter*)1.43%、玫瑰弯菌属(*Roseiflexus*)1.37%、*Burkholderia-Paraburkholderia* 1.13%和硝化螺旋菌属(*Nitrospira*)1.01%，而雷尔氏菌属(*Ralstonia*)的相对丰度为 0.47%。

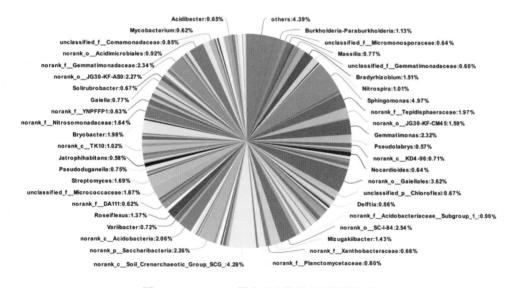

图 10-10　YN-WS 属水平上物种主要类群组成

10.2.2　西畴县

1. 地理信息

采集地点详细信息：云南省文山壮族苗族自治州西畴县兴街镇三光村
经度：104°37′17″E
纬度：23°11′21″N
海拔：1590 m

2. 气候条件

西畴县属亚热带季风气候。

3. 种植及发病情况

该地块为玉米-烟草轮作，按此模式连续种植 20 年，2017 年种植烟草品种为云烟87，4 月 21 日移栽，6 月中下旬发病。发病烟株青枯病症状表现为：①茎秆部位黄色条斑明显，严重时出现褐色条斑直至烟株顶部；②烟叶变黄有明显萎蔫；③根系主根明显变黑、腐烂，仍有少量健康侧根和须根存在(图 10-11)。

图 10-11　田间病株照片

A. 发病后期烟株症状；B. 发病中期烟株症状

4. 菌株基本情况

分类地位：生化变种 3，演化型Ⅰ序列变种 54。
菌落培养特性：在 TTC 平板上，菌落流动性强，白边较宽，中心呈浅红色(图 10-12)。

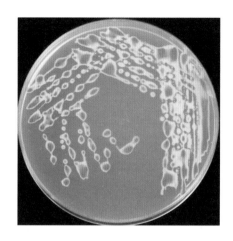

图 10-12　菌株 YN-XC-2 在 TTC 培养基上的生长情况

5. 土壤信息

土壤类型：粉砂土

土壤 pH：6.10

土壤基本理化性质：有机质 24.94 g/kg，全氮 2.13 g/kg，全磷 1.20 g/kg，全钾 42.73 g/kg，碱解氮 122.95 mg/kg，有效磷 59.23 mg/kg，速效钾 800 mg/kg，交换性钙 1.317 g/kg，交换性镁 0.258 g/kg，有效铜 1.17 mg/kg，有效锌 6.38 mg/kg，有效铁 1.70 mg/kg，有效锰 49.78 mg/kg，有效硼 0.249 mg/kg，有效硫 25.34 mg/kg，有效氯 52.68 mg/kg，有效钼 0.237 mg/kg。

6. 根际微生物群落结构信息

对云南省文山壮族苗族自治州西畴县兴街镇三光村发病烟株根际土壤微生物进行 16S rRNA 测序，共鉴定出 3357 个 OTU，其中细菌占 94.24%，古菌占 5.76%，包括 27 个门 66 个纲 139 个目 279 个科 572 个属。在门水平至少隶属于 27 个不同的细菌门，其相对丰度≥1% 的共 12 个门（图 10-13）。其中变形菌门（Proteobacteria）34.05% 和放线菌门（Actinobacteria）28.38%，为土壤细菌中的优势类群。其次为酸杆菌门（Acidobacteria）7.09%、绿弯菌门（Chloroflexi）5.87%、奇古菌门（Thaumarchaeota）5.76%、Saccharibacteria 3.70%、拟杆菌门（Bacteroidetes）3.52%、浮霉菌门（Planctomycetes）3.39%、芽单胞菌门（Gemmatimonadetes）3.09%、疣微菌门（Verrucomicrobia）1.81%、硝化螺旋菌门（Nitrospirae）1.17% 和厚壁菌门（Firmicutes）1.16%，其余 15 个门所占比例均低于 1%，共占 1.01%。

在隶属的 139 个目中，相对丰度大于 0.1% 的类群如图 10-14 所示，微球菌目（Micrococcales）丰度最高，占 15.37%，其次为根瘤菌目（Rhizobiales）和鞘脂单胞菌目（Sphingomonadales），分别占 9.34% 和 6.53%。在现有数据库能注释到具体名称，且相对丰度大于 2% 的类群有：伯克氏菌目（Burkholderiales）6.18%、黄单胞菌目（Xanthomonadales）4.29%、芽单胞菌目（Gemmatimonadales）3.06%、鞘脂杆菌目（Sphingobacteriales）2.78%、土壤红杆菌目（Solirubrobacterales）2.69% 和 Gaiellales 2.40%。

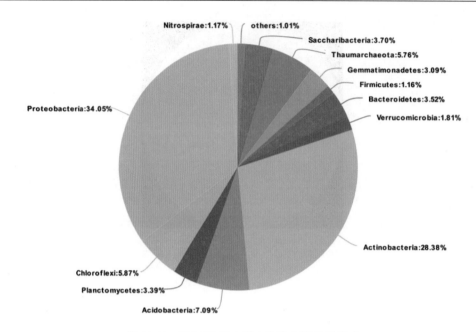

图 10-13　YN-XC 门水平上物种主要类群组成

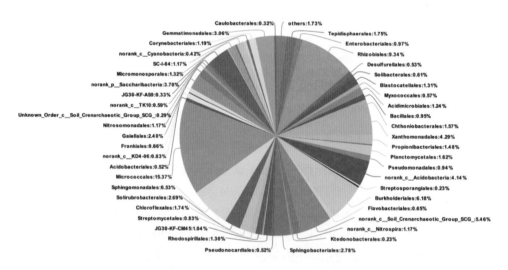

图 10-14　YN-XC 目水平上物种主要类群组成

　　在属水平进一步进行分析(图 10-15),在现有数据库注释到名称的类群中,鞘脂单胞菌属(*Sphingomonas*)的相对丰度最高,达到 4.16%,其次为马赛菌属(*Massilia*)和玫瑰弯菌属(*Roseiflexus*),分别占 1.84% 和 1.73%,相对丰度大于 1% 的类群有:慢生根瘤菌属(*Bradyrhizobium*)1.59%、根瘤菌属(*Rhizobium*)1.24%、芽单胞菌属(*Gemmatimonas*)1.21%、鞘脂菌属(*Sphingobium*)1.20% 和硝化螺旋菌属(*Nitrospira*)1.17%,而雷尔氏菌属(*Ralstonia*)的相对丰度为 0.26%。

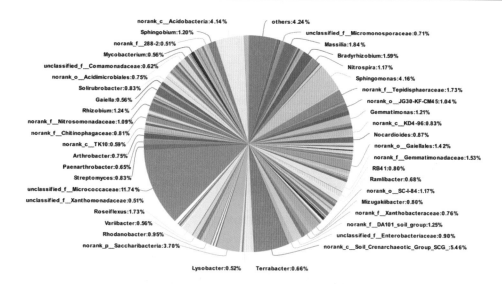

图 10-15　YN-XC 属水平上物种主要类群组成

10.3　云南省保山市

10.3.1　腾冲市

1. 地理信息

采集地点详细信息：云南省保山市腾冲市界头镇永安社区
经度：98°37′6″E
纬度：25°19′44″N
海拔：1480 m

2. 气候条件

腾冲市属热带季风气候。

3. 种植及发病情况

2017 年烟草种植品种为云烟 87。发病烟株青枯病症状表现为：①茎秆部位有明显黄色条斑，严重时病斑变褐直至顶部；②叶片发黄，有褐色病斑穿孔症状；③根系主根出现明显的变黑、腐烂，仍有部分健康侧根和须根存在(图 10-16)。

4. 菌株基本情况

分类地位：生化变种 3，演化型 I 序列变种 17。
菌落培养特性：在 TTC 平板上，菌落流动性强，白边较宽，中心呈浅红色(图 10-17)。

图 10-16　田间病株照片

A. 发病烟田整体照片；B. 发病后期烟株症状

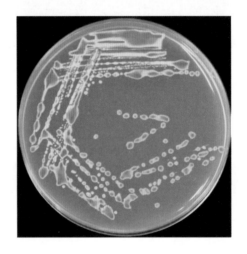

图 10-17　菌株 YN-TC-3 在 TTC 培养基上的生长情况

5. 土壤信息

土壤类型：粉砂壤土

土壤 pH：5.10

土壤基本理化性质：有机质 30.47 g/kg，全氮 1.92 g/kg，全磷 0.96 g/kg，全钾 19.05 g/kg，碱解氮 176.84 mg/kg，有效磷 111.82 mg/kg，速效钾 350 mg/kg，交换性钙 0.867 g/kg，交换性镁 0.060 g/kg，有效铜 1.12 mg/kg，有效锌 10.76 mg/kg，有效铁 1.58 mg/kg，有效锰 135.69 mg/kg，有效硼 0.260 mg/kg，有效硫 18.35 mg/kg，有效氯 85.13 mg/kg，有效钼 0.263 mg/kg。

6. 根际微生物群落结构信息

对云南省保山市腾冲市界头镇永安社区发病烟株根际土壤微生物进行 16S rRNA 测序，共鉴定出 3515 个 OTU，其中细菌占 97.61%，古菌占 2.36%，包括 29 个门 71 个纲 157 个目 303 个科 612 个属。在门水平至少隶属于 29 个不同的细菌门，其相对丰度≥1%

的共 11 个门（图 10-18）。其中变形菌门（Proteobacteria）36.13%和放线菌门（Actinobacteria）20.91%，为土壤细菌中的优势类群。其次为绿弯菌门（Chloroflexi）10.18%、酸杆菌门（Acidobacteria）6.80%、浮霉菌门（Planctomycetes）5.53%、拟杆菌门（Bacteroidetes）5.03%、厚壁菌门（Firmicutes）4.55%、Saccharibacteria 2.92%、奇古菌门（Thaumarchaeota）2.34%、疣微菌门（Verrucomicrobia）2.05%和芽单胞菌门（Gemmatimonadetes）1.89%，其余 18 个门所占比例均低于 1%，共占 1.67%。

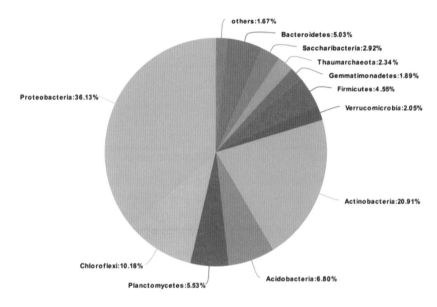

图 10-18　YN-TC 门水平上物种主要类群组成

在隶属的 157 个目中，相对丰度大于 0.1%的类群如图 10-19 所示，根瘤菌目（Rhizobiales）丰度最高，占 10.73%，其次为伯克氏菌目（Burkholderiales）和微球菌目（Micrococcales），分别占 7.74%和 5.93%。在现有数据库能注释到具体名称，且相对丰度大于 2%的类群有：黄单胞菌目（Xanthomonadales）5.36%、纤线杆菌目（Ktedonobacterales）4.67%、浮霉菌目（Planctomycetales）4.43%、芽孢杆菌目（Bacillales）3.83%、Gaiellales 3.65%、鞘脂杆菌目（Sphingobacteriales）2.90%、酸杆菌目（Acidobacteriales）2.68%、黏球菌目（Myxococcales）2.36%、酸微菌目（Acidimicrobiales）2.30%、弗兰克氏菌目（Frankiales）2.07%、土壤红杆菌目（Solirubrobacterales）2.04%、亚硝化单胞菌目（Nitrosomonadales）2.04%。

在属水平进一步进行分析（图 10-20），在现有数据库注释到名称的类群中，慢生根瘤菌属（Bradyrhizobium）的相对丰度最高，达到 1.97%，其次为罗丹杆菌属（Rhodanobacter）和芽孢杆菌属（Bacillus），分别占 1.66%和 1.41%，相对丰度大于 1%的类群有：Acidibacter 1.39%、雷尔氏菌属（Ralstonia）1.34%、分枝杆菌属（Mycobacterium）1.32%、Candidatus_Nitrosotalea 1.32%、Burkholderia-Paraburkholderia 1.19%、Variibacter 1.14%、芽单胞菌属（Gemmatimonas）1.03%。

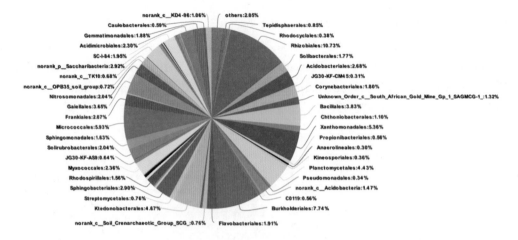

图 10-19　YN-TC 目水平上物种主要类群组成

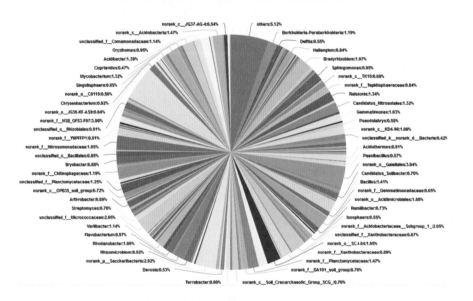

图 10-20　YN-TC 属水平上物种主要类群组成

10.3.2　龙陵县

1. 地理信息

采集地点详细信息：云南省保山市龙陵县镇安镇

经度：98°48′34.1″E

纬度：24°42′59.6″N

海拔：1783 m

2. 气候条件

龙陵县属亚热带山原季风气候。

3. 种植及发病情况

该地连作烟草 6 年，2017 年烟草种植品种为云烟 87，4 月 5 日移栽，7 月初发病。发病烟株青枯病症状表现为：①茎秆部位有明显黄色条斑，严重时出现褐色条斑，横剖面可见维管束有大量菌脓；②叶片出现明显半边萎蔫变黄症状；③根系主根出现明显的变黑、腐烂，仍有少量健康侧根和须根存在（图 10-21）。

图 10-21　田间病株照片

A. 发病烟株根部症状；B-C. 发病烟株症状

4. 菌株基本情况

分类地位：生化变种 3，演化型 I 序列变种 17。

菌落培养特性：在 TTC 平板上，菌落流动性强，白边较宽，中心呈浅红色（图 10-22）。

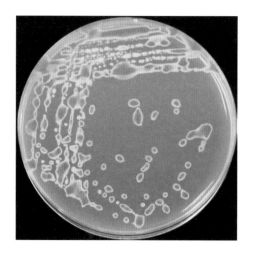

图 10-22　菌株 YN-LL-1 在 TTC 培养基上的生长情况

5. 土壤信息

土壤类型：粉砂壤土

土壤 pH：5.30

土壤基本理化性质：有机质 31.70 g/kg，全氮 1.82 g/kg，全磷 0.57 g/kg，全钾 43.27 g/kg，碱解氮 153.26 mg/kg，有效磷 30.30 mg/kg，速效钾 260 mg/kg，交换性钙 0.748 g/kg，交换性镁 0.091 g/kg，有效铜 1.10 mg/kg，有效锌 5.27 mg/kg，有效铁 31.86 mg/kg，有效锰 17.64 mg/kg，有效硼 0.228 mg/kg，有效硫 67.28 mg/kg，有效氯 85.13 mg/kg，有效钼 0.233 mg/kg。

6. 根际微生物群落结构信息

对云南省保山市龙陵县镇安镇发病烟株根际土壤微生物进行 16S rRNA 测序，共鉴定出 3333 个 OTU，其中细菌占 98.57%，古菌占 1.42%，包括 32 个门 79 个纲 164 个目 299 个科 575 个属。在门水平至少隶属于 32 个不同的细菌门，其相对丰度≥1%的共 10 个门（图10-23）。其中变形菌门（Proteobacteria）33.06% 和放线菌门（Actinobacteria）25.47%，为土壤细菌中的优势类群。其次为绿弯菌门（Chloroflexi）10.54%、酸杆菌门（Acidobacteria）8.74%、拟杆菌门（Bacteroidetes）5.70%、浮霉菌门（Planctomycetes）5.35%、Saccharibacteria 2.62%、疣微菌门（Verrucomicrobia）2.57%、芽单胞菌门（Gemmatimonadetes）2.56% 和奇古菌门（Thaumarchaeota）1.37%，其余 22 个门所占比例均低于 1%，共占 2.02%。

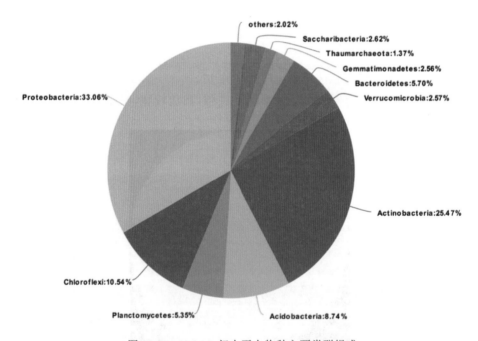

图 10-23　YN-LL 门水平上物种主要类群组成

在隶属的 164 个目中，相对丰度大于 0.1%的类群如图 10-24 所示，微球菌目（Micrococcales）丰度最高，占 11.12%，其次为根瘤菌目（Rhizobiales）和黄单胞菌目（Xanthomonadales），分别占 9.59% 和 6.16%。在现有数据库能注释到具体名称，且相对丰度大于 2%的类群有：伯克氏菌目（Burkholderiales）6.02%、浮霉菌目（Planctomycetales）3.91%、鞘脂单胞菌目（Sphingomonadales）3.40%、Gaiellales 3.19%、鞘脂杆菌目（Sphingobacteriales）

3.15%、纤线杆菌目（Ktedonobacterales）3.07%、弗兰克氏菌目（Frankiales）2.93%、酸杆菌目（Acidobacteriales）2.63%、芽单胞菌目（Gemmatimonadales）2.56%、黄杆菌目（Flavobacteriales）2.44%和土壤红杆菌目（Solirubrobacterales）2.09%。

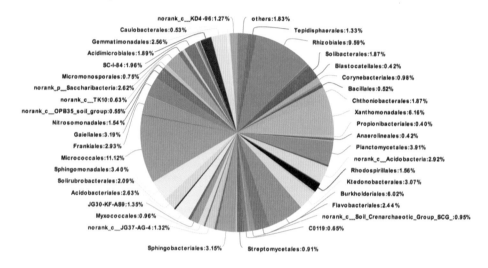

图 10-24　YN-LL 目水平上物种主要类群组成

在属水平进一步进行分析（图 10-25），在现有数据库注释到名称的类群中，鞘脂单胞菌属（*Sphingomonas*）的相对丰度最高，达到 2.88%，其次为马赛菌属（*Massilia*）和黄杆菌属（*Flavobacterium*），分别占 2.48%和 2.37%，相对丰度大于 1%的类群有：慢生根瘤菌属（*Bradyrhizobium*）1.83%、芽单胞菌属（*Gemmatimonas*）1.68%、罗丹杆菌属（*Rhodanobacter*）1.58%、地杆菌属（*Terrabacter*）1.42%、*Oryzihumus* 1.07%、*Acidibacter* 1.01%，而雷尔氏菌属（*Ralstonia*）的相对丰度为 0.16%。

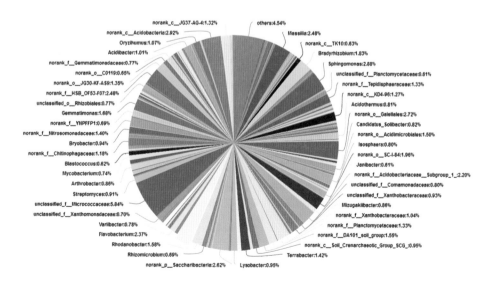

图 10-25　YN-LL 属水平上物种主要类群组成

10.4　云南省临沧市

10.4.1　永德县

1. 地理信息

采集地点详细信息：云南省临沧市永德县亚练乡兔乃村

经度：99°35′9.7″E

纬度：24°13′42.3″N

海拔：1573 m

2. 气候条件

永德县属南亚热带河谷季风气候。

3. 种植及发病情况

2017 年烟草种植品种为云烟 87，该地已持续十几年玉米-烟草轮作，每 2～3 年种植一次烟草。青枯病发病烟株茎秆部位有明显黄色条斑，严重时病斑变褐；叶片有典型的半边萎蔫症状，大多数病叶有褐色病斑穿孔症状(图 10-26)。

图 10-26　田间病株照片

A-B. 发病烟株症状；C. 发病烟田整体情况

4. 菌株基本情况

分类地位：生化变种 3，演化型 I 序列变种 15。

菌落培养特性：在 TTC 平板上，菌落流动性强，白边较宽，中心呈浅红色(图 10-27)。

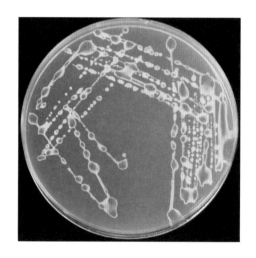

图 10-27　菌株 YN-YD-1 在 TTC 培养基上的生长情况

5. 土壤信息

土壤类型：粉砂壤土

土壤 pH：4.60

土壤基本理化性质：有机质 36.82 g/kg，全氮 1.98 g/kg，全磷 1.26 g/kg，全钾 17.58 g/kg，碱解氮 151.58 mg/kg，有效磷 59.23 mg/kg，速效钾 480 mg/kg，交换性钙 0.651 g/kg，交换性镁 0.072 g/kg，有效铜 1.01 mg/kg，有效锌 8.66 mg/kg，有效铁 6.66 mg/kg，有效锰 36.24 mg/kg，有效硼 0.288 mg/kg，有效硫 35.82 mg/kg，有效氯 55.27 mg/kg，有效钼 0.381 mg/kg。

6. 根际微生物群落结构信息

对云南省临沧市永德县亚练乡兔乃村发病烟株根际土壤微生物进行 16S rRNA 测序，共鉴定出 2683 个 OTU，包括 24 个门 56 个纲 123 个目 250 个科 473 个属。在门水平至少隶属于 24 个不同的细菌门，其相对丰度≥1%的共 11 个门（图 10-28）。其中变形菌门（Proteobacteria）40.39%和放线菌门（Actinobacteria）23.63%，为土壤细菌中的优势类群。其次为绿弯菌门（Chloroflexi）9.99%、Saccharibacteria 7.33%、厚壁菌门（Firmicutes）3.87%、酸杆菌门（Acidobacteria）3.45%、拟杆菌门（Bacteroidetes）2.84%、芽单胞菌门（Gemmatimonadetes）1.71%、奇古菌门（Thaumarchaeota）1.68%和浮霉菌门（Planctomycetes）1.56%，其余 13 个门所占比例均低于 1%，共占 1.16%。

在隶属的 123 个目中，相对丰度大于 0.1%的类群如图 10-29 所示，伯克氏菌目（Burkholderiales）丰度最高，占 11.98%，其次为黄单胞菌目（Xanthomonadales）8.57%。在现有数据库能注释到具体名称，且相对丰度大于 2%的类群有：鞘脂单胞菌目（Sphingomonadales）7.27%、根瘤菌目（Rhizobiales）5.55%、微球菌目（Micrococcales）4.96%、纤线杆菌目（Ktedonobacterales）4.14%、弗兰克氏菌目（Frankiales）4.03%、Gaiellales 3.69%、棒杆菌目（Corynebacteriales）3.25%、鞘脂杆菌目（Sphingobacteriales）2.70%、土壤红杆菌目（Solirubrobacterales）2.53%和芽孢杆菌目（Bacillales）2.27%。

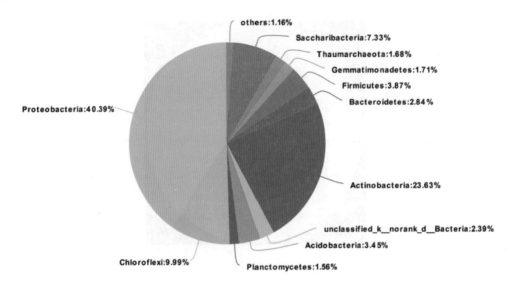

图 10-28　YN-YD 门水平上物种主要类群组成

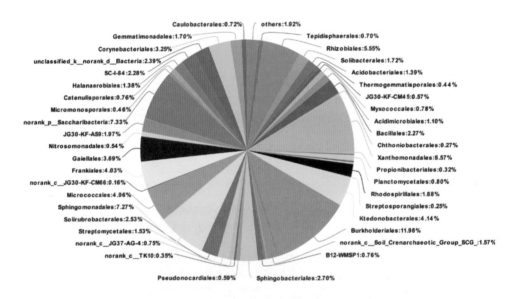

图 10-29　YN-YD 目水平上物种主要类群组成

在属水平进一步进行分析(图 10-30),在现有数据库注释到名称的类群中,鞘脂单胞菌属(*Sphingomonas*)的相对丰度最高,达到 6.45%,其次为 *Ramlibacter* 和马赛菌属(*Massilia*),分别 3.43%占 3.34%,相对丰度大于 1%的类群有:罗丹杆菌属(*Rhodanobacter*)2.57%、红球菌属(*Rhodococcus*)2.21%、*Pseudarthrobacter* 2.05%、慢生根瘤菌属(*Bradyrhizobium*)1.87%、*Burkholderia-Paraburkholderia* 1.81%、水恒杆菌属(*Mizugakiibacter*)1.74%、*Dyella* 1.61%、*Acidibacter* 1.56%、节杆菌属(*Arthrobacter*)1.48%、分枝杆菌属(*Mycobacterium*)1.39%、*Aquincola* 1.33%、*Bryobacter* 1.20%、热酸菌属(*Acidothermus*)1.11%和 *Oryzihumus* 1.08%,而雷尔氏菌属(*Ralstonia*)的相对丰度为 0.56%。

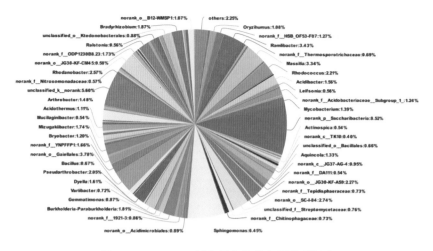

图 10-30　YN-YD 属水平上物种主要类群组成

10.4.2　临翔区

1. 地理信息

采集地点详细信息：云南省临沧市临翔区博尚镇永泉村

经度：100°2′32″E

纬度：23°41′52″N

海拔：1830 m

2. 气候条件

临翔区属亚热带山地季风气候。

3. 种植及发病情况

该地青枯病发病烟株症状表现为茎秆部位有明显黄色条斑，严重时病斑变褐，可蔓延至顶部；叶片出现明显半边萎蔫变黄症状，严重时焦枯(图 10-31)。

图 10-31　田间病株照片

A. 发病烟田整体情况；B. 发病中期烟株症状

4. 菌株基本情况

分类地位：生化变种3，演化型Ⅰ序列变种55。

菌落培养特性：在TTC平板上，菌落流动性强，白边较宽，中心呈浅红色(图10-32)。

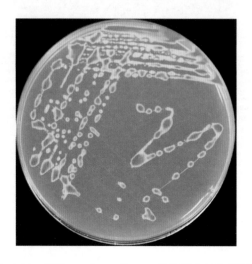

图10-32   菌株YN-BS-1在TTC培养基上的生长情况

5. 土壤信息

土壤类型：砂质壤土

土壤pH：4.80

土壤基本理化性质：有机质52.09 g/kg，全氮2.53 g/kg，全磷1.30 g/kg，全钾12.79 g/kg，碱解氮193.68 mg/kg，有效磷56.50 mg/kg，速效钾650 mg/kg，交换性钙0.805 g/kg，交换性镁0.051 g/kg，有效铜0.96 mg/kg，有效锌22.70 mg/kg，有效铁12.84 mg/kg，有效锰135.45 mg/kg，有效硼0.483 mg/kg，有效硫86.21 mg/kg，有效氯50.21 mg/kg，有效钼0.389 mg/kg。

6. 根际微生物群落结构信息

对云南省临沧市临翔区博尚镇永泉村发病烟株根际土壤微生物进行16S rRNA测序，共鉴定出3395个OTU，其中细菌占97.35%，古菌占2.63%，包括30个门74个纲154个目290个科580个属。在门水平至少隶属于30个不同的细菌门，其相对丰度≥1%的共10个门(图 10-33)。其中变形菌门(Proteobacteria)33.68%和放线菌门(Actinobacteria)26.46%，为土壤细菌中的优势类群。其次为绿弯菌门(Chloroflexi)11.23%、酸杆菌门(Acidobacteria)6.42%、Saccharibacteria 5.80%、浮霉菌门(Planctomycetes)3.16%、芽单胞菌门(Gemmatimonadetes)3.04%、拟杆菌门(Bacteroidetes)3.20%、奇古菌门(Thaumarchaeota)2.62%和厚壁菌门(Firmicutes)2.46%，其余20个门所占比例均低于1%，共占2.02%。

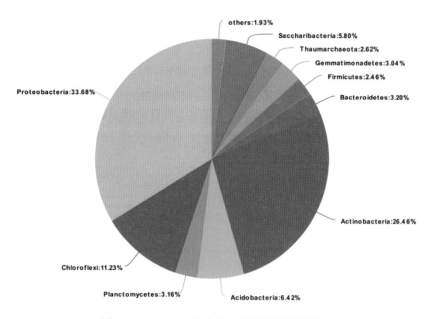

图 10-33　YN-BS 门水平上物种主要类群组成

在隶属的 154 个目中，相对丰度大于 0.1% 的类群如图 10-34 所示，黄单胞菌目 (Xanthomonadales) 丰度最高，占 8.98%，其次为微球菌目 (Micrococcales) 和根瘤菌目 (Rhizobiales)，分别占 7.88% 和 7.25%。在现有数据库能注释到具体名称，且相对丰度大于 2% 的类群有：Gaiellales 4.60%、伯克氏菌目 (Burkholderiales) 4.56%、弗兰克氏菌目 (Frankiales) 4.37%、鞘脂单胞菌目 (Sphingomonadales) 3.22%、芽单胞菌目 (Gemmatimonadales) 3.03%、鞘脂杆菌目 (Sphingobacteriales) 2.98%、酸杆菌目 (Acidobacteriales) 2.56%、红螺菌目 (Rhodospirillales) 2.26%、纤线杆菌目 (Ktedonobacterales) 2.22%、土壤红杆菌目 (Solirubrobacterales) 2.10%、浮霉菌目 (Planctomycetales) 2.10% 和 Solibacterales 1.93%。

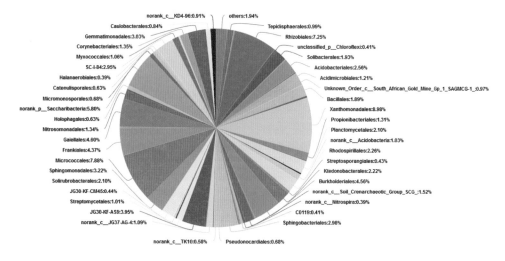

图 10-34　YN-BS 目水平上物种主要类群组成

在属水平进一步进行分析（图 10-35），在现有数据库注释到名称的类群中，罗丹杆菌属（*Rhodanobacter*）的相对丰度最高，达到 3.88%，其次为鞘脂单胞菌属（*Sphingomonas*）和水恒杆菌属（*Mizugakiibacter*），分别占 2.61% 和 2.60%，相对丰度大于 1% 的类群有：慢生根瘤菌属（*Bradyrhizobium*）1.63%、芽单胞菌属（*Gemmatimonas*）1.61%、*Bryobacter* 1.45%、热酸菌属（*Acidothermus*）1.27%、*Acidibacter* 1.27%、地杆菌属（*Terrabacter*）1.05% 和链霉菌属（*Streptomyces*）1.01%，而雷尔氏菌属（*Ralstonia*）的相对丰度为 0.24%。

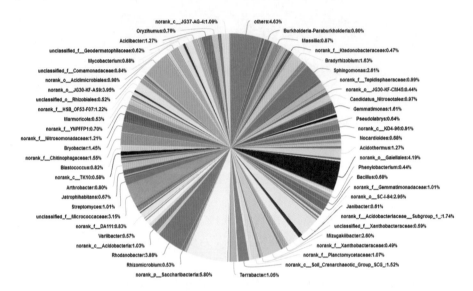

图 10-35　YN-BS 属水平上物种主要类群组成

10.5　云南省普洱市

10.5.1　景谷傣族彝族自治县

1. 地理信息

采集地点详细信息：云南省普洱市景谷傣族彝族自治县永平镇芒腊村

经度：100°22′32.6″E

纬度：23°23′38.8″N

海拔：1089 m

2. 气候条件

景谷傣族彝族自治县属亚热带高原山地季风气候。

3. 种植及发病情况

该地进行甘蔗-烟草-玉米轮作，2017 年烟草种植品种为云烟 87，3 月 27 日移栽，烟苗移栽太深，主根呼吸不畅，但生长于表层土的须根十分发达，烟株生长过程施用钙镁磷肥和农家肥，青枯病于 6 月初发生。该地青枯病发生严重，茎秆部位有明显褐色条斑，全株烟叶发黄萎蔫，已不能采烤（图 10-36）。

图 10-36　田间病株照片

A. 发病烟田整体情况；B-C. 发病后期烟株症状

4. 菌株基本情况

分类地位：生化变种 3，演化型 I 序列变种 17。另外，在该镇的另一个村（费竜村）所采集的样品为演化型 I 序列变种 15。

菌落培养特性：在 TTC 平板上，菌落流动性强，白边较宽，中心呈浅红色（图 10-37）。

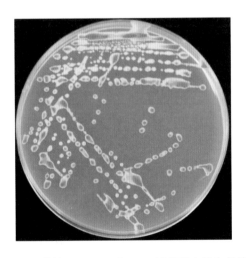

图 10-37　菌株 YN-YP-3 在 TTC 培养基上的生长情况

5. 土壤信息

土壤类型：粉砂壤土

土壤 pH：5.50

土壤基本理化性质：有机质 22.64 g/kg，全氮 1.22 g/kg，全磷 0.67 g/kg，全钾 8.51 g/kg，碱解氮 96.00 mg/kg，有效磷 28.54 mg/kg，速效钾 850 mg/kg，交换性钙 1.019 g/kg，交换性镁

0.154 g/kg, 有效铜 0.91 mg/kg, 有效锌 13.79 mg/kg, 有效铁 4.36 mg/kg, 有效锰 37.81 mg/kg, 有效硼 0.224 mg/kg, 有效硫 34.95 mg/kg, 有效氯 47.85 mg/kg, 有效钼 0.220 mg/kg。

6. 根际微生物群落结构信息

对云南省普洱市景谷傣族彝族自治县永平镇芒腊村发病烟株根际土壤微生物进行 16S rRNA 测序，共鉴定出 3531 个 OTU, 其中细菌占 99.19%, 古菌占 0.81%, 包括 31 个门 7 个 3 纲 157 个目 302 个科 630 个属。在门水平至少隶属于 31 个不同的细菌门, 其相对丰度≥1% 的共 10 个门(图 10-38)。其中变形菌门(Proteobacteria)39.29%和放线菌门(Actinobacteria) 21.26%, 为土壤细菌中的优势类群。其次为绿弯菌门(Chloroflexi)9.35%、拟杆菌门 (Bacteroidetes)6.54%、酸杆菌门(Acidobacteria)6.33%、浮霉菌门(Planctomycetes)5.47%、厚壁菌门(Firmicutes)3.94%、Saccharibacteria 2.17%、疣微菌门(Verrucomicrobia)1.87%和芽单胞菌门(Gemmatimonadetes)1.50%, 其余 21 个门所占比例均低于 1%, 共占 2.28%。

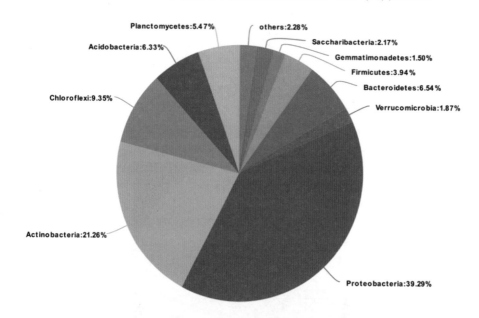

图 10-38　YN-YP 门水平上物种主要类群组成

在隶属的 157 个目中, 相对丰度大于 0.1%的类群如图 10-39 所示, 根瘤菌目(Rhizobiales) 丰度最高, 占 9.00%, 其次为微球菌目(Micrococcales)和伯克氏菌目(Burkholderiales), 分别占 7.73%和 6.36%。在现有数据库能注释到具体名称, 且相对丰度大于 2%的类群有: 鞘脂单胞菌目(Sphingomonadales)6.27%、黄单胞菌目(Xanthomonadales)6.20%、鞘脂杆菌目 (Sphingobacteriales)3.61%、浮霉菌目(Planctomycetales)3.46%、酸杆菌目(Acidobacteriales) 3.34%、纤线杆菌目(Ktedonobacterales)3.17%、黄杆菌目(Flavobacteriales)2.67%、芽孢杆菌目 (Bacillales)2.49%、弗兰克氏菌目(Frankiales)2.39%、红螺菌目(Rhodospirillales)2.16%、假单胞杆菌目(Pseudomonadales)2.16%和链霉菌目(Streptomycetales)2.04%。

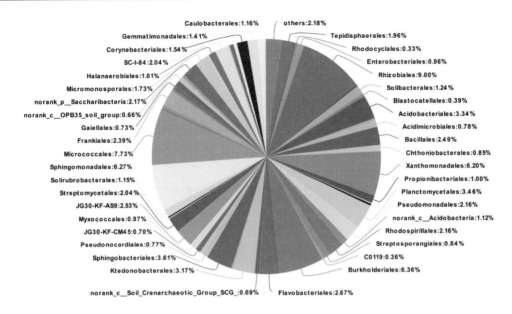

图 10-39　YN-YP 目水平上物种主要类群组成

在属水平进一步进行分析（图 10-40），在现有数据库注释到名称的类群中，鞘脂单胞菌属（*Sphingomonas*）的相对丰度最高，达到 4.77%，其次为链霉菌属（*Streptomyces*）和假单胞菌属（*Pseudomonas*），分别占 2.04% 和 1.68%，相对丰度大于 1% 的类群有：*Dyella* 1.46%、金黄杆菌属（*Chryseobacterium*）1.42%、慢生根瘤菌属（*Bradyrhizobium*）1.39%、马赛菌属（*Massilia*）1.32%、根瘤菌属（*Rhizobium*）1.32%、芽孢杆菌属（*Bacillus*）1.25%、黄杆菌属（*Flavobacterium*）1.21%、*Sinomonas* 1.20% 和寡养单胞菌属（*Stenotrophomonas*）1.17%，而雷尔氏菌属（*Ralstonia*）的相对丰度为 0.74%。

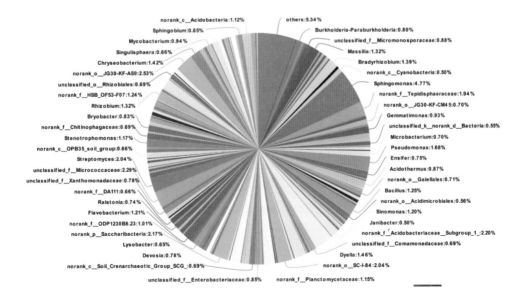

图 10-40　YN-YP 属水平上物种主要类群组成

10.6 云南省昆明市

10.6.1 石林彝族自治县

1. 地理信息

采集地点详细信息：云南省昆明市石林彝族自治县板桥街道小屯村

经度：103°14′19.4″E

纬度：24°43′18.9″N

海拔：1695 m

2. 气候条件

石林彝族自治县属低纬高原山地季风气候。

3. 种植及发病情况

2017 年烟草种植品种为红花大金元，5 月 2 日移栽，5 月 27 日左右发病。该地青枯病症状典型，茎秆部位有明显黄色条斑，严重时病斑变褐，直至顶部；叶片发黄，半边萎蔫，偶有褐色病斑穿孔(图 10-41)。

图 10-41 田间病株照片

A. 发病烟田整体情况；B. 发病中期烟株症状；C. 发病后期烟株症状

4. 菌株基本情况

分类地位：生化变种 3，演化型 I 序列变种 54。另外,从该地另一个村(板桥村)所采集的样品为演化型 I 序列变种 17。

菌落培养特性:在 TTC 平板上,菌落流动性强,白边较宽,中心呈浅红色(图 10-42)。

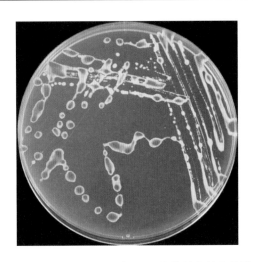

图 10-42　菌株 YN-SL-1 在 TTC 培养基上的生长情况

5. 土壤信息

土壤类型：粉砂壤土

土壤 pH：5.00

土壤基本理化性质：有机质 19.02 g/kg，全氮 1.07 g/kg，全磷 0.60 g/kg，全钾 14.92 g/kg，碱解氮 80.84 mg/kg，有效磷 39.88 mg/kg，速效钾 450 mg/kg，交换性钙 1.851 g/kg，交换性镁 0.161 g/kg，有效铜 0.78 mg/kg，有效锌 9.18 mg/kg，有效铁 11.84 mg/kg，有效锰 28.14 mg/kg，有效硼 0.148 mg/kg，有效硫 20.97 mg/kg，有效氯 57.98 mg/kg，有效钼 0.140 mg/kg。

6. 根际微生物群落结构信息

对云南省昆明市石林彝族自治县板桥街道小屯村发病烟株根际土壤微生物进行 16S rRNA 测序，共鉴定出 3411 个 OTU，其中细菌占 96.87%，古菌占 3.09%，包括 26 个门 64 个纲 144 个目 286 个科 597 个属。在门水平至少隶属于 26 个不同的细菌门，其相对丰度 ≥1% 的共 11 个门（图 10-43）。其中放线菌门（Actinobacteria）30.08% 和变形菌门（Proteobacteria）21.77%，为土壤细菌中的优势类群。其次为绿弯菌门（Chloroflexi）20.45%、酸杆菌门（Acidobacteria）7.73%、浮霉菌门（Planctomycetes）4.60%、拟杆菌门（Bacteroidetes）3.19%、奇古菌门（Thaumarchaeota）3.09%、厚壁菌门（Firmicutes）2.48%、Saccharibacteria 2.33%、芽单胞菌门（Gemmatimonadetes）1.57% 和疣微菌门（Verrucomicrobia）1.28%，其余 15 个门所占比例均低于 1%，共占 1.43%。

在隶属的 144 个目中，相对丰度大于 0.1% 的类群如图 10-44 所示，微球菌目（Micrococcales）丰度最高，占 14.10%，其次为纤线杆菌目（Ktedonobacterales）和根瘤菌目（Rhizobiales），分别占 9.76% 和 4.95%。在现有数据库能注释到具体名称，且相对丰度大于 2% 的类群有：酸杆菌目（Acidobacteriales）4.08%、弗兰克氏菌目（Frankiales）3.94%、伯克氏菌目（Burkholderiales）3.75%、鞘脂单胞菌目（Sphingomonadales）3.74%、鞘脂杆菌目（Sphingobacteriales）3.00%、黄单胞菌目

（Xanthomonadales）2.52%、链霉菌目（Streptomycetales）2.45%、Tepidisphaerales 2.44%、Solibacterales 2.36%和浮霉菌目（Planctomycetales）2.11%。

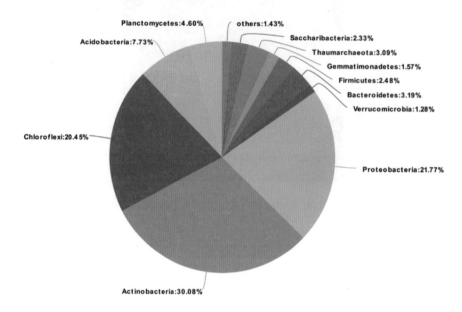

图 10-43　YN-SL 门水平上物种主要类群组成

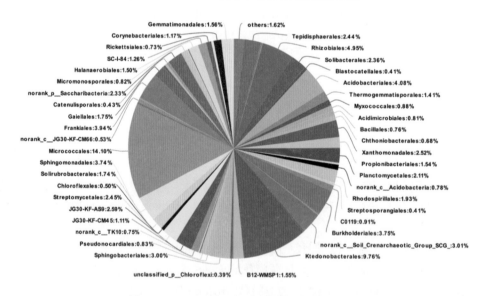

图 10-44　YN-SL 目水平上物种主要类群组成

在属水平进一步进行分析（图 10-45），在现有数据库注释到名称的类群中，鞘脂单胞菌属（*Sphingomonas*）的相对丰度最高，达到 2.71%，其次为链霉菌属（*Streptomyces*）和 *Oryzihumus*，分别占 2.45%和 1.75%，相对丰度大于 1%的类群有：热酸菌属（*Acidothermus*）1.73%、*Burkholderia-Paraburkholderia* 1.33%、*Bryobacter* 1.24%、*Candidatus_Solibacter* 1.09%和慢生根瘤菌属（*Bradyrhizobium*）1.00%，而雷尔氏菌属（*Ralstonia*）的相对丰度为 0.08%。

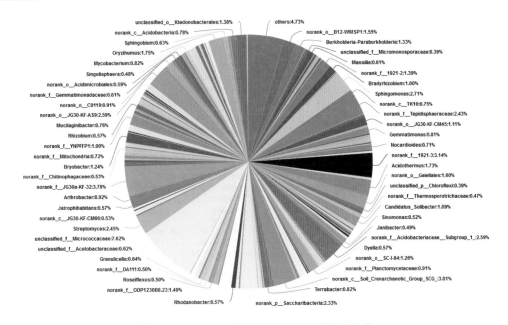

图 10-45　YN-SL 属水平上物种主要类群组成

对云南省不同地区所采集的青枯病发病烟株根际细菌群落结构进行分析，在门水平上（图 10-46），根际细菌主要组成类群有：变形菌门（Proteobacteria）、放线菌门（Actinobacteria）、绿弯菌门（Chloroflexi）、酸杆菌门（Acidobacteria）和浮霉菌门（Planctomycetes）等，不同地区的主要群落组成差异不大，但是相对丰度上存在显著差异。在属水平上，不同地区的组成差异如图 10-47 所示，在总丰度排名前 60 的物种中，不同地区物种组成没有显著的差异；所采集的云南省 8 个地区的发病土样雷尔氏菌属（*Ralstonia*）的相对丰度没有显著的差异，其中以龙陵县的相对丰度最低。

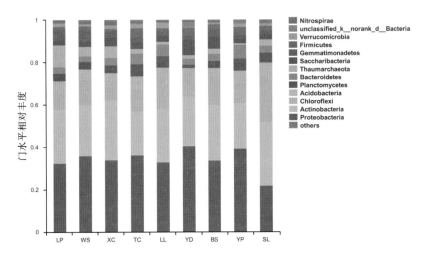

图 10-46　云南烟区烟草青枯病发病烟株根际细菌门水平上主要类群组成
注：LP-罗平县；WS-文山州麻栗坡县；XC-西畴县；TC-腾冲县；LL-龙陵县；YD-永德县；
BS-临沧市临翔区；YP-景谷县永平镇；SL-石林县；下同。

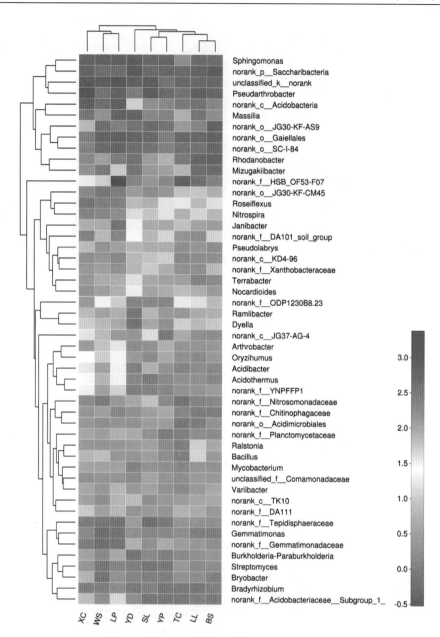

图 10-47 云南烟区烟草青枯病发病烟株根际细菌属水平上主要群落组成 Heatmap 图

（总丰度排名前 60 的物种）

第11章 贵 州 烟 区

11.1 贵州省贵阳市

11.1.1 开阳县

1. 地理信息

采集地点详细信息：贵州省贵阳市开阳县龙岗镇石头村

经度：107°6′21.2″E

纬度：26°52′25.9″N

海拔：1106 m

2. 气候条件

开阳县属亚热带湿润温和型气候。

3. 种植及发病情况

发病地块连续 4 年种植烟草，2017 年烟草种植品种为云烟 87，4 月 22 日移栽，6 月 19 日左右发病。烟草青枯病发病症状典型，茎秆部位黄色条斑明显，严重时条斑变褐直至烟株顶部；发病烟叶出现明显的半边萎蔫症状，偶有褐色病斑；烟株主根发黑坏死，仍有大量健康侧根和须根(图 11-1)。

图 11-1 田间病株照片

A. 大田整体图；B-C. 发病中期烟株症状

4. 菌株基本情况

分类地位：生化变种3，演化型Ⅰ序列变种15。

菌落培养特性：在 TTC 平板上，菌落流动性强，白边较宽，中心呈浅红色（图 11-2）。

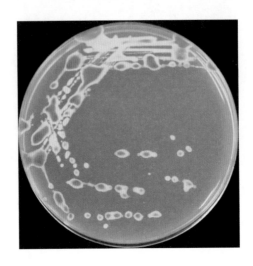

图 11-2　菌株 GZ-KY-1 在 TTC 培养基上的生长情况

5. 土壤信息

土壤类型：粉砂壤土

土壤 pH：5.60

土壤基本理化性质：有机质 46.42 g/kg，全氮 1.75 g/kg，全磷 0.86 g/kg，全钾 7.87 g/kg，碱解氮 124.63 mg/kg，有效磷 23.07 mg/kg，速效钾 520 mg/kg，交换性钙 1.280 g/kg，交换性镁 0.192 g/kg，有效铜 1.61 mg/kg，有效锌 3.17 mg/kg，有效铁 5.84 mg/kg，有效锰 206.53 mg/kg，有效硼 0.312 mg/kg，有效硫 15.73 mg/kg，有效氯 55.27 mg/kg，有效钼 0.324 mg/kg。

6. 根际微生物群落结构信息

对贵州省贵阳市开阳县龙岗镇石头村发病烟株根际土壤微生物进行 16S rRNA 测序分析，共鉴定出 3164 个 OTU（基于 97% 相似性），其中属于 6.14% 属于古生菌，93.86% 属于细菌。所有 OTU 归属到 23 个门 63 个纲 137 个目 277 个科 543 个属，其中相对丰度≥1% 的门有 11 个（图 11-3）。变形菌门（Proteobacteria）35.93% 和放线菌门（Actinobacteria）23.33% 为土壤优势类群，其次为拟杆菌门（Bacteroidetes）7.10%、奇古菌门（Thaumarchaeota）6.14%、绿弯菌门（Chloroflexi）5.90%、酸杆菌门（Acidobacteria）5.86%、芽单胞菌门（Gemmatimonadetes）5.04%、Saccharibacteria 2.87%、厚壁菌门（Firmicutes）2.21%、浮霉菌门（Planctomycetes）1.97% 和疣微菌门（Verrucomicrobia）1.43%，其余 12 个门相对丰度均低于 1%，共占 2.22%。

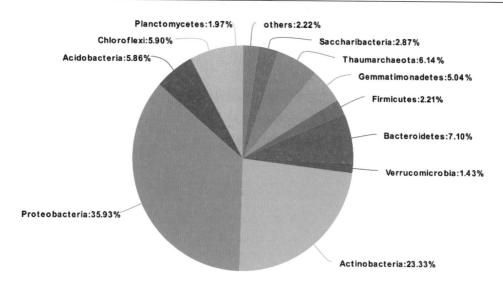

图 11-3　GZ-KY 门水平上物种主要类群组成

在隶属的 137 个目中，相对丰度大于 0.1%的类群如图 11-4 所示，根瘤菌目（Rhizobiales）丰度最高，占 8.44%，其次为伯克氏菌目（Burkholderiales）6.70%和鞘脂杆菌目（Sphingobacteriales）6.23%。在现有数据库能注释到具体名称，且相对丰度大于 2%的类群有：微球菌目（Micrococcales）5.22%、黄单胞菌目（Xanthomonadales）4.73%、鞘脂单胞菌目（Sphingomonadales）4.29%、芽单胞菌目（Gemmatimonadales）3.79%、Gaiellales 3.69%、绿弯菌目（Chloroflexales）2.85%、Tepidisphaerales 2.25%。

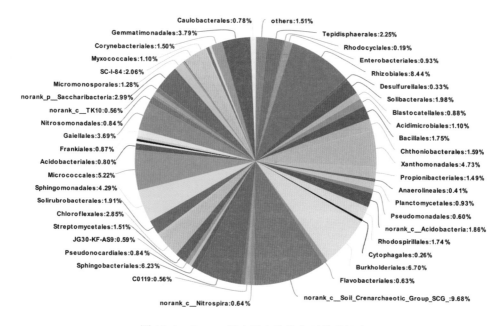

图 11-4　GZ-KY 目水平上物种主要类群组成

在属水平进一步进行分析（图 11-5），在现有数据库注释到名称的类群中，鞘脂单胞菌属（*Sphingomonas*）的相对丰度最高，达到 2.98%，其次为寡养单胞菌属（*Stenotrophomonas*）2.89% 和玫瑰弯菌属（*Roseiflexus*）2.85%。相对丰度大于 1% 的类群有：芽单胞菌属（*Gemmatimonas*）1.72%、慢生根瘤菌属（*Bradyrhizobium*）1.68%、*Ramlibacter* 1.60%、土地杆菌属（*Pedobacter*）1.56%、链霉菌属（*Streptomyces*）1.51%、贪噬菌属（*Variovorax*）1.40%、根瘤菌属（*Rhizobium*）1.38%、马赛菌属（*Massilia*）1.00%，雷尔氏菌属（*Ralstonia*）的相对丰度为 0.47%。

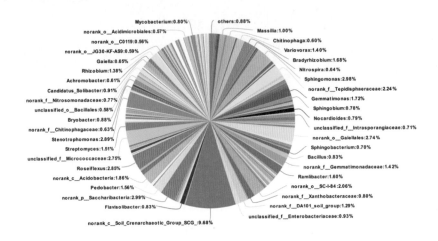

图 11-5　GZ-KY 属水平上主要群落组成

11.2　贵州省黔西南布依族苗族自治州

11.2.1　兴仁县

1. 地理信息

采集地点详细信息：贵州省黔西南布依族苗族自治州兴仁县巴铃镇公德村

经度：105°22′15.9″E

纬度：25°32′2″N

海拔：1294 m

2. 气候条件

兴仁县属北亚热带湿润季风气候。

3. 种植及发病情况

发病地块进行烟草-玉米轮作，冬季种植油菜，现已种植烟草两年，2017 年烟草种植品种为云烟87，4 月 20 日移栽，5 月 20 日左右发病。烟草青枯病发病症状表现为：①茎秆部位黄色条斑不明显,茎基部有褐色病变;②病烟叶出现明显的半边萎蔫症状,偶有褐色病斑;③烟株主根出现发黑坏死,但仍有大量健康侧根与须根存在(图 11-6)。

图 11-6 田间病株照片

A-B. 发病中期烟株症状;C. 发病烟株根部症状

4. 菌株基本情况

分类地位:生化变种 3,演化型 I 序列变种 17。

菌落培养特性:在 TTC 平板上,菌落流动性强,白边较宽,中心呈浅红色(图 11-7)。

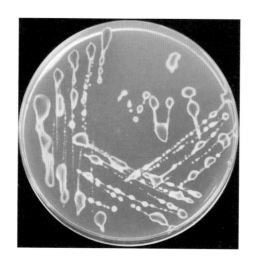

图 11-7 菌株 GZ-BL-1 在 TTC 培养基上的生长情况

5. 土壤信息

土壤类型:砂质壤土

土壤 pH:5.30

土壤基本理化性质:有机质 34.35 g/kg,全氮 1.86 g/kg,全磷 0.80 g/kg,全钾 17.52 g/kg,碱解氮 128.00 mg/kg,有效磷 15.64 mg/kg,速效钾 540 mg/kg,交换性钙 1.827 g/kg,交换性镁 0.419 g/kg,有效铜 2.50 mg/kg,有效锌 4.02 mg/kg,有效铁 4.76 mg/kg,有效锰 94.73 mg/kg,有效硼 0.297 mg/kg,有效硫 56.79 mg/kg,有效氯 41.44 mg/kg,有

效钼 0.212 mg/kg。

6. 根际微生物群落结构信息

对贵州省黔西南布依族苗族自治州兴仁县巴铃镇公德村发病烟株根际土壤微生物进行 16S rRNA 测序分析，共鉴定出 3265 个 OTU（基于 97%相似性），其中 5.24%属于古生菌，94.76% 属于细菌。所有 OTU 归属到 24 个门 64 个纲 140 个目 278 个科 550 个属，其中相对丰度≥1% 的门有 10 个（图 11-8）。变形菌门（Proteobacteria）30.28%、放线菌门（Actinobacteria）20.15%和 绿弯菌门（Chloroflexi）13.02%为土壤优势菌群，其次为酸杆菌门（Acidobacteria）8.63%、拟杆菌 门（Bacteroidetes）6.97%、奇古菌门（Thaumarchaeota）5.24%、浮霉菌门（Planctomycetes）4.33%、 芽单胞菌门（Gemmatimonadetes）4.30%、疣微菌门（Verrucomicrobia）2.60%和 Saccharibacteria 1.70%，其余 14 个门相对丰度均低于 1%，共占 2.78%。

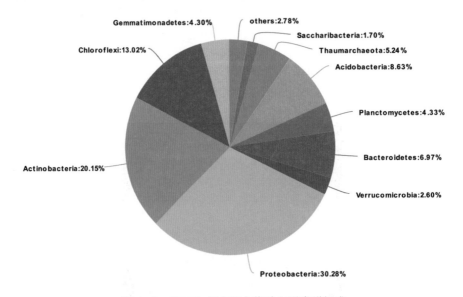

图 11-8　GZ-BL 门水平上物种主要类群组成

在隶属的 140 个目中，相对丰度大于 0.1%的类群如图 11-9 所示，伯克氏菌目 （Burkholderiales）丰度最高，占 6.41%，其次为根瘤菌目（Rhizobiales）和鞘脂单胞菌目 （Sphingomonadales），分别占 5.93%和 5.53%。在现有数据库能注释到具体名称，且相对丰度 大于 2%的类群有：微球菌目（Micrococcales）4.74%、鞘脂杆菌目（Sphingobacteriales）4.67%、 芽单胞菌目（Gemmatimonadales）4.27%、Gaiellales 3.72%、绿弯菌目（Chloroflexales）3.33%、黄 单胞菌目（Xanthomonadales）3.24%、Tepidisphaerales 3.05%、Solibacterales 2.69%、弗兰克氏菌 目（Frankiales）2.67%、小单孢菌目（Micromonosporales）2.30%、土壤红杆菌目 （Solirubrobacterales）2.19%、黄杆菌目（Flavobacteriales）2.15%和 Chthoniobacterales 2.09%。

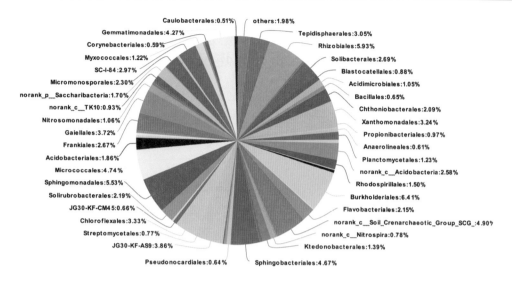

图 11-9　GZ-BL 目水平上物种主要类群组成

在属水平进一步进行分析（图 11-10），在现有数据库注释到名称的类群中，鞘脂单胞菌属（*Sphingomonas*）的相对丰度最高，达到 4.08%，其次为玫瑰弯菌属（*Roseiflexus*）3.32%，相对丰度大于 1% 的类群有：芽单胞菌属（*Gemmatimonas*）2.11%、*Ramlibacter* 1.65%、热酸菌属（*Acidothermus*）1.64%、*Flavisolibacter* 1.35%、*Bryobacter* 1.31%、*Candidatus-Solibacter* 1.24%、慢生根瘤菌属（*Bradyrhizobium*）1.23%、黄杆菌属（*Flavobacterium*）1.16%、马赛菌属（*Massilia*）1.01%，而雷尔氏菌属（*Ralstonia*）的相对丰度为 1.30%。

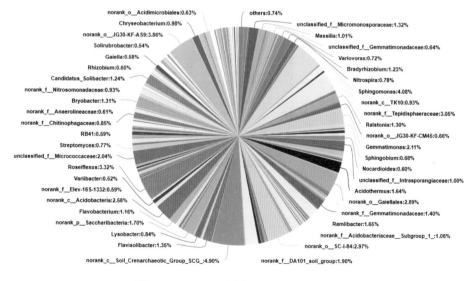

图 11-10　GZ-BL 属水平上主要群落组成

11.3   贵州省遵义市

11.3.1   绥阳县

1. 地理信息

采集地点详细信息：贵州省遵义市绥阳县蒲场镇双龙村
经度：107°8′55.1″E
纬度：27°54′33.5″N
海拔：841 m

2. 气候条件

绥阳县属亚热带季风气候。

3. 种植及发病情况

发病地块已连作烟草 3 年，2017 年烟草种植品种为云烟 87，4 月 29 日移栽，生长至旺长期发病。烟草青枯病发病症状主要特点为：①茎部黄色条斑明显，严重时病斑变褐延伸至顶部；②下部烟叶已采收，上部烟叶未表现发病症状；③烟株主根出现发黑坏死，但仍有部分健康侧根与须根存在（图 11-11）。

图 11-11   田间病株照片

A. 发病烟株症状； B. 发病烟株茎部症状； C. 发病烟株根部症状

4. 菌株基本情况

分类地位：生化变种 3，演化型 I 序列变种 17。
菌落培养特性：在 TTC 平板上，菌落流动性强，白边较宽，中心呈浅红色（图 11-12）。

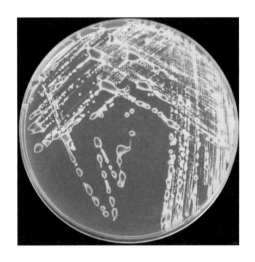

图 11-12 菌株 GZ-SY-3 在 TTC 培养基上的生长情况

5. 土壤信息

土壤类型：粉砂壤土

土壤 pH：5.50

土壤基本理化性质：有机质 30.74 g/kg，全氮 1.85 g/kg，全磷 1.32 g/kg，全钾 14.76 g/kg，碱解氮 139.79 mg/kg，有效磷 44.18 mg/kg，速效钾 400 mg/kg，交换性钙 1.762 g/kg，交换性镁 0.270 g/kg，有效铜 2.56 mg/kg，有效锌 11.07 mg/kg，有效铁 5.02 mg/kg，有效锰 172.09 mg/kg，有效硼 0.257 mg/kg，有效硫 19.22 mg/kg，有效氯 35.88 mg/kg，有效钼 0.304 mg/kg。

6. 根际微生物群落结构信息

对贵州省遵义市绥阳县蒲场镇双龙村发病烟株根际土壤微生物进行 16S rRNA 测序分析，共鉴定出 3178 个 OTU（基于 97%相似性），其中 3.50%属于古菌，96.50%属于细菌。所有 OTU 归属到 25 个门 66 个纲 146 个目 279 个科 558 个属，其中相对丰度≥1%的门有 11 个（图 11-13）。变形菌门（Proteobacteria）31.42%、放线菌门（Actinobacteria）18.50%、酸杆菌门（Acidobacteria）12.71%和绿弯菌门（Chloroflexi）13.55%为土壤优势类群，其次为芽单胞菌门（Gemmatimonadetes）4.37%、浮霉菌门（Planctomycetes）3.77%、奇古菌门（Thaumarchaeota）3.38%、厚壁菌门（Firmicutes）2.70%、拟杆菌门（Bacteroidetes）2.89%、Saccharibacteria 2.11%和疣微菌门（Verrucomicrobia）1.71%，其余 14 个门相对丰度均低于 1%，共占 2.89%。

在隶属的 146 个目中，相对丰度大于 0.1%的类群如图 11-14 所示，根瘤菌目（Rhizobiales）丰度最高，占 7.66%，其次为鞘脂单胞菌目（Sphingomonadales）和微球菌目（Micrococcales），分别占 7.52%和 5.27%。在现有数据库能注释到具体名称，且相对丰度大于 2%的类群有：酸杆菌目（Acidobacteriales）4.87%、芽单胞菌目（Gemmatimonadales）4.34%、Solibacterales 3.74%、黄单胞菌目（Xanthomonadales）3.71%、伯克氏菌目

（Burkholderiales）3.29%、 Gaiellales 3.00%、 鞘脂杆菌目（Sphingobacteriales）2.60%、
Tepidisphaerales 2.25%、 芽孢杆菌目（Bacillales）2.19%、 亚硝化单胞菌目
（Nitrosomonadales）2.07%和丙酸杆菌目（Propionibacteriales）2.02%。

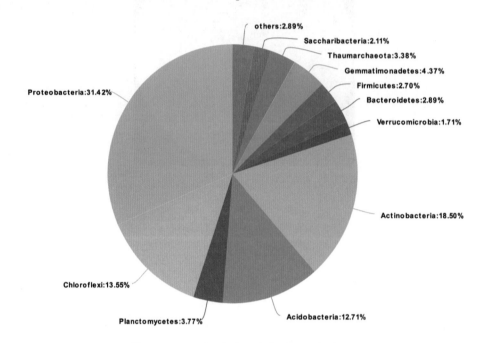

图 11-13　GZ-SY 门水平上物种主要类群组成

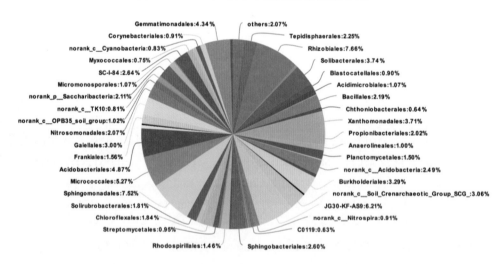

图 11-14　GZ-SY 目水平上物种主要类群组成

在属水平进一步进行分析（图 11-15），在现有数据库注释到名称的类群中，鞘脂单胞
菌属（*Sphingomonas*）的相对丰度最高，达到 6.43%，其次为芽单胞菌属
（*Gemmatimonas*）2.68%，相对丰度大于 1%的类群有：玫瑰弯菌属（*Roseiflexus*）1.84%、
Candidatus-Solibacter 1.83%、*Bryobacter* 1.58%、罗丹杆菌属（*Rhodanobacter*）1.49%、类诺

卡氏菌属(*Nocardioides*)1.25%、芽孢杆菌属(*Bacillus*)1.23%、慢生根瘤菌属(*Bradyrhizobium*)1.10%,而雷尔氏菌属(*Ralstonia*)的相对丰度为0.41%。

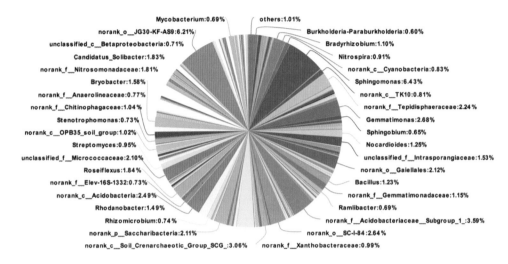

图 11-15　GZ-SY 属水平上主要群落组成

11.3.2　正安县

1. 地理信息

采集地点详细信息:贵州省遵义市正安县市坪苗族仡佬族乡龙坪村

经度:107°35′41.2″E

纬度:28°15′12″N

海拔:871 m

2. 气候条件

正安县属中亚热带季风性湿润气候。

3. 种植及发病情况

发病地块已连作烟草 6~7 年,2017 年烟草种植品种为云烟 87,4 月 22 日移栽,6 月初开始发病。烟草青枯病发病症状主要特点为:①发病较轻,茎部黄色条斑不明显,叶柄可见维管束有黑点;②叶部半边萎蔫症状明显,伴有褐色病斑;③主根发黑坏死,仍有部分健康侧根与须根(图 11-16)。

4. 菌株基本情况

分类地位:生化变种 3,演化型 Ⅰ 序列变种 17。

菌落培养特性:在 TTC 平板上,菌落流动性强,白边较宽,中心呈浅红色(图 11-17)。

图 11-16　田间病株照片

A. 发病烟田整体情况；B. 发病中期烟株症状；C. 发病烟株根部症状；D. 发病烟株叶柄症状

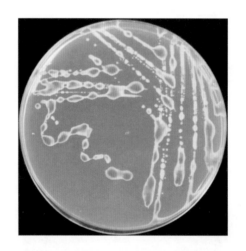

图 11-17　菌株 GZ-ZA-1 在 TTC 培养基上的生长情况

5. 土壤信息

土壤类型：粉砂壤土

土壤 pH：5.70

土壤基本理化性质：有机质 23.67 g/kg，全氮 1.38 g/kg，全磷 0.92 g/kg，全钾 33.62 g/kg，碱解氮 111.16 mg/kg，有效磷 33.23 mg/kg，速效钾 420 mg/kg，交换性钙 1.301 g/kg，交换性镁 0.206 g/kg，有效铜 2.36 mg/kg，有效锌 9.12 mg/kg，有效铁 3.20 mg/kg，有效锰 139.09 mg/kg，有效硼 0.223 mg/kg，有效硫 22.72 mg/kg，有效氯 47.85 mg/kg，有效钼 0.218 mg/kg。

6. 根际微生物群落结构信息

对贵州省遵义市正安县市坪苗族仡佬族乡龙坪村发病烟株根际土壤微生物进行 16S rRNA 测序分析，共鉴定出 3419 个 OTU（基于 97%相似性），其中 1.59%属于古菌，99.41% 属于细菌。所有 OTU 归属到 24 个门 69 个纲 148 个目 296 个科 591 个属，其中相对丰度 ≥1%的门有 13 个（图 11-18）。变形菌门（Proteobacteria）46.11%、放线菌门（Actinobacteria）19.39%为土壤优势菌群，其次为拟杆菌门（Bacteroidetes）7.53%、酸杆菌门（Acidobacteria）6.57%、绿弯菌门（Chloroflexi）5.28%、芽单胞菌门（Gemmatimonadetes）3.97%、Saccharibacteria 2.57%、浮霉菌门（Planctomycetes）2.23%、奇古菌门（Thaumarchaeota）1.57%、厚壁菌门（Firmicutes）1.39%、硝化螺旋菌门（Nitrospirae）1.13%和疣微菌门（Verrucomicrobia）1.08%，其余 11 个门相对丰度均低于 1%，共占 1.00%。

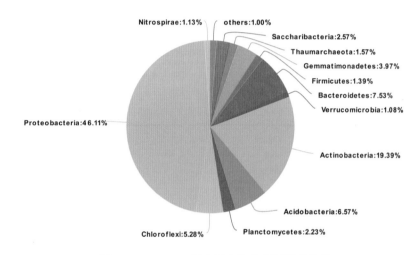

图 11-18　GZ-ZA 门水平上物种主要类群组成

在隶属的 148 个目中，相对丰度大于 0.1%的类群如图 11-19 所示，根瘤菌目（Rhizobiales）丰度最高，占 10.54%，其次为鞘脂单胞菌目（Sphingomonadales）9.03%。在现有数据库能注释到具体名称，且相对丰度大于 2%的类群有：黄单胞菌目（Xanthomonadales）7.90%、伯克氏菌目（Burkholderiales）7.77%、微球菌目（Micrococcales）7.57%、鞘脂杆菌目（Sphingobacteriales）5.99%、芽单胞菌目（Gemmatimonadales）3.96%、Gaiellales 2.61%、亚硝化单胞菌目（Nitrosomonadales）2.42%和 Solibacterales 2.07%。

在属水平进一步进行分析（图 11-20），在现有数据库注释到名称的类群中，鞘脂单胞菌属（*Sphingomonas*）的相对丰度最高，达到 7.10，其次为罗丹杆菌属（*Rhodanobacter*）2.75%和芽单胞菌属（*Gemmatimonas*）2.19%。相对丰度大于 1%的类群有：慢生根瘤菌属（*Bradyrhizobium*）2.04%、*Ramlibacter*（1.63%）、节杆菌属（*Arthrobacter*）1.45%、*Burkholderia-Paraburkholderia* 1.32%、马赛菌属（*Massilia*）1.31%、贪噬菌属（*Variovorax*）1.30%、*Bryobacter*（1.24%）、硝化螺旋菌属（*Nitrospira*）1.13%、假单胞菌属（*Pseudomonas*）1.07%和 *Rhizomicrobium* 1.01%，而雷尔氏菌属（*Ralstonia*）的相对丰度为 0.12%。

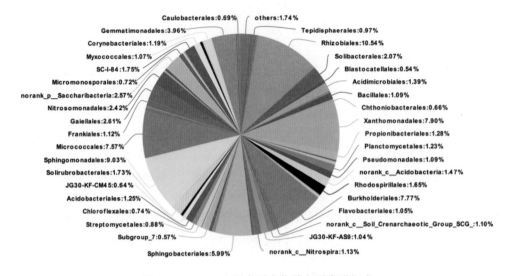

图 11-19　GZ-ZA 目水平上物种主要类群组成

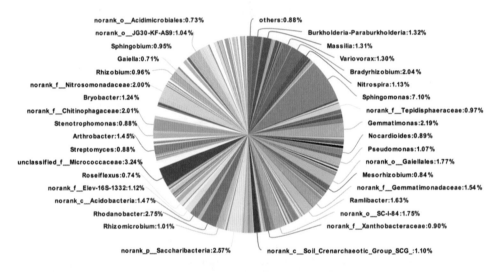

图 11-20　GZ-ZA 属水平上主要群落组成

11.4　贵州省铜仁市

11.4.1　德江县

1. 地理信息

采集地点详细信息：贵州省铜仁市德江县复兴镇堰盆村

经度：107°54′4.9″E

纬度：28°5′20″N

海拔：689 m

2. 气候条件

德江县属亚热带季风性湿润气候。

3. 种植及发病情况

发病地块三年前种植烟草，随后改种辣椒，2017 年种植烟草，种植品种为杂交品种，4 月 22 日移栽，6 月初发病。发病地块烟株大面积死亡，"半边疯"症状不明显；根部主根坏死，只有少量健康侧根和须根；茎秆症状不明显，叶柄处有黑点（图 11-21）。

图 11-21　田间病株照片

A. 发病中期烟株症状；B. 发病烟田整体情况；　C. 发病烟株根部症状

4. 菌株基本情况

分类地位：生化变种 3，演化型 I 序列变种 17。
菌落培养特性：在 TTC 平板上，菌落流动性强，白边较宽，中心呈浅红色（图 11-22）。

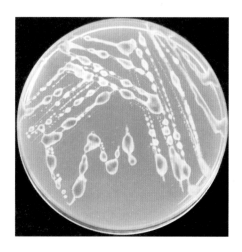

图 11-22　菌株 GZ-DJ-1 在 TTC 培养基上的生长情况

5. 土壤信息

土壤类型：砂质壤土
土壤 pH：5.20

土壤基本理化性质：有机质 26.94 g/kg，全氮 1.86 g/kg，全磷 0.89 g/kg，全钾 9.39 g/kg，碱解氮 148.21 mg/kg，有效磷 46.72 mg/kg，速效钾 340 mg/kg，交换性钙 1.068 g/kg，交换性镁 0.173 g/kg，有效铜 2.22 mg/kg，有效锌 4.10 mg/kg，有效铁 23.02 mg/kg，有效锰 69.46 mg/kg，有效硼 0.226 mg/kg，有效硫 30.58 mg/kg，有效氯 39.49 mg/kg，有效钼 0.230 mg/kg。

6. 根际微生物群落结构信息

对贵州省铜仁市德江县复兴镇堰盆村发病烟株根际土壤微生物进行 16S rRNA 测序分析，共鉴定出 3379 个 OTU（基于 97% 相似性），其中 3.55% 属于古菌，96.45% 属于细菌。所有 OTU 归属到 30 个门 74 个纲 156 个目 289 个科 560 个属，其中相对丰度≥1% 的门有 13 个（图 11-23）。放线菌门（Actinobacteria）26.01%、变形菌门（Proteobacteria）21.70% 和绿弯菌门（Chloroflexi）18.07% 为土壤优势类群，其次为酸杆菌门（Acidobacteria）8.63%、浮霉菌门（Planctomycetes）5.03%、Saccharibacteria 3.62%、奇古菌门（Thaumarchaeota）3.30%、疣微菌门（Verrucomicrobia）3.10%、拟杆菌门（Bacteroidetes）2.71%、厚壁菌门（Firmicutes）2.57%、芽单胞菌门（Gemmatimonadetes）2.11%、蓝藻菌门（Cyanobacteria）1.06% 和硝化螺旋菌门（Nitrospirae）1.25%，其余 17 个门相对丰度均低于 1%，共占 0.84%。

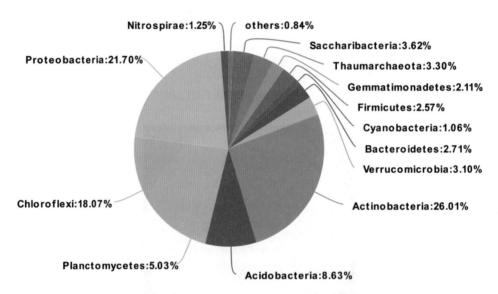

图 11-23 GZ-DJ 门水平上物种主要类群组成

在隶属的 156 个目中，相对丰度大于 0.1% 的类群如图 11-24 所示，微球菌目（Micrococcales）丰度最高，占 7.94%，其次为根瘤菌目（Rhizobiales）6.30% 和纤线杆菌目（Ktedonobacterales）5.23%。在现有数据库能注释到具体名称，且相对丰度大于 2% 的类群有：黄单胞菌目（Xanthomonadales）3.89%、Gaiellales 3.66%、弗兰克氏菌目（Frankiales）3.57%、酸杆菌目（Acidobacteriales）3.17%、浮霉菌目（Planctomycetales）3.02%、伯克氏菌目（Burkholderiales）2.82%、鞘脂杆菌目（Sphingobacteriales）2.45%、Solibacterales 2.29%、

Chthoniobacterales 2.19%、土壤红杆菌目（Solirubrobacterales）2.11% 和芽单胞菌目（Gemmatimonadales）2.11%。

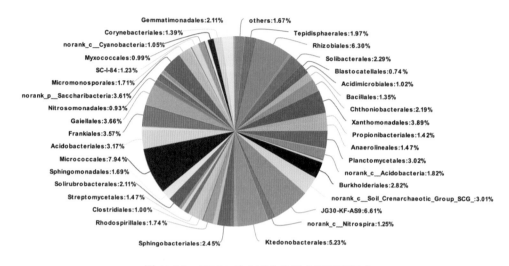

图 11-24　GZ-DJ 目水平上物种主要类群组成

在属水平进一步进行分析（图 11-25），在现有数据库注释到名称的类群中，热酸菌属（Acidothermus）1.92%，其次为水恒杆菌属（Mizugakiibacter）的相对丰度最高，达到 1.54%，相对丰度大于 1% 的类群有：链霉菌属（Streptomyces）1.47%、硝化螺旋菌属（Nitrospira）1.25%、Bryobacter 1.23%、分枝杆菌属（Mycobacterium）1.22%、Oryzihumus 1.20%、芽单胞菌属（Gemmatimonas）1.20%、鞘脂单胞菌属（Sphingomonas）1.11%、慢生根瘤菌属（Bradyrhizobium）1.09%、罗丹杆菌属（Rhodanobacter）1.04%，而雷尔氏菌属（Ralstonia）的相对丰度为 0.18%。

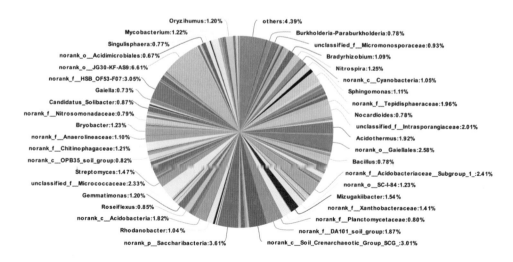

图 11-25　GZ-DJ 属水平上主要群落组成

11.4.2 石阡县

1. 地理信息

采集地点详细信息：贵州省铜仁市石阡县石固乡平坝村
经度：108°28′01″E
纬度：27°34′50.1″N
海拔：716 m

2. 气候条件

石阡县属亚热带湿润季风气候。

3. 种植及发病情况

发病地块已连作烟草至少 5 年，2017 年烟草种植品种为云烟 87，4 月 25 日移栽，6 月初开始发病。该地施用了枯草芽孢杆菌和油菜籽粉，青枯病发病时烟叶萎蔫皱缩，叶柄处有黑点，茎秆无明显症状(图 11-26)。

图 11-26　田间病株照片

A. 发病烟田整体情况；B. 发病早期烟株症状

4. 菌株基本情况

分类地位：生化变种 3，演化型 I 序列变种 17。
菌落培养特性：在 TTC 平板上，菌落流动性强，白边较宽，中心呈浅红色(图 11-27)。

5. 土壤信息

土壤类型：砂质壤土
土壤 pH：4.40
土壤基本理化性质：有机质 39.66 g/kg，全氮 2.62 g/kg，全磷 1.05 g/kg，全钾 14.04 g/kg，碱解氮 200.42 mg/kg，有效磷 68.81 mg/kg，速效钾 830 mg/kg，交换性钙 1.250 g/kg，交换性

镁 0.187 g/kg, 有效铜 2.11 mg/kg, 有效锌 2.54 mg/kg, 有效铁 14.16 mg/kg, 有效锰 60.18 mg/kg, 有效硼 0.309 mg/kg, 有效硫 48.05 mg/kg, 有效氯 43.47 mg/kg, 有效钼 0.335 mg/kg。

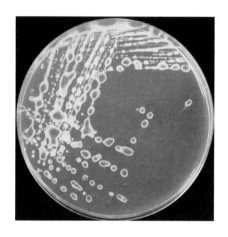

图 11-27 菌株 GZ-SQ-1 在 TTC 培养基上的生长情况

6. 根际微生物群落结构信息

对贵州省铜仁市石阡县石固乡平坝村发病烟株根际土壤微生物进行 16S rRNA 测序分析, 共鉴定出 2788 个 OTU(基于 97% 相似性), 其中 2.69% 属于古菌, 97.29% 属于细菌。所有 OTU 归属到 27 个门 69 个纲 141 个目 268 个科 518 个属, 其中相对丰度≥1% 的门有 11 个(图 11-28)。变形菌门(Proteobacteria)34.61% 和放线菌门(Actinobacteria)27.11% 为土壤优势菌群, 其次为绿弯菌门(Chloroflexi)13.40%、酸杆菌门(Acidobacteria)5.47%、浮霉菌门(Planctomycetes)4.85%、拟杆菌门(Bacteroidetes)2.62%、厚壁菌门(Firmicutes)2.60%、Saccharibacteria 2.20%、奇古菌门(Thaumarchaeota)2.05%、疣微菌门(Verrucomicrobia)1.52% 和芽单胞菌门(Gemmatimonadetes)1.39%, 其余 16 个门相对丰度均低于 1%, 共占 2.18%。

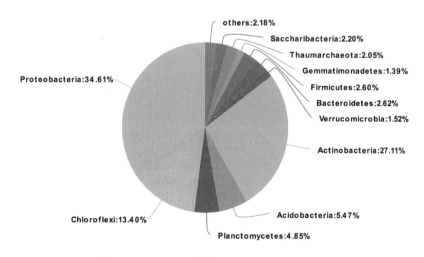

图 11-28 GZ-SQ 门水平上物种主要类群组成

在隶属的 141 个目中，相对丰度大于 0.1% 的类群如图 11-29 所示，黄单胞菌目（Xanthomonadales）丰度最高，占 9.16%，其次为微球菌目（Micrococcales）6.68%。在现有数据库能注释到具体名称，且相对丰度大于 2% 的类群有：根瘤菌目（Rhizobiales）5.28%、浮霉菌目（Planctomycetales）5.06%、伯克氏菌目（Burkholderiales）5.05%、弗兰克氏菌目（Frankiales）4.85%、Gaiellales 3.86%、Tepidisphaerales 3.77%、鞘脂单胞菌目（Sphingomonadales）3.06%、土壤红杆菌目（Solirubrobacterales）2.80%、鞘脂杆菌目（Sphingobacteriales）2.77%、纤线杆菌目（Ktedonobacterales）2.68%、酸杆菌目（Acidobacteriales）2.67%、Solibacterales 2.27%、红螺菌目（Rhodospirillales）2.07% 和芽单胞菌目（Gemmatimonadales）2.04%。

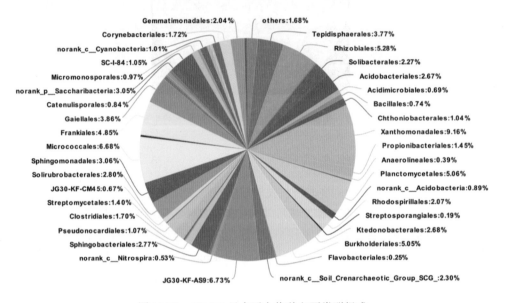

图 11-29　GZ-SQ 目水平上物种主要类群组成

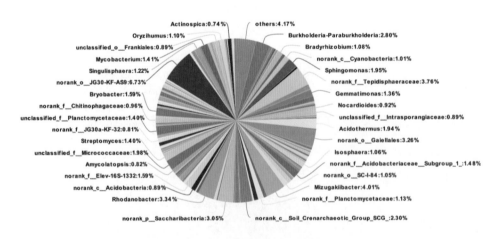

图 11-30　GZ-SQ 属水平上主要群落组成

在属水平进一步进行分析（图 11-30），在现有数据库注释到名称的类群中，水恒杆菌属（*Mizugakiibacter*）的相对丰度最高，达到 4.01%，其次为罗丹杆菌属（*Rhodanobacter*）3.34%，相对丰度大于 1% 的类群有：*Burkholderia-Paraburkholderia* 2.80%、鞘脂单胞菌属（*Sphingomonas*）1.95%、热酸菌属（*Acidothermus*）1.94%、*Bryobacter* 1.59%、分枝杆菌属（*Mycobacterium*）1.41%、链霉菌属（*Streptomyces*）1.40%、芽单胞菌属（*Gemmatimonas*）1.36%、*Singulisphaera* 1.22%、*Oryzihumus* 1.10%、慢生根瘤菌属（*Bradyrhizobium*）1.08%、*Isosphaera* 1.06%，而雷尔氏菌属（*Ralstonia*）的相对丰度为 0.27%。

11.5　贵州省黔东南苗族侗族自治州

11.5.1　天柱县

1. 地理信息

采集地点详细信息：贵州省黔东南苗族侗族自治州天柱县社学乡金山村
经度：109°15′17.6″E
纬度：26°56′42.3″N
海拔：586 m

2. 气候条件

天柱县属亚热带季风气候。

3. 种植及发病情况

发病地块 2012 年以前种植烟草，然后闲置，2017 年又开始种植烟草，种植品种为云烟 87，4 月 25 日移栽，6 月初发病，取样时为发病后期。烟草青枯病发病症状典型，茎秆部位黄色条斑明显，严重时病斑变褐直至烟株顶部；下部叶片已采收，上部叶片发黄萎蔫边缘焦枯（图 11-31）。

图 11-31　田间病株照片

A. 发病烟田整体情况；B. 发病中期烟株症状

4. 菌株基本情况

分类地位：生化变种 3，演化型 I 序列变种 44。

菌落培养特性：在 TTC 平板上，菌落流动性强，白边较宽，中心呈浅红色（图 11-32）。

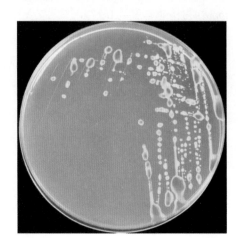

图 11-32　菌株 GZ-TZ-1 在 TTC 培养基上的生长情况

5. 土壤信息

土壤类型：粉砂壤土

土壤 pH：5.00

土壤基本理化性质：有机质 32.95 g/kg，全氮 1.85 g/kg，全磷 0.92 g/kg，全钾 6.11 g/kg，碱解氮 163.37 mg/kg，有效磷 48.48 mg/kg，速效钾 410 mg/kg，交换性钙 1.402 g/kg，交换性镁 0.163 g/kg，有效铜 2.01 mg/kg，有效锌 5.02 mg/kg，有效铁 19.96 mg/kg，有效锰 58.83 mg/kg，有效硼 0.247 mg/kg，有效硫 40.19 mg/kg，有效氯 55.27 mg/kg，有效钼 0.308 mg/kg。

6. 根际微生物群落结构信息

对贵州省黔东南苗族侗族自治州天柱县社学乡金山村发病烟株根际土壤微生物进行 16S rRNA 测序分析，共鉴定出 3702 个 OTU（基于 97% 相似性），其中 0.77% 属于古菌，99.23% 属于细菌。所有 OTU 归属到 30 个门 74 个纲 153 个目 295 个科 575 个属，其中相对丰度≥1% 的门有 12 个（图 11-33）。变形菌门（Proteobacteria）31.62% 和放线菌门（Actinobacteria）20.38% 为土壤优势类群，其次为酸杆菌门（Acidobacteria）11.21%、绿弯菌门（Chloroflexi）11.10%、浮霉菌门（Planctomycetes）6.01%、拟杆菌门（Bacteroidetes）4.27%、芽单胞菌门（Gemmatimonadetes）3.44%、疣微菌门（Verrucomicrobia）3.19%、奇古菌门（Thaumarchaeota）2.51%、Saccharibacteria 1.86%、厚壁菌门（Firmicutes）1.35%、硝化螺旋菌门（Nitrospirae）1.02%，其余 18 个门相对丰度均低于 1%，共占 2.04%。

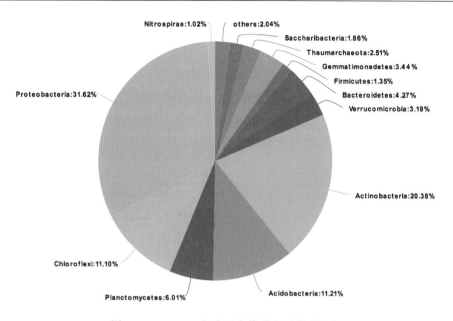

图 11-33　GZ-TZ 门水平上物种主要类群组成

在隶属的 153 个目中，相对丰度大于 0.1%的类群如图 11-34 所示，根瘤菌目 (Rhizobiales)丰度最高，占 9.35%，其次为微球菌目(Micrococcales)5.38%和伯克氏菌目 (Burkholderiales)5.23%。在现有数据库能注释到具体名称，且相对丰度大于 2%的类群有： 黄 单 胞 菌 目 (Xanthomonadales)5.17% 、 Solibacterales 4.28% 、 纤 线 杆 菌 目 (Ktedonobacterales)3.97%、鞘脂杆菌目(Sphingobacteriales)3.71%、Tepidisphaerales 3.57%、 芽单胞菌目(Gemmatimonadales)3.42%、Gaiellales 3.32%、弗兰克氏菌目(Frankiales)3.28%、 酸杆菌目(Acidobacteriales)2.53% 、 浮霉菌目(Planctomycetales)2.36% 、 鞘脂单胞菌目 (Sphingomonadales)2.20%和红螺菌目(Rhodospirillales)2.15%。

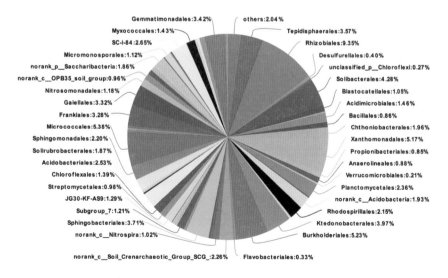

图 11-34　GZ-TZ 目水平上物种主要类群组成

在属水平进一步进行分析(图 11-35),在现有数据库注释到名称的类群中,热酸菌属(*Acidothermus*)的相对丰度最高,达到 2.25%,其次为慢生根瘤菌属(*Bradyrhizobium*)1.74%和芽单胞菌属(*Gemmatimonas*)1.73%。相对丰度大于 1%的类群有:鞘脂单胞菌属(*Sphingomonas*)1.71%、*Variibacter* 1.71%、*Bryobacter* 1.50%、玫瑰弯菌属(*Roseiflexus*)1.37%、*Rhizomicrobium* 1.09%、*Burkholderia-Paraburkholderia* 1.02%和硝化螺旋菌属(*Nitrospira*)1.02%,而雷尔氏菌属(*Ralstonia*)的相对丰度为 1.38%。

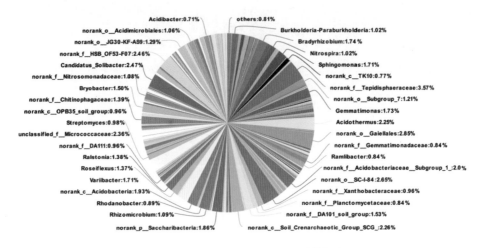

图 11-35　GZ-TZ 属水平上主要群落组成

11.6　贵州省黔南布依族苗族自治州

11.6.1　瓮安县

1. 地理信息

采集地点详细信息:贵州省黔南布依族苗族自治州瓮安县天文镇天文村
经度:107°25′31.1″E
纬度:27°18′13.4″N
海拔:610 m

2. 气候条件

瓮安县属亚热带湿润季风气候。

3. 种植及发病情况

发病地块 2015 年以前种植烟草,然后闲置,2017 年又开始种植烟草,种植品种为云烟 116,4 月 21 日移栽,6 月 27 日发病。该地青枯病发生严重,茎秆部位黄色条斑明显,严重时病斑变褐;叶片整片发黄萎蔫,伴有严重叶部病害发生(图 11-36)。

图 11-36　田间病株照片

A. 发病烟田整体情况；B-C. 发病中期烟株症状

4. 菌株基本情况

分类地位：生化变种 3，演化型 I 序列变种 17。

菌落培养特性：在 TTC 平板上，菌落流动性强，白边较宽，中心呈浅红色（图 11-37）。

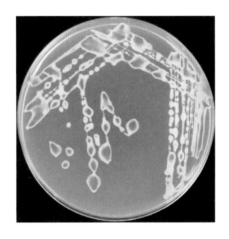

图 11-37　菌株 GZ-WA-1 在 TTC 培养基上的生长情况

5. 土壤信息

土壤类型：砂质壤土

土壤 pH：5.10

土壤基本理化性质：有机质 37.79 g/kg，全氮 2.29 g/kg，全磷 0.74 g/kg，全钾 7.00 g/kg，碱解氮 178.53 mg/kg，有效磷 30.69 mg/kg，速效钾 240 mg/kg，交换性钙 1.995 g/kg，交换性镁 0.285 g/kg，有效铜 1.84 mg/kg，有效锌 4.53 mg/kg，有效铁 33.02 mg/kg，有效锰 76.89 mg/kg，有效硼 0.328 mg/kg，有效硫 11.36 mg/kg，有效氯 34.20 mg/kg，有效钼 0.309 mg/kg。

6. 根际微生物群落结构信息

对贵州省黔南布依族苗族自治州瓮安县天文镇天文村发病烟株根际土壤微生物进行

16S rRNA 测序分析，共鉴定出 3080 个 OTU（基于 97%相似性），其中 3.32%属于古菌，96.67%属于细菌。所有 OTU 归属到 27 个门 71 个纲 148 个目 290 个科 558 个属，其中相对丰度≥1%的门有 11 个（图 11-38）。变形菌门（Proteobacteria）29.58%、放线菌门（Actinobacteria）22.26%和酸杆菌门（Acidobacteria）15.10%为土壤优势菌群，其次为绿弯菌门（Chloroflexi）8.35%、芽单胞菌门（Gemmatimonadetes）4.92%、浮霉菌门（Planctomycetes）4.82%、奇古菌门（Thaumarchaeota）4.06%、拟杆菌门（Bacteroidetes）2.97%、疣微菌门（Verrucomicrobia）2.57%、厚壁菌门（Firmicutes）1.69%、硝化螺旋菌门（Nitrospirae）1.33%和，其余 16 个门相对丰度均低于 1%，共占 2.35%。

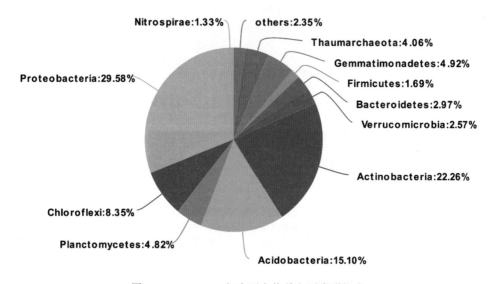

图 11-38　GZ-WA 门水平上物种主要类群组成

　　在隶属的 148 个目中，相对丰度大于 0.1%的类群如图 11-39 所示，根瘤菌目（Rhizobiales）丰度最高，占 10.60%，其次为微球菌目（Micrococcales）8.57%。在现有数据库能注释到具体名称，且相对丰度大于 2%的类群有：Gaiellales 4.26%、芽单胞菌目（Gemmatimonadales）4.22%、丙酸杆菌目（Propionibacteriales）3.60%、黄单胞菌目（Xanthomonadales）3.37%、Solibacterales 3.19%、土壤红杆菌目（Solirubrobacterales）2.93%、弗兰克氏菌目（Frankiales）2.89%、鞘脂杆菌目（Sphingobacteriales）2.72%、酸杆菌目（Acidobacteriales）2.64%、鞘脂单胞菌目（Sphingomonadales）2.49%、红螺菌目（Rhodospirillales）2.44%、Tepidisphaerales 2.23%、亚硝化单胞菌目（Nitrosomonadales）2.12%和伯克氏菌目（Burkholderiales）2.19%。

　　在属水平进一步进行分析（图 11-40），在现有数据库注释到名称的类群中，鞘脂单胞菌属（Sphingomonas）相对丰度最高，达到 2.14%，其次为芽单胞菌属（Gemmatimonas）1.94%和类诺卡氏属（Nocardioides）1.94%。相对丰度大于 1%的类群有：玫瑰弯菌属（Roseiflexus）1.74%、Bryobacter 1.72%、水恒杆菌属（Mizugakiibacter）1.45%、慢生根瘤菌属（Bradyrhizobium）1.44%、热酸菌属（Acidothermus）1.43%、节杆菌属（Arthrobaoter）1.25%、Candidatus-Solibacter 1.19%和硝化螺旋菌属（Nitrospira）1.06%，而雷尔氏菌属（Ralstonia）

的相对丰度为 0.13%。

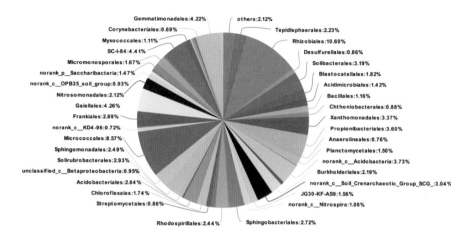

图 11-39 GZ-WA 目水平上物种主要类群组成

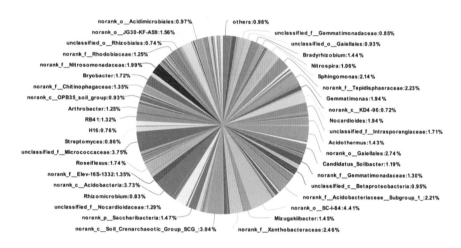

图 11-40 GZ-WA 属水平上主要群落组成

11.6.2 福泉市

1. 地理信息

采集地点详细信息：贵州省黔南布依族苗族自治州福泉市陆坪镇福兴村

经度：107°38′39.9″E

纬度：26°45′43.2″N

海拔：852 m

2. 气候条件

福泉市属亚热带季风气候。

3. 种植及发病情况

发病地块烟草与玉米轮作已 10 年，2017 年烟草种植品种为云烟 85，4 月 15 日移栽，5 月 2 日发病。该地青枯病发生严重，茎秆部位黄色条斑明显，严重时病斑变褐；普遍有叶部病害发生，叶片发黄(图 11-41)。

图 11-41　田间病株照片

A. 发病烟田整体情况；B-C. 发病中期烟株症状

4. 菌株基本情况

分类地位：生化变种 3，演化型 I 序列变种 17。
菌落培养特性：在 TTC 平板上，菌落流动性强，白边较宽，中心呈浅红色(图 11-42)。

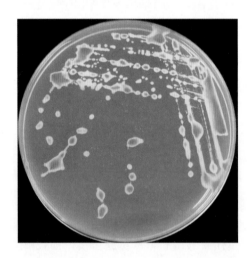

图 11-42　菌株 GZ-FQ-3 在 TTC 培养基上的生长情况

5. 土壤信息

土壤类型：粉砂壤土
土壤 pH：4.70
土壤基本理化性质：有机质 30.89 g/kg，全氮 1.65 g/kg，全磷 0.75 g/kg，全钾 3.41 g/kg，

碱解氮 144.84 mg/kg，有效磷 30.89 mg/kg，速效钾 200 mg/kg，交换性钙 0.901 g/kg，交换性镁 0.114 g/kg，有效铜 1.70 mg/kg，有效锌 3.80 mg/kg，有效铁 2.16 mg/kg，有效锰 148.76 mg/kg，有效硼 0.243 mg/kg，有效硫 30.58 mg/kg，有效氯 43.47 mg/kg，有效钼 0.303 mg/kg。

6. 根际微生物群落结构信息

对贵州省黔南布依族苗族自治州福泉市陆坪镇福兴村发病烟株根际土壤微生物进行 16S rRNA 测序分析，共鉴定出 2597 个 OTU（基于 97%相似性），其中 2.53%属于古菌，97.41%属于细菌。所有 OTU 归属到 26 个门 64 个纲 141 个目 279 个科 548 个属，其中相对丰度≥1%的门有 11 个（图 11-43）。变形菌门（Proteobacteria）27.27%和放线菌门（Actinobacteria）22.86%，为土壤优势菌群，其次为酸杆菌门（Acidobacteria）13.86%、绿弯菌门（Chloroflexi）12.50%、浮霉菌门（Planctomycetes）6.97%、厚壁菌门（Firmicutes）4.51%、疣微菌门（Verrucomicrobia）2.44%、芽单胞菌门（Gemmatimonadetes）2.22%、拟杆菌门（Bacteroidetes）2.03%、奇古菌门（Thaumarchaeota）1.80%和 Saccharibacteria 1.72%，其余 15 个门相对丰度均低于 1%，共占 1.82%。

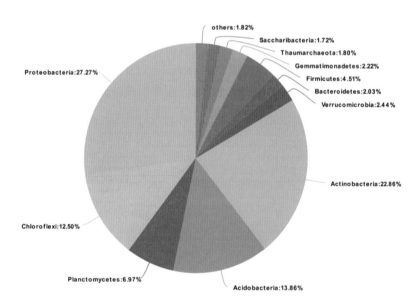

图 11-43　GZ-FQ 门水平上物种主要类群组成

在隶属的 128 个目中，相对丰度大于 0.1%的类群如图 11-44 所示，微球菌目（Micrococcales）丰度最高，占 14.41%，其次为酸杆菌目（Acidobacteriales）7.60%。丰度大于 2%的类群有：根瘤菌目（Rhizobiales）6.33%、黄单胞菌目（Xanthomonadales）6.19%、伯克氏菌目（Burkholderiales）5.98%、纤线杆菌目（Ktedonobacterales）3.96%、芽孢杆菌目（Bacillales）3.67%、弗兰克氏菌目（Frankiales）2.69%、红螺菌目（Rhodospirillales）2.48%、浮霉菌目（Planctomycetales）2.43%、Tepidisphaerales 2.34%、Solibacterales 2.25%、Gaiellales 2.07%和芽单胞菌目（Gemmatimonadales）2.06%。

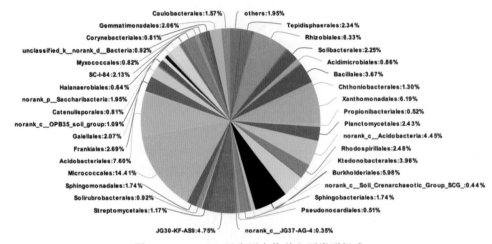

图 11-44　GZ-FQ 目水平上物种主要类群组成

在属水平进一步进行分析(图 11-45),在现有数据库注释到名称的类群中,节杆菌属(*Arthrobacter*)相对丰度最高,达到 5.99%,其次为 *Burkholderia-Paraburkholderia* 2.74%、热酸菌属(*Acidothermus*)2.45%。相对丰度大于 1%的类群有:*Acidibacter* 1.77%、*Oryzihumus* 1.66%、罗丹杆菌属(*Rhodanobacter*)1.64%、慢生根瘤菌属(*Bradyrhizobium*)1.55%、*Bryobacter* 1.43%、芽孢杆菌属(*Bacillus*)1.38%、水恒杆菌属(*Mizugakiibacter*)1.31%、鞘脂单胞菌属(*Sphingomonas*)1.29%、链霉菌属(*Streptomyces*)1.23%、*Phenylobacterium* 1.13%、*Candlsatus-Solibacter* 1.06%和 *Variibacter* 1.05%,而雷尔氏菌属(*Ralstonia*)的相对丰度为 0.80%。

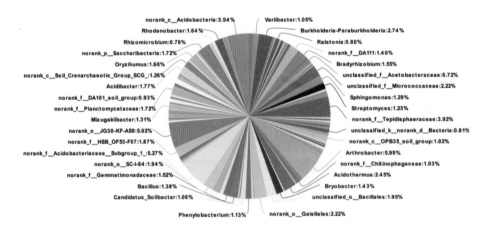

图 11-45　GZ-FQ 属水平上主要群落组成

11.6.3　独山县

1. 地理信息

采集地点详细信息:贵州省黔南布依族苗族自治州独山县基长镇茶亭村

经度：107°41′11.6″E

纬度：25°42′19.6″N

海拔：893 m

2. 气候条件

独山县属亚热带湿润季风气候。

3. 种植及发病情况

发病地块 6 年前种植烟草，然后种植玉米，2017 年又开始种植烟草，种植品种为云烟 87，4 月 18 日移栽，7 月 15 日发病。该地青枯病发生典型，茎秆部位黄色条斑明显，严重时病斑变褐；叶片有明显的半边萎蔫症状，严重时整株萎蔫(图 11-46)。

图 11-46　田间病株照片

A. 发病烟田整体情况；B. 发病早期烟株症状；C. 发病后期烟株症状

4. 菌株基本情况

分类地位：生化变种 3，演化型 I 序列变种 34。

菌落培养特性：在 TTC 平板上，菌落流动性强，白边较宽，中心呈浅红色(图 11-47)。

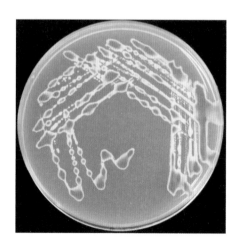

图 11-47　菌株 GZ-DS-1 在 TTC 培养基上的生长情况

5. 土壤信息

土壤类型：粉砂壤土

土壤 pH：4.70

土壤基本理化性质：有机质 34.22 g/kg，全氮 2.05 g/kg，全磷 0.93 g/kg，全钾 7.54 g/kg，碱解氮 195.37 mg/kg，有效磷 58.65 mg/kg，速效钾 280 mg/kg，交换性钙 0.713 g/kg，交换性镁 0.122 g/kg，有效铜 1.76 mg/kg，有效锌 3.77 mg/kg，有效铁 10.56 mg/kg，有效锰 148.97 mg/kg，有效硼 0.249 mg/kg，有效硫 24.46 mg/kg，有效氯 52.68 mg/kg，有效钼 0.300 mg/kg。

6. 微生态信息

对贵州省黔南布依族苗族自治州独山县基长镇茶亭村发病烟株根际土壤微生物进行 16S rRNA 测序分析，共鉴定出 2947 个 OTU（基于 97% 相似性），其中 99.32% 属于细菌，其余 0.68% 为古生菌。所有 OTU 归属到 29 个门 65 个纲 137 个目 274 个科 549 个属，其中相对丰度≥1% 的门有 10 个（图 11-48）。变形菌门（Proteobacteria）42.29% 和放线菌门（Actinobacteria）22.98% 为土壤优势菌群，其次为酸杆菌门（Acidobacteria）8.40%、绿弯菌门（Chloroflexi）7.75%、拟杆菌门（Bacteroidetes）5.10%、浮霉菌门（Planctomycetes）3.61%、Saccharibacteria 2.64%、芽单胞菌门（Gemmatimonadetes）2.13%、厚壁菌门（Firmicutes）2.15% 和疣微菌门（Verrucomicrobia）1.21%，其余 19 个门相对丰度均低于 1%，共占 1.74%。

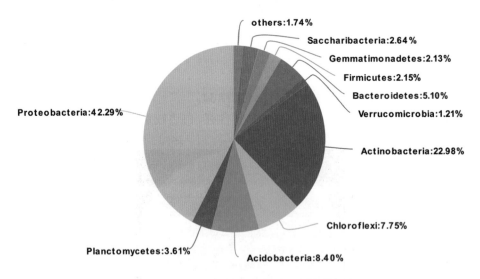

图 11-48　GZ-DS 门水平上物种主要类群组成

在隶属的 137 个目中，相对丰度大于 0.1% 的类群如图 11-49 所示，黄单胞菌目（Xanthomonadales）丰度最高，占 14.18%，其次为根瘤菌目（Rhizobiales）8.83%、微球菌目（Micrococcales）7.40%、伯克氏菌目（Burkholderiales）6.27%。在现有数据库能注释到具体名称，且相对丰度大于 2% 的类群有：鞘脂杆菌目（Sphingobacteriales）4.09%、弗兰克氏菌目（Frankiales）3.74%、酸杆菌目（Acidobacteriales）3.72%、红螺菌目（Rhodospirillales）3.24%、鞘脂单胞菌目（Sphingomonadales）2.88%、Solibacterales 2.84%、芽单胞菌目（Gemmatimonadales）2.06%和棒杆菌目（Corynebacteriales）2.03%。

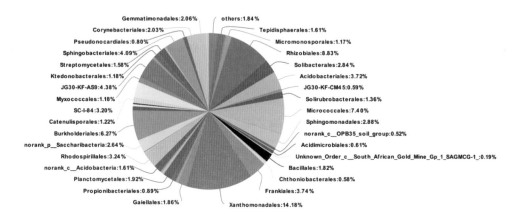

图 11-49　GZ-DS 目水平上物种主要类群组成

在属水平进一步进行分析（图 11-50），在现有数据库注释到名称的类群中，罗丹杆菌属（*Rhodanobacter*）的相对丰度最高，达到 4.11%，相对丰度高于 1%的类群有：水恒杆菌属（*Mizugakiibacter*）3.77%、节杆菌属（*Arthrobacter*）3.30%、热酸菌属（*Acidothermus*）2.54%、*Burkholderia-Paraburkholderia* 2.47%、*Acidibacter* 2.22%、慢生根瘤菌属（*Bradyrhizobium*）2.10%、*Bryobacter* 2.08%、寡养单胞菌属（*Stenotrophomonas*）1.96%、鞘脂单胞菌属（*Sphingomonas*）1.93%、链霉菌属（*Streptomyces*）1.58%和分枝杆菌属（*Mycobacterium*）1.24%，而雷尔氏菌属（*Ralstonia*）的相对丰度为 1.26%。

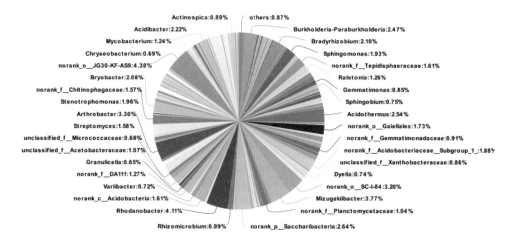

图 11-50　GZ-DS 属水平上主要群落组成

对贵州省不同地区所采集的青枯病发病烟株根际细菌群落结构进行分析,在门水平上 (图 11-51), 根际细菌主要组成类群有: 变形菌门(Proteobacteria)、放线菌门 (Actinobacteria)、酸杆菌门(Acidobacteria)、绿弯菌门(Chloroflexi)和拟杆菌门 (Bacteroidetes)等,不同地区的主要群落组成差异不大,但是相对丰度上存在显著差异。 在属水平上,不同地区的组成差异如图 11-52 所示,在总丰度排名前 50 的物种中,开阳 县水恒杆菌属(*Mizugakiibacter*)、瓮安县寡养单胞菌属(*Stenotrophomonas*)的相对丰度显著 低于其他地区;所采集的贵州省 10 个地区的发病土样雷尔氏菌属(*Ralstonia*)的相对丰度 没有显著的差异,其中瓮安县的相对丰度最低。

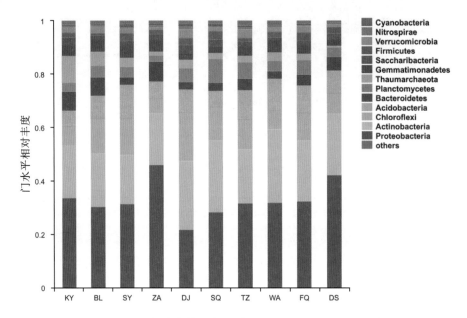

图 11-51 贵州烟区烟草青枯病发病烟株根际细菌门水平上主要类群组成

注:KY-开阳县;BL-兴仁县巴铃镇;SY-绥阳县;ZA-正安县;DJ-德江县;SQ-石阡县;
TZ-天柱县;WA-瓮安县;FQ-福泉市;DS-独山县;下同。

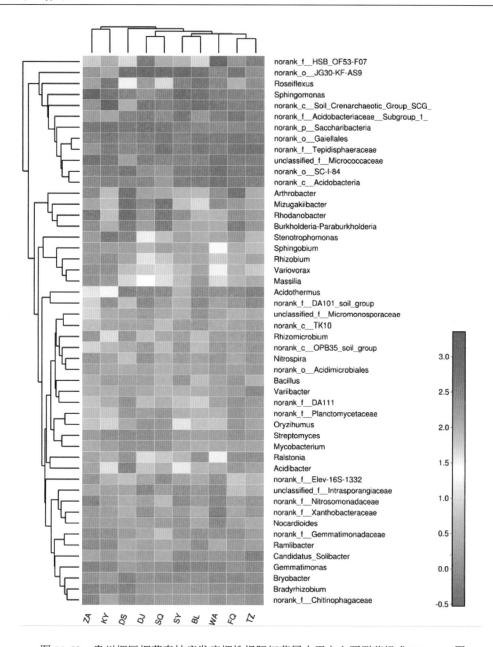

图 11-52　贵州烟区烟草青枯病发病烟株根际细菌属水平上主要群落组成 Heatmap 图

（总丰度排名前 50 的物种）

第12章　重庆烟区

12.1　武　隆　区

1. 地理信息

采集地点详细信息：重庆市武隆区和顺镇青木池村
经度：107°24′35″E
纬度：29°23′17″N
海拔：1084 m

2. 气候条件

武隆区属亚热带湿润季风气候，气候温湿，四季分明。年平均气温 15～18℃。海拔800 m 以上的山区，每年约有 5 个月的多雨季节，雨雾蒙蒙，日照少，气温低，霜期长，秋风冷露对农作物生长影响较大；在 600 m 以下的地区，易遭旱灾。山上山下温差 10℃左右，立体气候较显著。

3. 种植及发病情况

2017 年 7 月采集地种植品种为云烟 97，该年烟草移栽日期为 5 月 12 日，该地块连作烟草 20 年以上，其间偶尔间断。6 月初开始发病；7 月中下旬，大部分病级为 3 级及以下。田间青枯病发病的症状表现为：①发病烟株烟叶半边萎蔫坏死，表现出明显的"半边疯"症状；②茎部出现黄色条斑，随着病情加重，变褐坏死；③根系部分主根出现明显的变黑症状(图 12-1)。

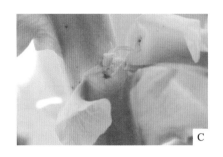

图 12-1　田间病株照片

A. 采样地整体发病情况；B. 发病烟株茎秆黑斑；C. 发病初期叶柄基部维管束变褐；D. 发病烟株根部

4. 菌株基本情况

分类地位：生化变种 3，演化型 I 序列变种 54。

菌落培养特性：在 TTC 平板上，菌落流动性强，白边较宽，中心呈浅红色（图 12-2）。

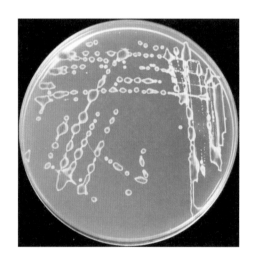

图 12-2　菌株 CQ-WL-1 在 TTC 培养基上的生长情况

5. 土壤信息

土壤类型：粉砂壤土

土壤 pH：5.00

土壤基本理化性质：有机质 27.39 g/kg，全氮 1.69 g/kg，全磷 1.11 g/kg，全钾 11.15 g/kg，碱解氮 148.21 mg/kg，有效磷 63.93 mg/kg，速效钾 610 mg/kg，交换性钙 1.247 g/kg，交换性镁 0.084 g/kg，有效铜 1.25 mg/kg，有效锌 10.39 mg/kg，有效铁 4.97 mg/kg，有效锰 187.54 mg/kg，有效硼 0.250 mg/kg，有效硫 67.28 mg/kg，有效氯 32.59 mg/kg，有效钼 0.349 mg/kg。

6. 根际微生物群落结构信息

对重庆武隆地区发病烟株根际土壤微生物通过 16S rRNA 测序分析，共检测出 3751 个 OTU，均为细菌种群，包括 28 个门 65 个纲 142 个目 285 个科 570 个属。在门水平至少隶属于 28 个不同的细菌门，其相对丰度≥1%的共 9 个门(图 12-3)，在门水平上，从已检测出的物种信息可知，变形菌门(Proteobacteria)成为主要类群，占 46.03%，其次是放线菌门(Actinobacteria)21.05%、绿弯菌门(Chloroflexi)9.33%、酸杆菌门(Acidobacteria)6.93%、芽单胞菌门(Gemmatimonadetes)3.47%、拟杆菌门(Bacteroidetes)3.16%、Saccharibacteria 2.56%、厚壁菌门(Firmicutes)1.78%、浮霉菌门(Planctomycetes)1.63%和疣微菌门(Verrucomicrobia)1.07%。其余 18 个门所占比例均低于 1%，共占 1.30%。

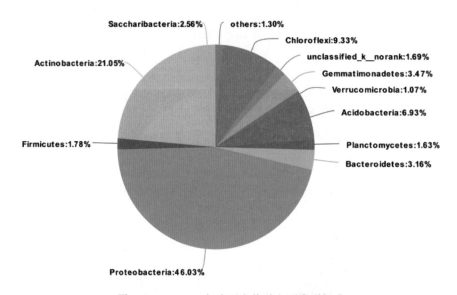

图 12-3　CQ-WL 门水平上物种主要类群组成

在隶属的 142 个目中，相对丰度大于 0.1%的类群如图 12-4 所示，黄单胞菌目(Xanthomonadales)的相对丰度最高，占 12.45%，其次是伯克氏菌目(Burkholderiales)、微球菌目(Micrococcales)和根瘤菌目(Rhizobiales)，分别占 12.40%、7.32%和 7.10%。在现有数据库能注释到具体名称，且相对丰度大于 2%的类群有：鞘脂单胞菌目(Sphingomonadales)5.01%、芽单胞菌目(Gemmatimonadales)3.46%、Gaiellales 3.24%、鞘脂杆菌目(Sphingobacteriales)3.05%、Solibacterales 2.78%、弗兰克氏菌目(Frankiales)2.66%和红螺菌目(Rhodospirillales)2.41%。

在属水平进一步进行分析(图 12-5)，在现有数据库注释到名称的类群中，雷尔氏菌属(*Ralstonia*)的丰度最高达到了 6.38%，是武隆地区烟草青枯病发病严重的主要因素。其次为罗丹杆菌属(*Rhodanobacter*)和水恒杆菌属(*Mizugakiibacter*)的相对丰度最高，分别占有 4.31%和 3.68%，相对丰度大于 1%的类群有：*Pseudarthrobacter* 3.40%、鞘脂单胞菌属(*Sphingomonas*)3.01%、*Burkholderia-Paraburkholderia* 2.68%、寡养单胞菌属(*Stenotrophomonas*)

2.31%、链霉菌属（*Streptomyces*）1.68%、*Bryobacter* 1.62%、鞘脂菌属（*Sphingobium*）1.56%、慢生根瘤菌属（*Bradyrhizobium*）1.44%和芽单胞菌属（*Gemmatimonas*）1.08%。

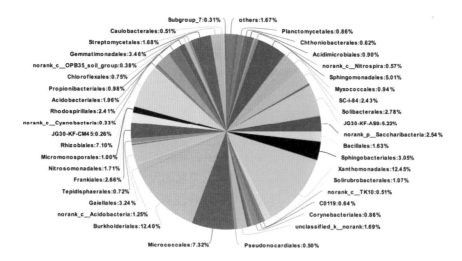

图 12-4　CQ-WL 目水平上物种主要类群组成

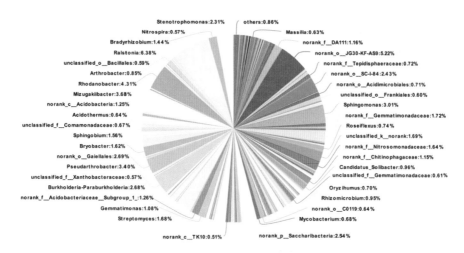

图 12-5　CQ-WL 属水平上物种主要类群组成

12.2　彭水苗族土家族自治县

1. 地理信息

采集地点详细信息：重庆市彭水苗族土家族自治县润溪镇白果坪

经度：107°56′29.06″E

纬度：29°8′5.11″N

海拔：1185 m

2. 气候条件

彭水苗族土家族自治县属中亚热带湿润季风气候区。年平均气温 17.50℃，年平均降水量 1104.20 mm，年均蒸发量 950.40 mm，年均气压 9.79×10⁴ Pa，无霜期 311 d。气候温和，雨量充沛多集中在春夏季，光照偏少云雾多，春季冷空气活动频繁，多夜雨，夏季多伏旱，常有酷暑，秋季多绵雨，冬季少雪，日均温在 0℃以上。低中山区受山脊和云雾阻挡，年日照时数要比平坝约少四分之一。

3. 种植及发病情况

取样地块连作烟草 5 年，无轮作、间作。2017 年种植品种为云烟 87，移栽时间 6 月 3～4 日。田间烟株整体处于团棵转旺长期，田间无明显的发病中心，青枯病发病率约 13%，均为初发病，病级一级，发病株多为底部 1～3 片叶发病，叶片下部一侧变黄凋萎，无褐色网状纹（图 12-6）。

图 12-6　田间病株照片

A. 采集地块整体情况；B. 发病早期烟株症状；C. 叶片褪绿变黄，无褐色网纹

4. 菌株基本情况

分类地位：生化变种 3，演化型Ⅰ序列变种 17。

菌落培养特性：在 TTC 平板上，菌落流动性强，白边较宽，中心呈浅红色（图 12-7）。

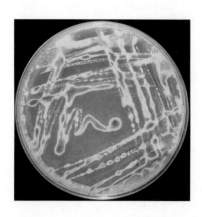

图 12-7　菌株 CQ-PS-2 在 TTC 培养基上的生长情况

5. 土壤信息

土壤类型：粉砂壤土

土壤 pH：4.90

土壤基本理化性质：有机质 49.89 g/kg，全氮 1.90 g/kg，全磷 0.85 g/kg，全钾 9.29 g/kg，碱解氮 168.42 mg/kg，有效磷 54.35 mg/kg，速效钾 480 mg/kg，交换性钙 1.308 g/kg，交换性镁 0.083 g/kg，有效铜 1.12 mg/kg，有效锌 7.01 mg/kg，有效铁 4.97 mg/kg，有效锰 163.08 mg/kg，有效硼 0.378 mg/kg，有效硫 162.51 mg/kg，有效氯 19.22 mg/kg，有效钼 0.333 mg/kg。

6. 根际微生物群落结构信息

对重庆彭水地区发病烟株根际土壤微生物进行 16S rRNA 测序，共鉴定出 4808 个 OTU，包括 33 个门 75 个纲 158 个目 317 个科 651 个属。在门水平至少隶属于 33 个不同的细菌门，其相对丰度≥1%的共 12 个门（图 12-8），其中变形菌门（Proteobacteria）是最主要的类群，占 40.78%，其次为放线菌门（Actinobacteria）19.82%、酸杆菌门（Acidobacteria）10.21%、绿弯菌门（Chloroflexi）8.99%、芽单胞菌门（Gemmatimonadetes）6.35%、拟杆菌门（Bacteroidetes）3.00%、浮霉菌门（Planctomycetes）2.61%、厚壁菌门（Firmicutes）2.06%、疣微菌门（Verrucomicrobia）1.25%、硝化螺旋菌门（Nitrospirae）1.15%和 Saccharibacteria 1.02%。其余 21 个门所占比例均低于 1%，共占 0.79%。

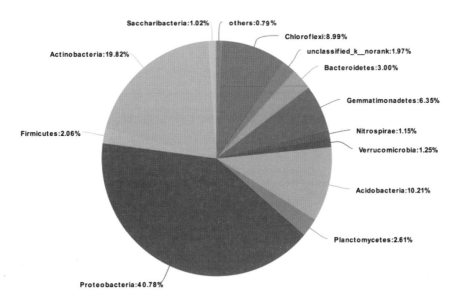

图 12-8　CQ-PS 门水平上物种主要类群组成

在隶属的 158 个目中，相对丰度大于 0.1%的类群如图 12-9 所示，根瘤菌目（Rhizobiales）其相对丰度较高，占 10.14%，其次是芽单胞菌目（Gemmatimonadales）的丰度较高占 6.32%，在现有数据库能注释到具体名称，且相对丰度大于 2%的类群有：黄单胞菌目

（Xanthomonadales）5.90%、伯克氏菌目（Burkholderiales）5.49%、鞘脂单胞菌目（Sphingomonadales）5.14%、Solibacterales 5.03%、Gaiellales 4.71%、微球菌目（Micrococcales）4.16%、红螺菌目（Rhodospirillales）3.27%、亚硝化单胞菌目（Nitrosomonadales）2.86%、弗兰克氏菌目（Frankiales）2.86%和鞘脂杆菌目（Sphingobacteriales）2.75%。

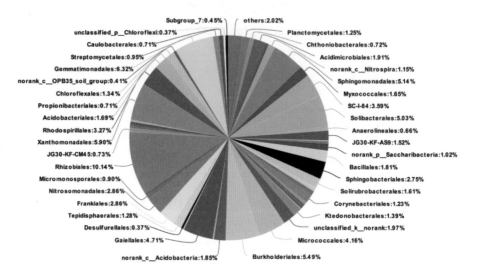

图 12-9   CQ-PS 目水平上物种主要类群组成

在属水平进一步进行分析（图 12-10），在现有数据库注释到名称的类群中，鞘脂单胞菌属（*Sphingomonas*）的相对丰度最高，占 4.18%，其次是芽单胞菌属（*Gemmatimonas*）2.49%和 *Bryobacter* 2.55%，其中相对丰度大于 1% 的类群有：慢生根瘤菌属（*Bradyrhizobium*）1.93%、玫瑰弯菌属（*Roseiflexus*）1.31%、*Pseudarthrobacter* 1.82%、马赛菌属（*Massilia*）1.26%、硝化螺旋菌属（*Nitrospira*）1.15%、罗丹杆菌属（*Rhodanobacter*）1.14%、热酸菌属（*Acidothermus*）1.09%、溶杆菌属（*Lysobacter*）1.03%、*Variibacter* 1.02%和 *Acidibacter* 1.01%。其中重庆彭水地区的雷尔氏菌属（*Ralstonia*）相对丰度达到了 0.19%。

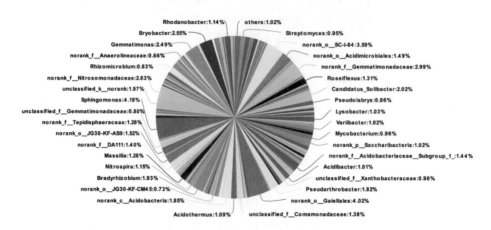

图 12-10   CQ-PS 属水平上物种主要类群组成

12.3　黔　江　区

1. 地理信息

采集地点详细信息：重庆市黔江区水市乡大井坝

经度：108°42′44.84″E

纬度：29°15′44.24″N

海拔：1060 m

2. 气候条件

黔江区属中亚热带湿润性季风气候，境内气候随海拔高度变化呈立体规律，为典型的山地气候。全区多年平均气温 15.4℃，极端高温 38.6℃，极端低温 5.8℃；多年平均降水量 1200.1～1389 mm，其中夏季集中占 42.9%，冬季占 5.6%；多年平均日照时数 1166.6 h，月际变化大，2 月最少，8 月最多；总体具有气候温和，四季分明，热、雨量丰富，辐射、光照不足的特点。

3. 种植及发病情况

采样时间为 7 月 10 日，种植品种为云烟 87。采集地块的生产技术措施：移栽规格 120 cm ×50 cm，密度 1050～1100 株/亩，每亩施纯氮 6.5～7.5 kg，肥料比例 1:0.7~1:2.6~3。移栽时间为 4 月 28 日，移栽当天阴天，培土时间 5 月 20 日前后，田间烟株已打顶及底脚叶、不适用烟叶处理时间为 7 月 4～7 日。采样时青枯病初发，发病率约 10%，病级均为一级，病株茎秆无黄/褐色条斑，病叶多位于底部三片叶，病叶以主脉为分界半边全部或部分区域萎蔫变黄，从叶柄断面可见维管束呈黑褐色，为典型的青枯病症状(图 12-11)。

图 12-11　田间病株照片

A. 发病烟株；B. 发病烟株叶片症状；C. 维管束断面变褐；D. 发病株(左)与不发病烟株(右)

4. 菌株基本情况

分类地位：生化变种 3，演化型 I 序列变种 44。

菌落培养特性：在 TTC 平板上，菌落流动性强，白边较宽，中心呈浅红色(图 12-12)。

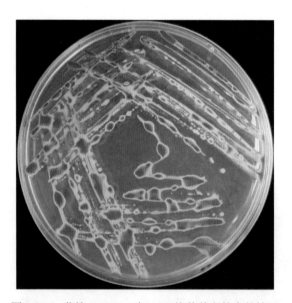

图 12-12　菌株 CQ-QJ-1 在 TTC 培养基上的生长情况

5. 土壤信息

土壤类型：粉砂壤土

土壤 pH：4.90

土壤基本理化性质：有机质 22.86 g/kg，全氮 1.30 g/kg，全磷 1.04 g/kg，全钾 10.87 g/kg，碱解氮 143.16 mg/kg，有效磷 86.60 mg/kg，速效钾 770 mg/kg，交换性钙 1.337 g/kg，交

换性镁 0.114 g/kg，有效铜 0.58 mg/kg，有效锌 10.74 mg/kg，有效铁 4.77 mg/kg，有效锰 164.42 mg/kg，有效硼 0.255 mg/kg，有效硫 36.70 mg/kg，有效氯 47.85 mg/kg，有效钼 0.232 mg/kg。

6. 根际微生物群落结构信息

对重庆黔江发病烟株根际土壤微生物进行 16S rRNA 测序，共鉴定出 4612 个 OTU，其中细菌占 97.35%，古菌占 2.63%，包括 28 个门 68 个纲 151 个目 301 个科 601 个属。在门水平至少隶属于 28 个不同的细菌门，其相对丰度≥1%的共 11 个门(图 12-13)，其中变形菌门(Proteobacteria)和放线菌门(Actinobacteria)是优势类群，相对丰度分别为 30.63%和 25.88%，其他类群包括：绿弯菌门(Chloroflexi)9.60%、酸杆菌门(Acidobacteria)8.25%、浮霉菌门(Planctomycetes)4.88%、芽单胞菌门(Gemmatimonadetes)3.78%、拟杆菌门(Bacteroidetes)3.24%、疣微菌门(Verrucomicrobia)2.46%、Saccharibacteria 2.21%、厚壁菌门(Firmicutes)1.93%和蓝藻细菌(Cyanobacteria)1.47%，其余 16 个门所占比例均低于 1%，共占 1.18%。

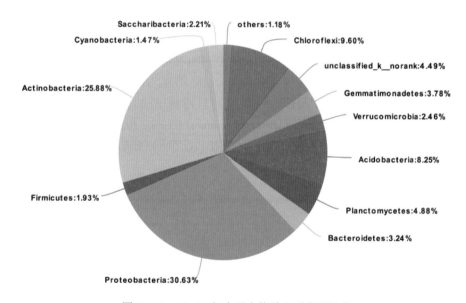

图 12-13　CQ-QJ 门水平上物种主要类群组成

在隶属的 151 个目中，相对丰度大于 0.1%的类群如图 12-14 所示，微球菌目 (Micrococcales)丰度最高，占 8.38%，其次为根瘤菌目(Rhizobiales)，占 5.97%。在现有数据库能注释到具体名称，且相对丰度大于 2%的类群有：Gaiellales 5.74%、伯克氏菌目 (Burkholderiales)5.51%、黄单胞菌目(Xanthomonadales)5.43%、鞘脂单胞菌目 (Sphingomonadales)5.11%、芽单胞菌目(Gemmatimonadales)3.76%、鞘脂杆菌目 (Sphingobacteriales)2.91%、Tepidisphaerales 2.50%、弗兰克氏菌目(Frankiales)2.53%、浮霉菌目(Planctomycetales)2.33%、土壤红杆菌目(Solirubrobacterales)2.14%和红螺菌目 (Rhodospirillales)2.00%。

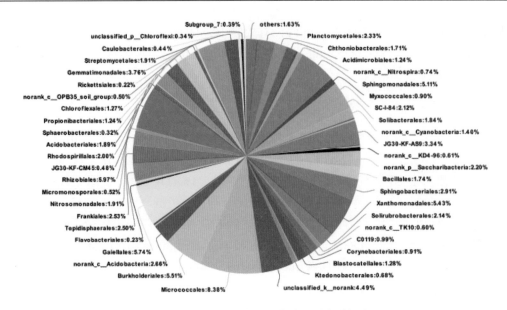

图 12-14　CQ-QJ 目水平上物种主要类群组成

在属水平上进一步进行分析（图 12-15），在现有数据库注释到名称的类群中，*Pseudarthrobacter* 和鞘脂单胞菌属（*Sphingomonas*）的相对丰度较高，分别占 4.46% 和 3.74%。相对丰度大于 1% 的类群有：链霉菌属（*Streptomyces*）1.91%、*Burkholderia-Paraburkholderia* 1.72%、水恒杆菌属（*Mizugakiibacter*）1.56%、罗丹杆菌属（*Rhodanobacter*）1.49%、玫瑰弯菌属（*Roseiflexus*）1.26%、慢生根瘤菌属（*Bradyrhizobium*）1.23%、*Bryobacter* 1.18% 和芽单胞菌属（*Gemmatimonas*）1.15%。其中重庆黔江地区雷尔氏菌属（*Ralstonia*）的相对丰度达到了 0.35%。

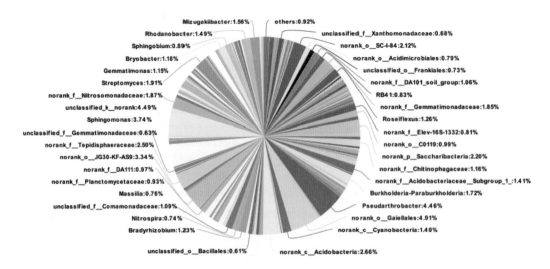

图 12-15　CQ-QJ 属水平上物种主要类群组成

对重庆市武隆、彭水和黔江所采集的青枯病发病烟株根际细菌群落结构进行分析，在门水平上（图 12-16），主要组成类群有：变形菌门（Proteobacteria）、放线菌门（Actinobacteria）、绿弯菌门（Chloroflexi）和酸杆菌门（Acidobacteria）等，不同地区的主要群落组成差异不大，但是相对丰度上存在显著差异。在属水平上，不同地区的组成差异如图 12-17 所示，在总丰度排名前 50 的物种中，鞘脂单胞菌属（Sphingomonas）、Pseudarthrobacter、链霉菌属（Streptomyces）、罗丹杆菌属（Rhodanobacter）和慢生根瘤菌属（Bradyrhizobium）等在所有地区的相对丰度均较高，且没有显著的差异；武隆、彭水和黔江三个地区雷尔氏菌属（Ralstonia）的相对丰度存在显著的差异，其中武隆的相对丰度最高，彭水的最低。

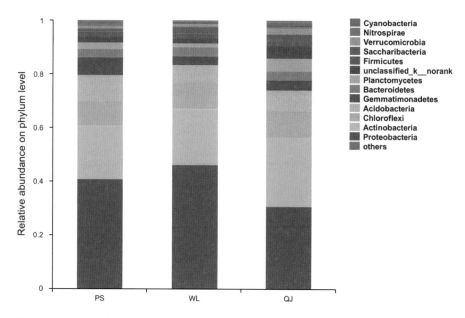

图 12-16　武隆、彭水、黔江烟区烟草青枯病发病烟株根际细菌门水平上主要类群组成

注：PS-彭水；WL-武隆；QJ-黔江；下同。

12.4　涪　陵　区

1. 地理信息

采集地点详细信息：重庆市涪陵区焦石镇楠木村

经度：107°35′26″E

纬度：29°52′908″N

海拔：666 m

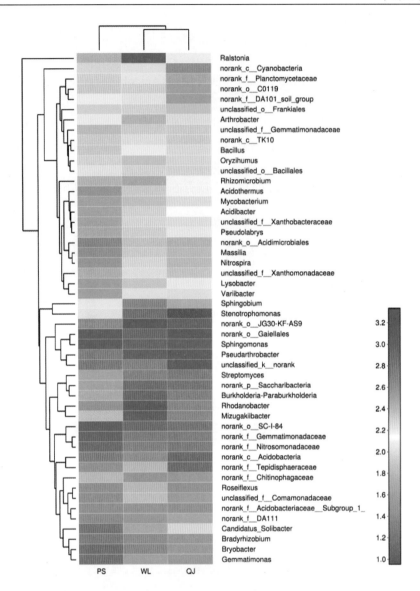

图 12-17　武隆、彭水、黔江烟区烟草青枯病发病烟株根际细菌属水平上主要群落组成 Heatmap 图
（总丰度排名前 50 的物种）

2. 气候条件

涪陵区属中亚热带湿润季风气候，常年平均气温 18.1℃，年均降水量为 1072 mm。

3. 种植及发病情况

2017 年 7 月采集地种植品种为 K326，该年烟草移栽日期为 4 月 15 日，该地块前茬玉米。6 月 24 日出现青枯病明显症状。田间青枯病发病的症状表现为：①发病时，叶片出现典型的"半边疯"症状；②茎秆黑色条斑明显；③大部分发病烟株未出现急性坏死，根部有部分坏死，但须根发达(图 12-18)。

图 12-18　田间病株照片

A. 采样地整体发病情况；B. 发病烟株；C. 茎秆黑色条斑症状

4. 菌株基本情况

分类地位：生化变种 3，演化型 Ⅰ 序列变种 54。

菌落培养特性：在 TTC 平板上，菌落流动性强，白边较宽，中心呈浅红色（图 12-19）。

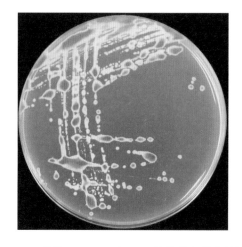

图 12-19　菌株 CQ-FL-1 在 TTC 培养基上的生长情况

5. 土壤信息

土壤类型：粉砂壤土

土壤 pH：5.00

土壤基本理化性质：有机质 23.16 g/kg，全氮 1.33 g/kg，全磷 0.66 g/kg，全钾 30.40 g/kg，碱解氮 101.05 mg/kg，有效磷 13.10 mg/kg，速效钾 250 mg/kg，交换性钙 1.132 g/kg，交换性镁 0.080 g/kg，有效铜 0.44 mg/kg，有效锌 2.99 mg/kg，有效铁 6.40 mg/kg，有效锰 150.19 mg/kg，有效硼 0.239 mg/kg，有效硫 36.70 mg/kg，有效氯 43.47 mg/kg，有效钼 0.221 mg/kg。

6. 根际微生物群落结构信息

对重庆涪陵地区发病烟株根际土壤微生物进行 16S rRNA 测序，共鉴定出 2466 个 OTU，其中细菌占 93.81%，古菌占 6.19%，包括 25 个门 64 个纲 131 个目 245 个科 449 个属。在门水平至少隶属于 25 个不同的细菌门，其相对丰度≥1%的共 11 个门（图 12-20）。其中变形菌门（Proteobacteria）30.88%是最主要的类群，其次为酸杆菌门（Acidobacteria）17.66%，还有绿弯菌门（Chloroflexi）13.86%、放线菌门（Actinobacteria）11.97%、奇古菌门（Thaumarchaeota）6.09%、浮霉菌门（Planctomycetes）4.42%、疣微菌门（Verrucomicrobia）3.87%、芽单胞菌门（Gemmatimonadetes）2.83%、硝化螺旋菌门（Nitrospirae）1.97%、拟杆菌门（Bacteroidetes）1.59%和 Saccharibacteria 1.18%，其余 13 个门所占比例均低于 1%，共占 2.65%。

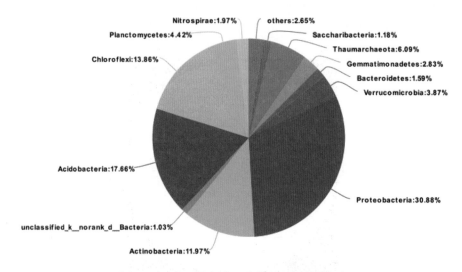

图 12-20　CQ-FL 门水平上物种主要类群组成

在隶属的 131 个目中，相对丰度大于 0.1%的类群如图 12-21 所示，根瘤菌目（Rhizobiales）的相对丰度较高，占有 8.13%，其次是伯克氏菌目（Burkholderiales）、酸杆菌目（Acidobacteriales）和黄单胞菌目（Xanthomonadales），其相对丰度分别占 5.27%、4.89%和 4.29%。在现有数据库能注释到具体名称，且相对丰度大于 2%的类群有：Solibacterales 3.98%、纤线杆菌目（Ktedonobacterales）3.60%、浮霉菌目（Planctomycetales）3.09%、芽单胞菌目（Gemmatimonadales）2.83%、红螺菌目（Rhodospirillales）2.69%、Gaiellales 2.42%、亚硝化单胞菌目（Nitrosomonadales）2.18%和弗兰克氏菌目（Frankiales）2.04%。

在属水平进一步进行分析（图 12-22），在现有数据库注释到名称的类群中，*Candidatus_Nitrosotalea* 的相对丰度达到最高，占 4.39%，然后是 *Candidatus_Solibacter*，其相对丰度占 2.48%，相对丰度大于 1%的类群有：硝化螺旋菌属（*Nitrospira*）1.97%、*Burkholderia-Paraburkholderia* 1.94%、慢生根瘤菌属（*Bradyrhizobium*）1.86%、玫瑰弯菌属（*Roseiflexus*）1.69%、鞘脂单胞菌属（*Sphingomonas*）1.56%、热酸菌属（*Acidothermus*）1.48%、

Bryobacter 1.29%、*Acidibacter* 1.29%、*Rhizomicrobium* 1.25%和 *Variibacter* 1.05%，其中重庆涪陵地区雷尔氏菌属(*Ralstonia*)的相对丰度达到了 0.69%。

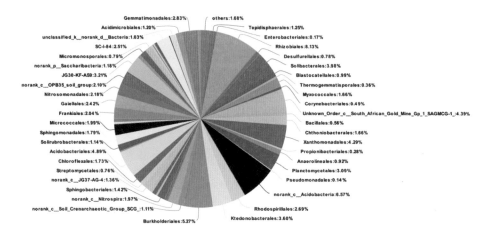

图 12-21　CQ-FL 目水平上物种主要类群组成

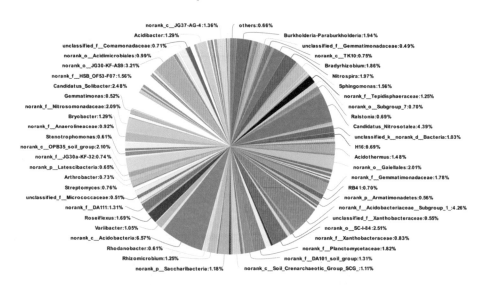

图 12-22　CQ-FL 属水平上物种主要类群组成

12.5　丰　都　县

1. 地理信息

采集地点详细信息：重庆市丰都县暨龙镇旺龙村

经度：108°05′35″E

纬度：29°42′13″N

海拔：1251 m

2. 气候条件

丰都县属亚热带湿润季风气候,常年气候温和,雨量充沛,春旱冷暖多变,夏季炎热多伏旱,秋凉多绵雨,冬冷无严寒。

3. 种植及发病情况

2017 年 7 月采集地种植品种为云烟 87,该年烟草移栽日期为 5 月 1 日左右,该地块连作烟草十年以上。打顶前开始发病。田间青枯病发病的症状表现为:①发病初期(7月中下旬),叶片出现典型的"半边疯"症状,但茎秆表面未发现明显症状;②后期茎秆出现黑色条斑;③大部分发病烟株未出现急性坏死,烟株根部有部分变黑坏死的主根(图 12-23)。

图 12-23　田间病株照片

A. 采样地整体发病情况;　B. 单株发病烟株;C. 发病初期烟株叶基部变黑

4. 菌株基本情况

分类地位:生化变种 3,演化型 I 序列变种 17。

菌落培养特性:在 TTC 平板上,菌落流动性强,白边较宽,中心呈浅红色(图 12-24)。

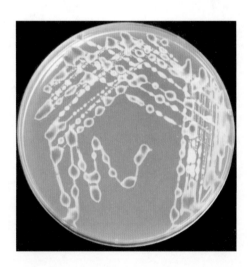

图 12-24　菌株 CQ-FD-1 在 TTC 培养基上的生长情况

5. 土壤信息

土壤类型：粉砂壤土

土壤 pH：4.40

土壤基本理化性质：有机质 28.30 g/kg，全氮 2.29 g/kg，全磷 1.32 g/kg，全钾 18.53 g/kg，碱解氮 176.84 mg/kg，有效磷 80.35 mg/kg，速效钾 610 mg/kg，交换性钙 0.932 g/kg，交换性镁 0.087 g/kg，有效铜 0.45 mg/kg，有效锌 7.04 mg/kg，有效铁 12.16 mg/kg，有效锰 237.10 mg/kg，有效硼 0.253 mg/kg，有效硫 79.51 mg/kg，有效氯 77.34 mg/kg，有效钼 0.293 mg/kg。

6. 根际微生物群落结构信息

对重庆丰都地区发病烟株根际土壤微生物进行 16S rRNA 测序，共鉴定出 1910 个 OTU，其中细菌占 97.27%，古菌占 0.73%，包括 22 个门 56 个纲 119 个目 225 个科 416 个属。在门水平至少隶属于 22 个不同的细菌门，其相对丰度≥1% 的共 10 个门（图12-25）。发病土中变形菌门（Proteobacteria）是最主要的类群，其相对丰度达到了 40.98%，其次为放线菌门（Actinobacteria）18.41% 和绿弯菌门（Chloroflexi）13.16%，还有是酸杆菌门（Acidobacteria）8.78%、Saccharibacteria 4.18%、拟杆菌门（Bacteroidetes）3.98%、奇古菌门（Thaumarchaeota）2.92%、芽单胞菌门（Gemmatimonadetes）2.24%、浮霉菌门（Planctomycetes）2.03% 和厚壁菌门（Firmicutes）1.16%。其余 12 个门所占比例均低于 1%，共占 2.16%。

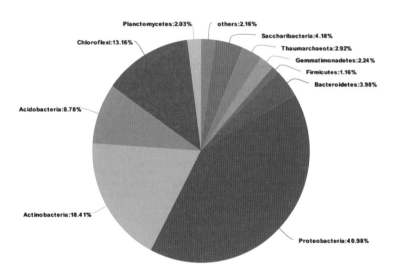

图 12-25　CQ-FD 门水平上物种主要类群组成

所属的 154 个目中，相对丰度大于 0.1% 的类群如图 12-26 所示，伯克氏菌目（Burkholderiales）的相对丰度较高，占 11.06%，其次为黄单胞菌目（Xanthomonadales）和根瘤菌目（Rhizobiales），相对丰度分别为 9.80% 和 7.29%。在现有数据库能注释到具体名称，且相对丰度大于 2% 的类群有：微球菌目（Micrococcales）5.64%、纤线杆菌目（Ktedonobacterales）4.57%、弗兰克氏菌目（Frankiales）3.64%、鞘脂单胞菌目（Sphingomonadales）3.62%、鞘脂杆菌目（Sphingobacteriales）3.38%、Solibacterales 3.17%、酸杆菌目（Acidobacteriales）2.92%、红螺菌目（Rhodospirillales）2.58%、芽单胞菌目（Gemmatimonadales）2.24%和 Gaiellales 2.07%。

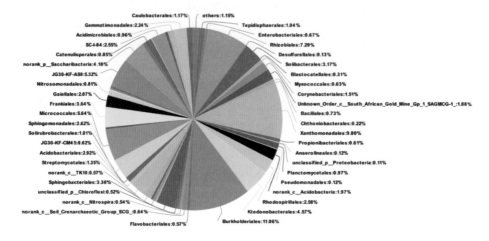

图 12-26　CQ-FD 目水平上物种主要类群组成

在属水平进一步进行分析（图 12-27），同时在现有数据库注释到名称的类群中 *Burkholderia-Paraburkholderia* 成为主要类群，其相对丰度占 5.04%，其次是罗丹杆菌属（*Rhodanobacter*），其相对丰度是 3.55%，其中相对丰度大于 1%的类群有：鞘脂单胞菌属（*Sphingomonas*）2.51%、慢生根瘤菌属（*Bradyrhizobium*）2.44%、寡养单胞菌属（*Stenotrophomonas*）2.10%、热酸菌属（*Acidothermus*）1.73%，*Bryobacter* 1.65%、节杆菌属（*Arthrobacter*）1.40%、链霉菌属（*Streptomyces*）1.35%、*Candidatus_Solibacter* 1.38%、水恒杆菌属（*Mizugakiibacter*）1.18%，同时重庆丰都地区土壤雷尔氏菌属（*Ralstonia*）占 2.54%。

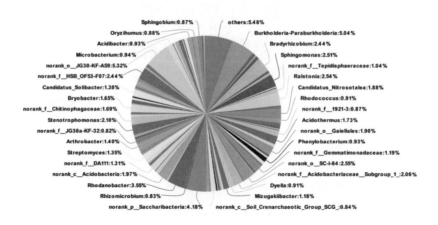

图 12-27　CQ-FD 属水平上物种主要类群组成

12.6　石　柱　县

1. 地理信息

采集地点详细信息：重庆市石柱县金铃乡响水村

经度：108°28′40″E

纬度：29°59′10″N

海拔：1105 m

2. 气候条件

石柱县属中亚热带湿润季风区，气候温和，雨水充沛，四季分明，具有春早、夏长、秋短、冬迟特点。日照少，气候垂直差异大，灾害性天气频繁。年平均温度 16.5℃，极端高温 40.2℃，极端低温-4.7℃。

3. 种植及发病情况

2017 年 7 月采集地种植品种为云烟 87，该年烟草移栽日期为 5 月 12 日，该地块连作烟草 20 年以上，其间偶尔间断。6 月初开始发生青枯病，后并发黑胫病。田间青枯病发病的症状表现为：①发病初期，下部叶片先表现出青枯病典型"半边疯"症状；②7 月中下旬，部分烟株出现急性坏死，茎秆出现明显黑线；③根部有部分变黑坏死的主根（图 12-28）。

图 12-28　田间病株照片

A. 单株发病烟株；B. 发病烟株根部；C. 发病烟株茎部出现黑线

4. 菌株基本情况

分类地位：生化变种 3，演化型 I 序列变种 54。

菌落培养特性：在 TTC 平板上，菌落流动性强，白边较宽，中心呈浅红色（图 12-29）。

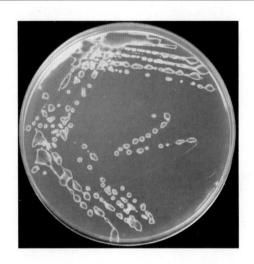

图 12-29　菌株 CQ-SZ-1 在 TTC 培养基上的生长情况

5. 土壤信息

土壤类型：粉砂壤土

土壤 pH：4.70

土壤基本理化性质：有机质 45.27 g/kg，全氮 2.06 g/kg，全磷 0.92 g/kg，全钾 15.30 g/kg，碱解氮 185.26 mg/kg，有效磷 62.56 mg/kg，速效钾 450 mg/kg，交换性钙 1.143 g/kg，交换性镁 0.110 g/kg，有效铜 1.14 mg/kg，有效锌 6.72 mg/kg，有效铁 7.51 mg/kg，有效锰 147.94 mg/kg，有效硼 0.350 mg/kg，有效硫 21.84 mg/kg，有效氯 41.44 mg/kg，有效钼 0.307 mg/kg。

6. 根际微生物群落结构信息

对重庆石柱地区发病烟株根际土壤微生物进行 16S rRNA 测序，共鉴定出 2300 个 OTU（基于 97%分类水平），其中细菌占 98.79%，古菌占 1.21%，包括 24 个门 53 个纲 126 个目 239 个科 451 个属。在门水平至少隶属于 24 个不同的细菌门，并且其相对丰度≥1% 的共 9 个门（图 12-30）。在门水平上，变形菌门（Proteobacteria）是最主要的类群，其相对丰度达到 40.40%，其次为放线菌门（Actinobacteria）17.88%、绿弯菌门（Chloroflexi）9.52%、酸杆菌门（Acidobacteria）8.69%、奇古菌门（Thaumarchaeota）4.56%、拟杆菌门（Bacteroidetes）4.22%、浮霉菌门（Planctomycetes）3.36%、Saccharibacteria 3.15%、芽单胞菌门（Gemmatimonadetes）2.98%、疣微菌门（Verrucomicrobia）2.35% 和厚壁菌门（Firmicutes）1.13%。其余 15 个门所占比例均低于 1%，共占 1.76%。

在隶属的 126 个目中，相对丰度大于 0.1%的类群如图 12-31 所示伯克氏菌目（Burkholderiales）在该地区的丰度较高占 12.21%，然后是根瘤菌目（Rhizobiales）和黄单胞菌目（Xanthomonadales），其相对丰度分别占 9.71%和 5.78%。在现有数据库能注释到具体名称，且相对丰度大于 2%的类群有：微球菌目（Micrococcales）4.28%、鞘脂杆菌目（Sphingobacteriales）3.56%、鞘脂单胞菌目（Sphingomonadales）3.49%、纤线杆菌目

（Ktedonobacterales）3.00%、芽单胞菌目（Gemmatimonadales）2.98%、Solibacterales 2.95%、弗兰克氏菌目（Frankiales）2.89%、Gaiellales 2.89%、酸杆菌目（Acidobacteriales）2.88%和红螺菌目（Rhodospirillales）2.20%。

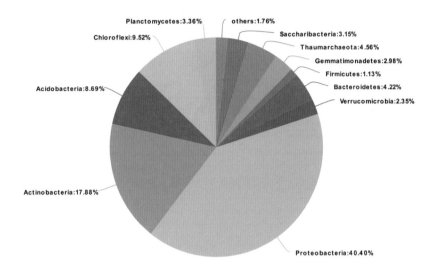

图 12-30　CQ-SZ 门水平上物种主要类群组成

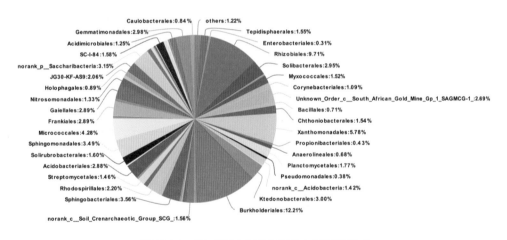

图 12-31　CQ-SZ 目水平上物种主要类群组成

在属水平进一步进行分析（图 12-32），在现有数据库注释到名称的类群中 *Burkholderia-Paraburkholderia* 的相对丰度最高，达 4.29%，其次是 *Candidatus_Nitrosotalea* 2.69%，相对丰度大于 1%的有：慢生根瘤菌属（*Bradyrhizobium*）2.51%、鞘脂单胞菌属（*Sphingomonas*）2.38%、*Candidatus_Solibacter* 1.74%、链霉菌属（*Streptomyces*）1.46%、罗丹杆菌属（*Rhodanobacter*）1.41%、*Dyella* 1.35%、热酸菌属（*Acidothermus*）1.30%、节杆菌属（*Arthrobacter*）1.23%、芽单胞菌属（*Gemmatimonas*）1.17%、*Bryobacter* 1.07%，其中重庆石柱地区其雷尔氏菌属（*Ralstonia*）的相对丰度达到 3.10%。

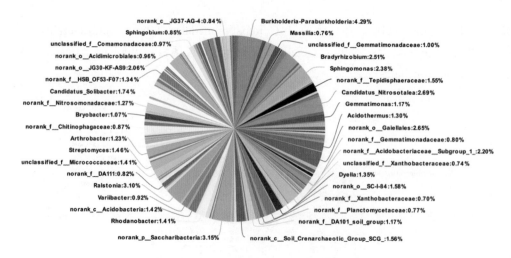

图 12-32   CQ-SZ 属水平上物种主要类群组成

12.7   酉阳土家族苗族自治县

1. 地理信息

采集地点详细信息：重庆市酉阳土家族苗族自治县板溪镇

经度：108°48′20″E

纬度：28°42′51″N

海拔：674 m

2. 气候条件

酉阳土家族苗族自治县属亚热带湿润季风气候区，全年雨量充沛，冬暖夏凉。年平均日照时数为 1131 h。年平均气温由海拔 280 m 的沿河地区 17℃递减到中山区的 11.8℃。1月气温最冷为 3.8℃，7 月最高为 24.5℃。年降水量在 1000～1500 mm。

3. 种植及发病情况

2017 年 7 月采集地种植品种为云烟 87，该年烟草移栽日期为 5 月 8 日左右，该地块 1 或 2 年玉米-1 年烟草轮作 20 年以上。6 月 15 日前后开始发病，7 月下旬，大部分病级为 5 级及以上。田间青枯病发病的症状表现为：①发病烟株烟叶半边萎蔫坏死，表现出明显的"半边疯"症状；②茎上出现黄色条斑，并从茎基部开始变黑坏死，有腐臭气味；③根系部分坏死，明显发黑(图 12-33)。

图 12-33　田间病株照片

A. 采样地整体发病情况；B. 发病烟株茎部；C. 发病烟株根部

4. 菌株基本情况

分类地位：生化变种 3，演化型 I 序列变种 17。

菌落培养特性：在 TTC 平板上，菌落流动性强，白边较宽，中心呈浅红色（图 12-34）。

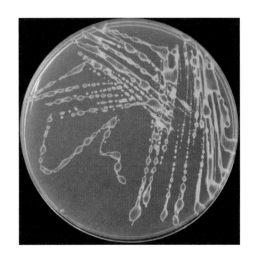

图 12-34　菌株 CQ-YY-1 在 TTC 培养基上的生长情况

5. 土壤信息

土壤类型：粉砂壤土

土壤 pH：5.50

土壤基本理化性质：有机质 51.67 g/kg，全氮 1.57 g/kg，全磷 0.89 g/kg，全钾 8.96 g/kg，碱解氮 136.42 mg/kg，有效磷 42.62 mg/kg，速效钾 520 mg/kg，交换性钙 1.190 g/kg，交换性镁 0.216 g/kg，有效铜 1.18 mg/kg，有效锌 6.67 mg/kg，有效铁 9.28 mg/kg，有效锰 210.82 mg/kg，有效硼 0.453 mg/kg，有效硫 22.72 mg/kg，有效氯 47.85 mg/kg，有效钼 0.343 mg/kg。

6. 根际微生物群落结构信息

对重庆酉阳地区发病烟株根际土壤微生物通过 16S rRNA 测序分析，共检测出 2330

个 OTU，其中细菌占 97.43%，古菌占 2.57%，包括 20 个门 59 个纲 127 个目 248 个科 483 个属。在门水平至少隶属于 20 个不同的细菌门，同时在现有数据库能注释到具体名称，其相对丰度≥1%的共 11 个门（图 12-35），变形菌门（Proteobacteria）32.81%是最主要的类群，其次是放线菌门（Actinobacteria）17.51%、酸杆菌门（Acidobacteria）12.77%、绿弯菌门（Chloroflexi）12.76%、芽单胞菌门（Gemmatimonadetes）4.57%、浮霉菌门（Planctomycetes）4.34%、拟杆菌门（Bacteroidetes）3.63%、疣微菌门（Verrucomicrobia）3.27%、Saccharibacteria 1.83%、奇古菌门（Thaumarchaeota）2.42%和厚壁菌门（Firmicutes）1.42%，其余 9 个门所占比例均低于 1%，共占 2.49%。

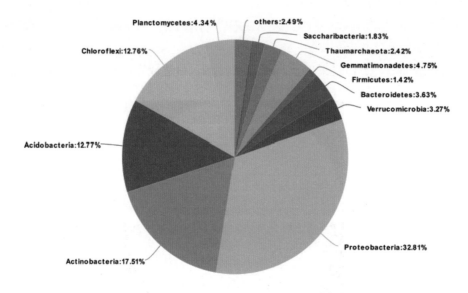

图 12-35　CQ-YY 门水平上物种主要类群组成

在隶属的 154 个目中，相对丰度大于 0.1%的类群如图 12-36 所示，根瘤菌目（Rhizobiales）的相对丰度最高，达 7.39%，其次是微球菌目（Micrococcales）6.79%、伯克氏菌目（Burkholderiales）5.51%和黄单胞菌目（Xanthomonadales）5.31%，然后是芽单胞菌目（Gemmatimonadales）、鞘脂单胞菌目（Sphingomonadales）和酸杆菌目（Acidobacteriales），分别占 4.70%、4.45%和 4.08%。在现有数据库能注释到具体名称，且相对丰度大于 2%的类群有：亚硝化单胞菌目（Nitrosomonadales）3.28%、鞘脂杆菌目（Sphingobacteriales）3.22%、Solibacterales 2.72%、浮霉菌目（Planctomycetales）2.25%、Tepidisphaerales 2.06%和 Gaiellales 2.01%。

在属水平进一步进行分析（图 12-37），在现有数据库注释到名称的类群中，其中鞘脂单胞菌属（Sphingomonas）和芽单胞菌属（Gemmatimonas）的相对丰度较高，分别占 2.92%和 2.58%，其中丰度大于 1%的类群有：Bryobacter 1.50%、慢生根瘤菌属（Bradyrhizobium）1.14%、玫瑰弯菌属（Roseiflexus）1.05%、罗丹杆菌属（Rhodanobacter）1.06%、寡养单胞菌属（Stenotrophomonas）1.03%、水恒杆菌属（Mizugakiibacter）1.00%，重庆酉阳地区雷尔氏菌属（Ralstonia）相对丰度占 0. 79%。

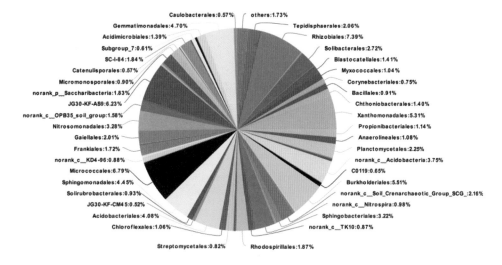

图 12-36　CQ-YY 目水平上物种主要类群组成

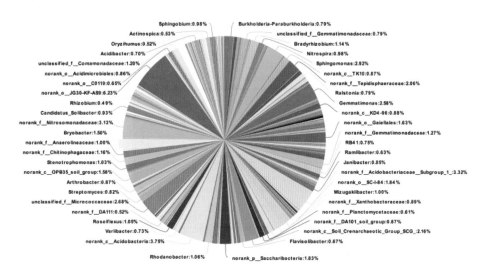

图 12-37　CQ-YY 属水平上物种主要类群组成

12.8　南　川　区

1. 地理信息

采集地点详细信息：重庆市南川区三泉镇马嘴村

经度：107°17′57.66″E

纬度：29°02′55.07″N

海拔：930 m

2. 气候条件

南川区属亚热带湿润季风气候，南北差异大，立体气候明显。气候温和，雨量充沛，既无严寒，又无酷暑，四季分明，霜雪稀少，无霜期长。热量丰富。年均温 16.6℃，极端最高温度 39.8℃，极端最低温度-5.3℃，年降水量 1185 mm，年日照时数 1273 h，无霜期 308 d，相对湿度 80%。

3. 种植及发病情况

该地样品采集的时间为 2015 年，种植品种为云烟 97。

4. 菌株基本情况

分类地位：生化变种 3，演化型 I 序列变种 54。
菌落培养特性：在 TTC 平板上，菌落流动性强，白边较宽，中心呈浅红色（图 12-38）。

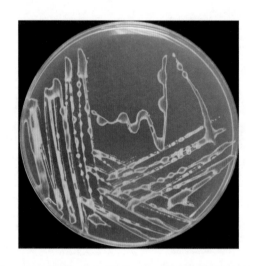

图 12-38　菌株 CQ-NC-1 在 TTC 培养基上的生长情况

12.9　万　州　区

1. 地理信息

采集地点 1 详细信息：重庆市万州区孙家镇兰草村太阳坪
经度：108°00′54.36″E
纬度：30°43′25.32″N
海拔：815 m
采集地点 2 详细信息：重庆市万州区恒合乡八一村猫儿寨
经度：108°43′52.38″E

纬度：30°32′48.72″N

海拔：1141 m

2. 气候条件

万州区属亚热带季风湿润带，四季分明，日照充足，雨量充沛，无霜期长，霜雪稀少。特征为冬暖多雾；夏热多伏旱；春早，气温回升快而不稳定，秋长，阴雨绵绵。年平均气温 17.7℃，年平均日照时数 1484.4 h，年平均降水 1243 mm。

3. 种植及发病情况

该地样品采集的时间为 2015 年，种植品种为云烟 87。

4. 菌株基本情况

分类地位：生化变种 3，演化型 I，序列变种 15（采样点 2，CQ-WZ-2）和序列变种 17（采样点 1，CQ-WZ-1）。

菌落培养特性：在 TTC 平板上，菌落流动性强，白边较宽，中心呈浅红色（图 12-39）。

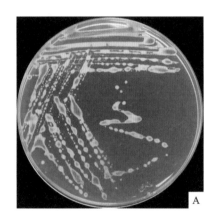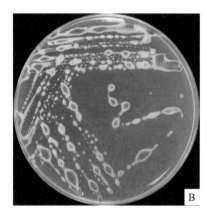

图 12-39　菌株 CQ-WZ-1（A）和 CQ-WZ-2（B）在 TTC 培养基上的生长情况

12.10　奉　节　县

1. 地理信息

采集地点详细信息：重庆市奉节县太和乡良家村

经度：109°15′51.99″E

纬度：30°40′57.10″N

海拔：1250 m

2.气候条件

奉节县属中亚热带湿润季风气候，春早、夏热、秋凉、冬暖，四季分明，无霜期长，雨量充沛，日照时间长。垂直气候明显，年均气温海拔低于 600 m 的地区为 16.4℃，600～1000 m 的地区为 16.4～13.7℃，1000～1400 m 的地区为 13.7～10.8℃，高于 1400 m 的地区，低于 10.8℃。极端最高气温为 39.8℃，极端最低气温为-9.2℃。无霜期年均 287 d，年平均降水量 1132 mm，常年日照时数为 1639 h。

3. 种植及发病情况

奉节县 2016 年首次发现青枯病，当年种植品种为云烟 87。发病早期，叶片半边萎蔫黄化，表现出明显"半边疯"症状；茎基部出现黑褐色条斑(图 12-40)。

图 12-40　田间病株照片

A. 单株发病烟株；B. 发病初期烟株叶片半边萎蔫黄化现象

4. 菌株基本情况

分类地位：生化变种 3，演化型 I 序列变种 17。

菌落培养特性：在 TTC 平板上，该地所采的样品中分离到两种菌落形态的菌株，其中一种菌落流动性较强，白边较宽，中心呈浅红色；另一种菌落则较干瘪，白边较窄，中心呈玫红色(图 12-41)。

总体来看，对重庆市涪陵区、丰都县、石柱县和酉阳县所采集的青枯病发病烟株根际细菌群落结构进行分析，在门水平上(图 12-42)，根际细菌主要组成类群有：变形菌门(Proteobacteria)、放线菌门(Actinobacteria)、绿弯菌门(Chloroflexi)和酸杆菌门(Acidobacteria)等，不同地区的主要群落组成差异不大，但是相对丰度上存在显著差异。在属水平上，不同地区的组成差异如图 12-43 所示，在总丰度排名前 50 的物种中，鞘脂

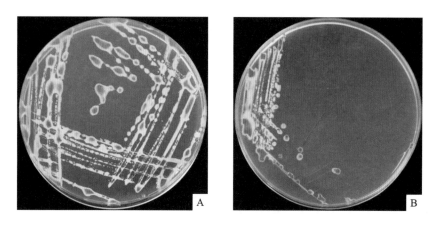

图 12-41　菌株 CQ-FJ-1 在 TTC 培养基上的生长情况

A. 菌落流动性较强，中心呈浅红色；B. 箭头所示菌落较干瘪，中心呈玫红色

单胞菌属（*Sphingomonas*）、慢生根瘤菌属（*Bradyrhizobium*）、罗丹杆菌属（*Rhodanobacter*）等在所有地区的相对丰度均较高，且没有显著的差异；涪陵区、丰都县、石柱县和酉阳县四个地区雷尔氏菌属（*Ralstonia*）的相对丰度没有显著的差异，其中石柱县的相对丰度最高。

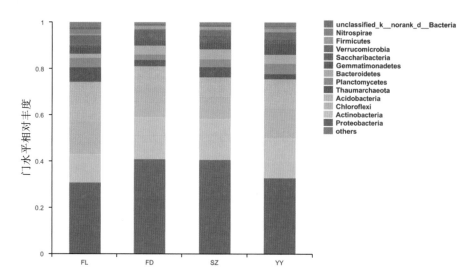

图 12-42　重庆市部分烟区烟草青枯病发病烟株根际细菌门水平上主要类群组成

注：FL-涪陵区；FD-丰都县；SZ-石柱县；YY-酉阳县；下同。

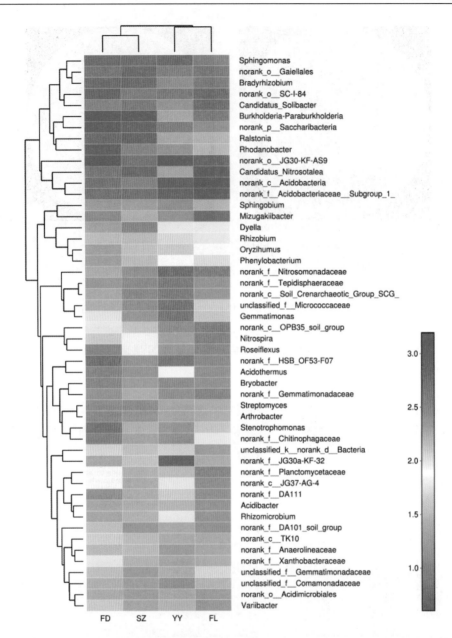

图 12-43　重庆市部分烟区烟草青枯病发病烟株根际细菌属水平上主要群落组成 Heatmap 图
（总丰度排名前 50 的物种）

第13章 湖北烟区

13.1 湖北省恩施土家族苗族自治州

13.1.1 咸丰县

1. 地理信息

采集地点详细信息：湖北省恩施土家族苗族自治州咸丰县忠堡镇廖家堡村

经度：109°15′55″E

纬度：29°40′08″N

海拔：735 m

2. 气候条件

咸丰县属亚热带季风气候。

3. 种植及发病情况

2017 年 7 月采集地种植品种为 K326，该年烟草移栽日期为 5 月 15 日左右，该地块玉米或水稻-烟草轮作 7 年，并种植油菜做绿肥。6 月初开始发病，7 月中下旬病级达 5 级以上。田间青枯病发病的症状表现为：①发病烟株烟叶表现出明显的"半边疯"症状；②茎秆出现明显的黄色条斑，随着病情加重，出现黑色坏死条斑，且条斑位置可蔓延至烟株顶部；③根系有部分坏死，明显发黑并有腐臭气味(图 13-1)。

图 13-1　田间病株照片

A. 采样地整体发病情况；B. 单株发病烟株；C. 发病烟株茎部；D. 发病烟株根部

4. 菌株基本情况

分类地位：生化变种 3，演化型 I 序列变种 54。

菌落培养特性：在 TTC 平板上，菌落流动性强，白边较宽，中心呈浅红色（图 13-2）。

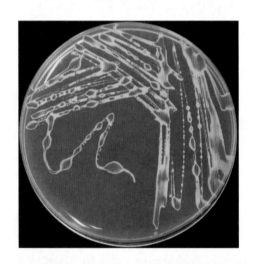

图 13-2　菌株 HB-XF-1 在 TTC 培养基上的生长情况

5. 土壤信息

土壤类型：壤质砂土

土壤 pH：7.00

土壤基本理化性质：有机质 27.62 g/kg，全氮 1.66 g/kg，全磷 0.75 g/kg，全钾 16.05 g/kg，碱解氮 143.16 mg/kg，有效磷 43.01 mg/kg，速效钾 370 mg/kg，交换性钙 1.819 g/kg，交换性镁 0.212 g/kg，有效铜 2.43 mg/kg，有效锌 7.50 mg/kg，有效铁 9.62 mg/kg，有效锰 25.55 mg/kg，有效硼 0.245 mg/kg，有效硫 85.62 mg/kg，有效氯 47.85 mg/kg，有效钼 0.242 mg/kg。

6. 根际微生物群落结构信息

对湖北省恩施土家族苗族自治州咸丰县忠堡镇廖家堡村发病烟株根际土壤微生物进行 16S rRNA 测序，共鉴定出 2741 个 OTU，其中细菌占 96.47%，古菌占 3.53%，包括 30 个门 71 个纲 151 个目 279 个科 551 个属。在门水平至少隶属于 30 个不同的细菌门，其相对丰度≥1%的共 11 个门（图 13-3）。其中变形菌门（Proteobacteria）43.41%和放线菌门（Actinobacteria）18.58%，为土壤细菌中的优势类群。其次为酸杆菌门（Acidobacteria）8.41%、绿弯菌门（Chloroflexi）8.29%、芽单胞菌门（Gemmatimonadetes）3.76%、奇古菌门（Thaumarchaeota）3.50%、浮霉菌门（Planctomycetes）2.93%、拟杆菌门（Bacteroidetes）2.91%、Saccharibacteria 2.50%、厚壁菌门（Firmicutes）1.94%和疣微菌门（Verrucomicrobia）1.39%，其余 19 个门所占比例均低于 1%，共占 2.38%。

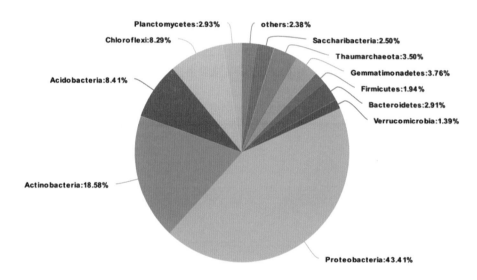

图 13-3　HB-XF 门水平上物种主要类群组成

在隶属的 151 个目中，相对丰度大于 0.1%的类群如图 13-4 所示，伯克氏菌目（Burkholderiales）丰度最高，占 11.25%，其次为微球菌目（Micrococcales）和根瘤菌目（Rhizobiales），分别占 9.58%和 8.36%。在现有数据库能注释到具体名称，且相对丰度大于 2%的类群有：黄单胞菌目（Xanthomonadales）6.67%、鞘脂单胞菌目（Sphingomonadales）6.37%、芽单胞菌目（Gemmatimonadales）3.75%、酸杆菌目（Acidobacteriales）2.83%、Solibacterales 2.81%、鞘脂杆菌目（Sphingobacteriales）2.53%和亚硝化单胞菌目（Nitrosomonadales）2.43%。

在属水平进一步进行分析（图 13-5），在现有数据库注释到名称的类群中，鞘脂单胞菌属（*Sphingomonas*）的丰度最高，达到 5.40%，其次为 *Pseudarthrobacter* 和 *Burkholderia-Paraburkholderia* 分别占 5.31%和 3.60%，相对丰度大于 1%的类群有：*Candidatus-Nrosotalea* 2.76%、慢生根瘤菌属（*Bradyrhizobium*）2.43%、芽单胞菌属（*Gemmatimonas*）1.94%、寡养单胞菌属（*Stenotrophomonas*）1.89%、*Candidatus_Solibacter* 1.74%、雷尔氏菌属（*Ralstonia*）1.63%、*Ramlibacter* 1.59%、*Oryzihumus* 1.42%、罗丹杆菌属

(*Rhodanobacter*)1.28%、节杆菌属(*Arthrobacter*)1.23%和 *Cupriavidus* 1.04%。

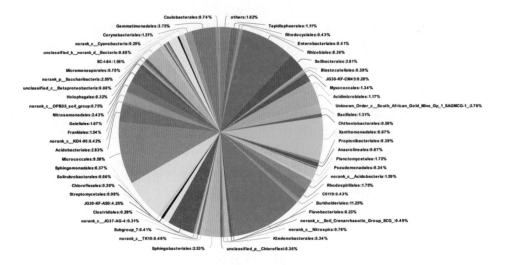

图 13-4　HB-XF 目水平上物种主要类群组成

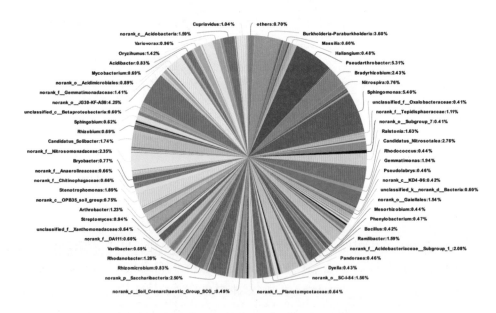

图 13-5　HB-XF 属水平上物种主要类群组成

13.1.2　鹤峰县

1. 地理信息

采集地点详细信息：湖北省恩施土家族苗族自治州鹤峰县燕子乡湖坪村

经度：110°14′31″E

纬度：30°00′02″N

海拔：1286 m

2. 气候条件

鹤峰县属亚热带、大陆性季风湿润气候。雨热同季，时空分布不均匀。雾多，蒸发小，湿度大。地表高低悬殊，切割深、立体气候显著，低山温润，中高山温和，高山温凉。

3. 种植及发病情况

2017 年 7 月采集地种植品种为云烟 87，该年烟草移栽日期为 5 月 15 日左右，该地块连作烟草 15 年以上。6 月 15 日后开始发病，7 月中下旬大部分烟株病级达 3 级及以下。田间青枯病发病的症状表现为：①发病烟株烟叶表现出明显的"半边疯"症状；②茎基部出现黑线。③根系有部分坏死，明显发黑并有腐臭气味，但其须根发达（图 13-6）。

图 13-6　田间病株照片

A. 采样地整体发病情况；B. 发病烟株叶片；C. 发病烟株；D. 发病烟株下部茎剖面图

4. 菌株基本情况

分类地位：生化变种 3，演化型 Ⅰ 序列变种 54。

菌落培养特性：在 TTC 平板上，菌落流动性强，白边较宽，中心呈浅红色（图 13-7）。

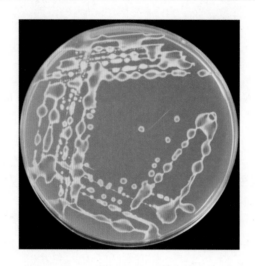

图 13-7　菌株 HB-HF-1 在 TTC 培养基上的生长情况

5. 土壤信息

土壤类型：粉砂壤土

土壤 pH：5.50

土壤基本理化性质：有机质 32.38 g/kg，全氮 2.01 g/kg，全磷 1.51 g/kg，全钾 16.43 g/kg，碱解氮 181.89 mg/kg，有效磷 72.53 mg/kg，速效钾 550 mg/kg，交换性钙 2.011 g/kg，交换性镁 0.136 g/kg，有效铜 2.54 mg/kg，有效锌 4.23 mg/kg，有效铁 2.32 mg/kg，有效锰 116.85 mg/kg，有效硼 0.232 mg/kg，有效硫 108.34 mg/kg，有效氯 57.98 mg/kg，有效钼 0.240 mg/kg。

6. 根际微生物群落结构信息

对湖北省恩施土家族苗族自治州鹤峰县燕子乡湖坪村发病烟株根际土壤微生物进行 16S rRNA 测序，共鉴定出 3607 个 OTU，其中细菌占 96.70%，古菌占 3.28%，包括 32 个门 79 个纲 164 个目 315 个科 582 个属。在门水平至少隶属于 32 个不同的细菌门，其相对丰度≥1%的共 11 个门（图 13-8）。其中变形菌门（Proteobacteria）31.11%和酸杆菌门（Acidobacteria）16.41%，为土壤细菌中的优势菌种。其次为绿弯菌门（Chloroflexi）14.24%、放线菌门（Actinobacteria）9.47%、浮霉菌门（Planctomycetes）6.91%、芽单胞菌门（Gemmatimonadetes）4.75%、奇古菌门（Thaumarchaeota）3.24%、Saccharibacteria 2.99%、拟杆菌门（Bacteroidetes）2.98%、疣微菌门（Verrucomicrobia）2.84%和厚壁菌门（Firmicutes）1.74%，其余 21 个门所占比例均低于 1%，共占 3.32%。

在隶属的 64 个目中，相对丰度大于 0.1%的类群如图 13-9 所示，根瘤菌目（Rhizobiales）的丰度最高，占 7.81%，其次为芽单胞菌目（Gemmatimonadales）和酸杆菌目（Acidobacteriales），分别为 4.73%和 4.38%。在现有数据库能注释到具体名称，且相对丰度大于 2%的类群有：黄单胞菌目（Xanthomonadales）3.51%、浮霉菌目（Planctomycetales）3.44%、Solibacterales 3.39%、亚硝化单胞菌目（Nitrosomonadales）3.36%、伯克氏菌目（Burkholderiales）3.34%、

Tepidisphaerales 3.33%、鞘脂单胞菌目(Sphingomonadales)2.86%、红螺菌目(Rhodospirillales)2.79%、鞘脂杆菌目(Sphingobacteriales)2.49%和微球菌目(Micrococcales)2.03%。

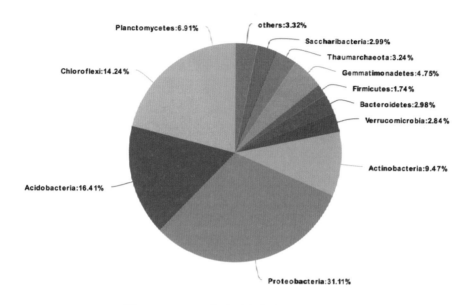

图 13-8　HB-HF 门水平上物种主要类群组成

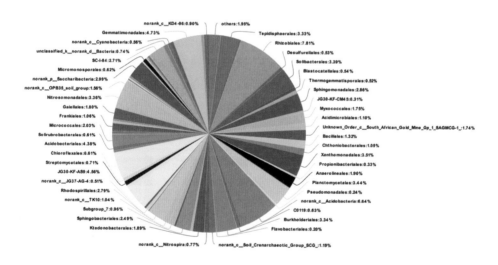

图 13-9　HB-HF 目水平上物种主要类群组成

在属水平进一步进行分析(图 13-10)，在现有数据库注释到名称的类群中，鞘脂单胞菌属(*Sphingomonas*)的相对丰度最高，达2.13%,其次是*Candidatus_Solibacter*和*Candidatus-Nitrosotalea*分别占 1.88%和1.74%，相对丰度大于 1%的类群有：慢生根瘤菌属(*Bradyrhizobium*)1.57%、芽单胞菌属(*Gemmatimonas*)1.33%、*Bryobacter* 1.25%、罗丹杆菌属(*Rhodanobacter*)1.12%和*Pseudarthrobacte* 1.06%，而雷尔氏菌属(*Ralstonia*)的相对丰度为 0.36%。

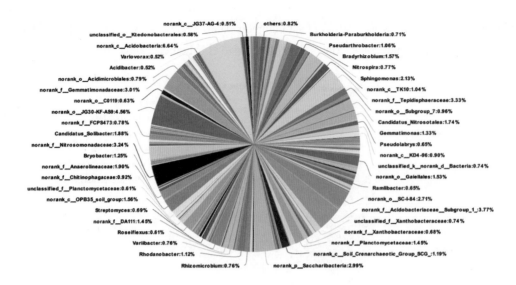

图 13-10　HB-HF 属水平上物种主要类群组成

对湖北省不同地区所采集的青枯病发病烟株根际细菌群落结构进行分析，在门水平上（图 13-11），根际细菌主要组成类群有：变形菌门（Proteobacteria）、放线菌门（Actinobacteria）、酸杆菌门（Acidobacteria）、绿弯菌门（Chloroflexi）和浮霉菌门（Planctomycetes）；其中咸丰县放线菌门（Actinobacteria）的相对丰度显著高于鹤峰县。在属水平上，不同地区的组成差异如图 13-12 所示，在现有数据库能注释到具体名称的类群中，鞘脂单胞菌属（*Sphingomonas*）、慢生根瘤菌属（*Bradyrhizobium*）、芽单胞菌属（*Gemmatimonas*）等在所有地区的相对丰度均较高；鹤峰县 *Cupriavidus*、*Oryzihumus*、节杆菌属（*Arthrobacter*）、寡养单胞菌属（*Stenotrophomonas*）和雷尔氏菌属（*Ralstonia*）的相对丰度均显著低于咸丰县。

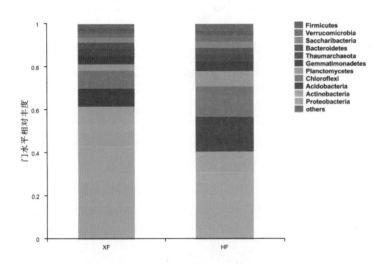

图 13-11　湖北烟区烟草青枯病发病烟株根际细菌门水平上主要类群组成

注：XF-咸丰县；HF-鹤峰县；下同。

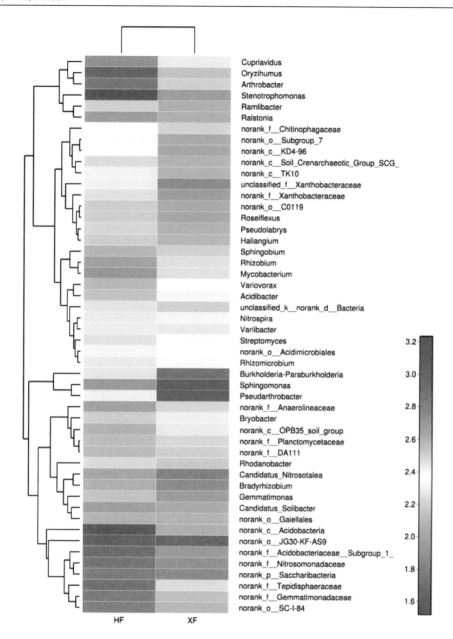

图 13-12　湖北烟区烟草青枯病发病烟株根际细菌属水平上主要群落组成 Heatmap 图

第14章 陕西烟区

14.1 陕西省汉中市

14.1.1 西乡县

1. 地理信息

采集地点详细信息：陕西省汉中市西乡县堰口镇韩岭村

经度：107°50′56″E

纬度：32°59′32″N

海拔：515 m

2. 气候条件

西乡县全年气候温和,属北亚热带半湿润季风区,平均气温14.4℃,年均降水量1100～1200 mm。平均蒸发量457.2 mm,总的气候特点是：受南北兼有的气候和多样地形影响,气候温和,雨量充沛,但时空分布差异大,光照不足;春季气温回升快,多春旱;夏无酷暑,常有初夏干旱和伏旱;秋季多连阴雨,降温早;冬无严寒,少雨雪。

3. 种植及发病情况

采集地2017年种植的烟草品种为云烟99,该年烟草移栽日期为4月底,6月底开始发病。该地区种植烟草历史约20年,多与玉米进行轮作,部分套种红薯,采集地近三年连续种植烟草。田间青枯病发病的症状表现为：①发病初期,下部叶片出现半边黄化萎蔫,部分叶片表现褐色网纹症状,随着病害的加重,萎蔫的叶片干枯坏死;②茎秆出现黄色条斑,条斑从基部开始变黑腐烂;③田间出现急性坏死现象(图14-1)。

4. 菌株基本情况

分类地位：生化变种3,演化型I序列变种44。

菌落培养特性：在TTC平板上,菌落流动性强,白边较宽,中心呈浅红色(图14-2)。

图 14-1　田间病株照片

A. 采样地整体发病情况；B. 发病烟株；C. 发病烟株初期叶片症状；D. 发病烟株下部茎剖面图

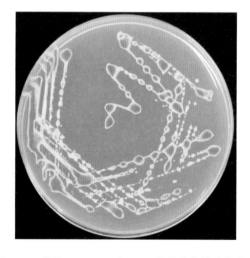

图 14-2　菌株 SX-XX-1 在 TTC 培养基上的生长情况

5. 土壤信息

土壤类型：粉砂壤土

土壤 pH：5.40

土壤基本理化性质：有机质 12.27 g/kg，全氮 0.62 g/kg，全磷 0.85 g/kg，全钾 10.47 g/kg，碱解氮 64.00 mg/kg，有效磷 45.74 mg/kg，速效钾 200 mg/kg，交换性钙 3.547 g/kg，交换性镁 0.493 g/kg，有效铜 2.34 mg/kg，有效锌 1.72 mg/kg，有效铁 5.20 mg/kg，有效锰 89.94 mg/kg，有效硼 0.060 mg/kg，有效硫 39.32 mg/kg，有效氯 55.27 mg/kg，有效钼 0.103 mg/kg。

6. 根际微生物群落结构信息

对陕西省汉中市西乡县堰口镇韩岭村发病烟株根际土进行 16S rRNA 测序，共鉴定出 1589 个 OTU，包括 2 个界、20 个门、48 个纲、103 个目、201 个科、377 个属、717 个种，其中细菌占 97.50%，古菌占 2.50%。在门水平相对丰度≥1%物种组成如图 14-3 所示，包括 11 个门，其中变形菌门(Proteobacteria)占比最大，达 42.69%，放线菌门(Actinobacteria)次之，占比达 28.16%。其他还有酸杆菌门(Acidobacteria)6.91%、绿弯菌门(Chloroflexi)4.36%、拟杆菌门(Bacteroidetes)4.03%、浮霉菌门(Planctomycetes)2.69%、奇古菌门(Thaumarchaeota)2.48%、Saccharibacteria 2.17%、芽单胞菌门(Gemmatimonadetes)2.07%、疣微菌门(Verrucomicrobia)1.87%、厚壁菌门(Firmicutes)1.30%，其他 9 个门相对丰度均<1%，共占 1.27%。

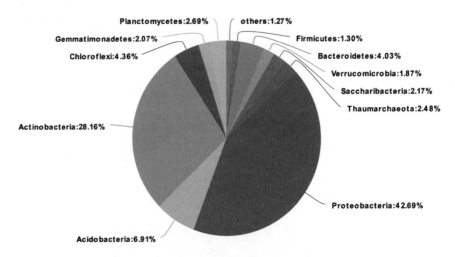

图 14-3　SX-XX 门水平物种主要类群组成

目水平上相对丰度≥0.1%物种组成如图 14-4 所示，根据现有数据库注释到名称的类群，在目水平上相对丰度最高的为伯克氏菌目(Burkholderiales)15.58%，其次是微球菌目(Micrococcales)占 12.13%，相对丰度在 2%以上的类群有：鞘脂单胞菌目(Sphingomonadales)8.44%、根瘤菌目(Rhizobiales)6.64%、鞘脂杆菌目(Sphingobacteriales)3.58%、Gaiellales 3.46%、黄单胞菌目(Xanthomonadales)2.80%、丙酸杆菌目(Propionibacteriales)2.42%、链霉菌目(Streptomycetales)2.26%、Solibacterales 2.25%、芽单胞菌目(Gemmatimonadales)2.06%。

在属水平进一步进行分析(图 14-5)，现有数据库注释到名称的类群中，相对丰度最高的为鞘脂单胞菌属(*Sphingomonas*)，达到 6.77%，其次为 *Burkholderia-Paraburkholderia* 3.90% 和马赛菌属(*Massilia*)3.46%，相对丰度大于 1%的类群有：*Ramlibacter* 2.33%、链霉菌属

（*Streptomyces*）2.26%、类诺卡氏菌属（*Nocardioides*）1.51%、慢生根瘤菌属（*Bradyrhizobium*）1.50%、玫瑰弯菌属（*Roseiflexus*）1.35%、*Candidatus_Solibacter* 1.34%、芽单胞菌属（*Gemmatimonas*）1.04%和根瘤菌属（*Rhizobium*）1.04%，其中雷尔氏菌属（*Ralstonia*）相对丰度达 2.87%。

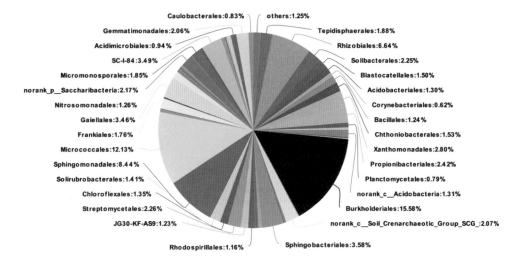

图 14-4　SX-XX 目水平物种主要类群组成

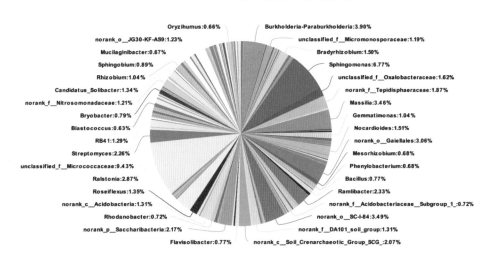

图 14-5　SX-XX 属水平物种主要类群组成

第 15 章 山 东 烟 区

15.1 山东省潍坊市

15.1.1 诸城市

1. 地理信息

采集地点详细信息：山东省诸城市皇华镇前寿塔村
经度：119°22′50.5″E
纬度：35°52′17″N
海拔：102 m

2. 气候条件

诸城市属暖温带大陆性季风区半湿润气候，年平均气温 13.2℃，年降水量 741.8 mm，降水日数 80 d 左右。年平均日照时数为 2402.9 h，年日照率 54%。年平均相对湿度 67%，年蒸发量 1677.5 mm。无霜期 217 d。四季分明，光照充足，雨热同季。

3. 种植及发病情况

采集地 2017 年种植的烟草品种为 NC55，该年烟草移栽日期为 5 月初。该地块每年仅种植烟草，已连续种植约 9 年，田间青枯病与黑胫病混发，且黑胫病较为严重。青枯病发病的烟株症状表现为：①发病初期，下部叶片出现半边黄化萎蔫，部分叶片表现褐色网纹症状，随着病害的加重，萎蔫的半边叶片坏死；②茎秆出现黄色条斑，条斑从基部开始变黑腐烂(图 15-1)。

图 15-1　田间病株照片

A. 大田整体图；B-C. 发病初期及中期-叶片典型的"半边疯"症状；D. 发病中后期-茎秆黑色条斑症状

4. 菌株基本情况

分类地位：生化变种 3，演化型 Ⅰ 序列变种 15。

菌落培养特性：在 TTC 平板上，菌落流动性强，白边较宽，中心呈浅红色（图 15-2）。

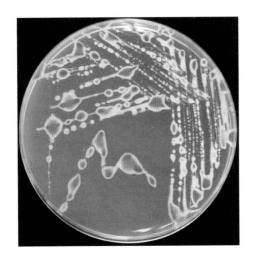

图 15-2　菌株 SD-ZC-1-1 在 TTC 培养基上的生长情况

5. 土壤信息

土壤类型：粉砂壤土

土壤 pH：6.50

土壤基本理化性质：有机质 8.18 g/kg，全氮 0.53 g/kg，全磷 0.37 g/kg，全钾 15.40 g/kg，碱解氮 33.68 mg/kg，有效磷 20.72 mg/kg，速效钾 210 mg/kg，交换性钙 3.030 g/kg，交换性镁 0.388 g/kg，有效铜 0.78 mg/kg，有效锌 2.21 mg/kg，有效铁 2.77 mg/kg，有效锰 45.70 mg/kg，有效硼 0.075 mg/kg，有效硫 61.16 mg/kg，有效氯 41.44 mg/kg，有效钼 0.090 mg/kg。

6. 根际微生物群落结构信息

对山东省诸城市皇华镇前寿塔村发病烟株根际土进行 16S rRNA 测序，共鉴定出 1606 个 OTU，其中包括 2 个界、20 个门、48 个纲、106 个目、209 个科、406 个属、748 个种，其中细菌占 96.29%、古菌 3.71%。在门水平相对丰度≥1%物种组成如图 15-3 所示，其中变形菌门（Proteobacteria）相对丰度最高，达 47.95%，其次为放线菌门（Actinobacteria）17.36%、拟杆菌门（Bacteroidetes）9.75%、酸杆菌门（Acidobacteria）7.10%、绿弯菌门（Chloroflexi）4.21%、奇古菌门（Thaumarchaeota）3.70%、Saccharibacteria 2.97%、芽单胞菌门（Gemmatimonadetes）1.93%、厚壁菌门（Firmicutes）1.44%、浮霉菌门（Planctomycetes）1.25%，其他相对丰度低于 1%的物种共占 2.34%。

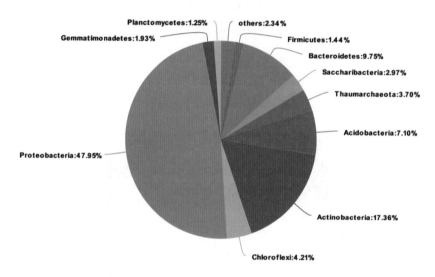

图 15-3　SD_ZC 门水平物种主要类群组成

在目水平上相对丰度≥0.1%物种如图 15-4 所示，相对丰度最高的为伯克氏菌目（Burkholderiales），达到 20.59%，其次为微球菌目（Micrococcales）和鞘脂单胞菌目（Sphingomonadales），分别占 8.05%和 8.02%，在现有数据库能注释到具体名称，且相对丰度大于 2%的类群有：Flavobacteriales 5.94%、根瘤菌目（Rhizobiales）5.28%、黄单胞菌目（Xanthomonadales）4.53%、鞘脂杆菌目（Sphingobacteriales）3.46%、丙酸杆菌目（Propionibacteriales）2.47%、Blastocatellales 2.73%和 Enterobacteriales 2.13%。

在属水平进一步进行分析（图 15-5），在现有数据库注释到名称的类群中，相对丰度最高的为雷尔氏菌属（*Ralstonia*）10.05%，其次为金黄杆菌属（*Chryseobacterium*）5.44%，相对丰度大于 1%的类群有：鞘脂单胞菌属（*Sphingomonas*）4.53%、*Ramlibacter* 3.58%、马赛菌属（*Massilia*）2.44%、鞘脂菌属（*Sphingobium*）1.64%、溶杆菌属（*Lysobacter*）1.48%、类诺卡氏菌属（*Nocardioides*）1.39%、玫瑰弯菌属（*Roseiflexus*）1.38%、寡养单胞菌属（*Stenotrophomonas*）1.25%、*Paenarthrobacter* 1.10%。

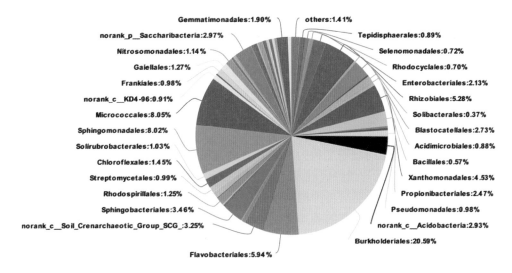

图 15-4　SD_ZC 目水平物种主要类群组成

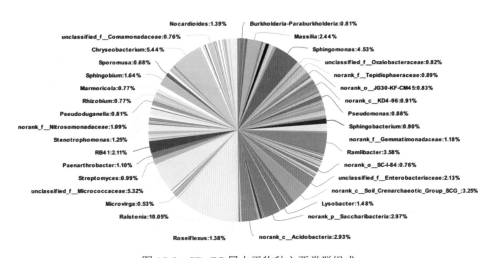

图 15-5　SD_ZC 属水平物种主要类群组成

15.2　山东省临沂市

15.2.1　沂水县

1. 地理信息

采集地点详细信息：山东省临沂市沂水县沂水试验站

经度：118°37′5.5″E

纬度：35°50′56.4″N

海拔：189 m

2. 气候条件

沂水县属暖温带季风气候,具有显著的大陆性气候特点:四季变化分明,春季干燥,易发生春旱;夏季高温高湿,雨量集中;秋季秋高气爽,常有秋旱;冬季干冷,雨雪稀少。

3. 种植及发病情况

采集地 2017 年种植的烟草品种为豫烟 6 号,该年烟草移栽日期为 5 月初,6 月中下旬开始发病,田间青枯病与黑胫病混发。该地块实行烟草与红薯轮种:连续种植烟草 2~3 年后接着种植两年红薯,然后再种植烟草。青枯病发病的烟株症状表现为:①发病初期,下部叶片出现半边黄化萎蔫,有的萎蔫部位出现水渍状坏死,部分叶片表现褐色网纹症状,随着病害的加重,萎蔫的半边叶片坏死;②茎秆出现黄色条斑,条斑从基部开始变黑腐烂;③部分烟株急性死亡;④根系主根出现明显的变黑、腐烂,但仍有大量的健康侧根与须根存在(图 15-6)。

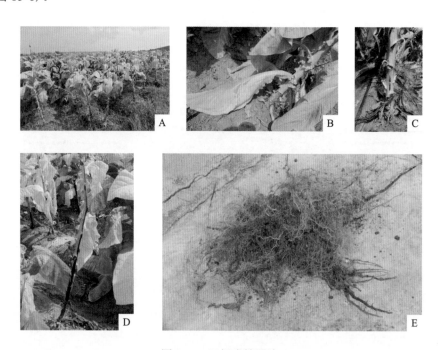

图 15-6 田间病株照片

A. 大田整体图;B. 发病初期-叶片典型的"半边疯"症状;C. 发病初期-茎秆黑色条斑症状;

D. 发病后期整株坏死;E. 发病烟株根部

4. 菌株基本情况

分类地位:生化变种 3,演化型 I 序列变种 15。

菌落培养特性:在 TTC 平板上,菌落流动性强,白边较宽,中心呈浅红色(图 15-7)。

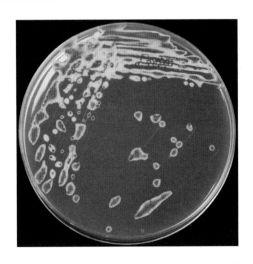

图 15-7 菌株 SD-YS-1-1 在 TTC 培养基上的生长情况

5. 土壤信息

土壤类型：粉砂壤土

土壤 pH：6.80

土壤基本理化性质：有机质 16.33 g/kg，全氮 0.80 g/kg，全磷 0.46 g/kg，全钾 30.41 g/kg，碱解氮 58.95 mg/kg，有效磷 38.90 mg/kg，速效钾 270 mg/kg，交换性钙 3.257 g/kg，交换性镁 0.322 g/kg，有效铜 4.00 mg/kg，有效锌 1.69 mg/kg，有效铁 1.61 mg/kg，有效锰 69.38 mg/kg，有效硼 0.124 mg/kg，有效硫 36.70 mg/kg，有效氯 39.49 mg/kg，有效钼 0.186 mg/kg。

6. 根际微生物群落结构信息

对山东省临沂市沂水县沂水试验站发病烟株根际土进行 16S rRNA 高通量测序，共鉴定出 1603 个 OTU，其中包括 2 个界、20 个门、47 个纲、107 个目、212 个科、397 个属、741 个种，其中细菌占 95.58%、古菌 4.41%。在门水平相对丰度≥1%物种组成如图 15-8 所示，变形菌门(Proteobacteria)39.97%和放线菌门(Actinobacteria)27.55%为土壤细菌中的优势类群。其次为厚壁菌门(Firmicutes)6.41%、奇古菌门(Thaumarchaeota)4.73%、绿弯菌门(Chloroflexi)4.51%、酸杆菌门(Acidobacteria)4.37%、拟杆菌门(Bacteroidetes)3.17%、芽单胞菌门(Gemmatimonadetes)3.16%、Saccharibacteria1.85%、浮霉菌门(Planctomycetes)1.78%，其他相对丰度<1%的物种共占 2.50%。

在目水平上相对丰度≥0.1%物种组成如图 15-9 所示，根据现有数据库注释到名称的类群，相对丰度最高的为微球菌目(Micrococcales)12.32%，其次为伯克氏菌目(Burkholderiales)11.93%，相对丰度大于 2%的类群有：黄单胞菌目(Xanthomonadales)8.89%、鞘脂单胞菌目(Sphingomonadales)6.82%、根瘤菌目(Rhizobiales)6.78%、芽孢杆菌目(Bacillales)6.39%、芽单胞菌目(Gemmatimonadales)2.97%、丙酸杆菌目(Propionibacteriales)2.79%、链霉菌目(Streptomycetales)2.74%、鞘脂杆菌目(Sphingobacteriales)2.48%和弗兰克氏菌目(Frankiales)2.25%。

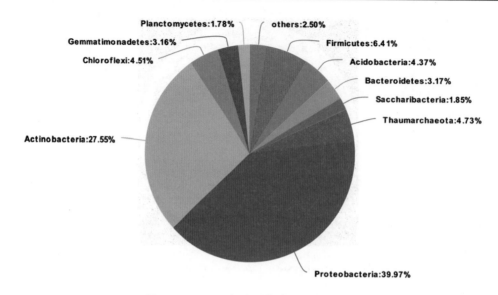

图 15-8　SD-YS 门水平物种主要类群组成

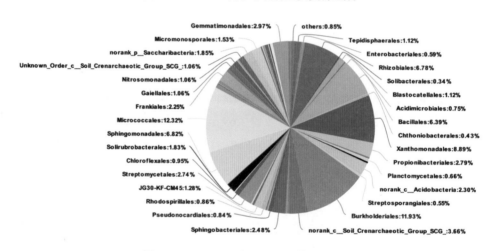

图 15-9　SD-YS 目水平物种主要类群组成

在属水平进一步进行分析(图 15-10)，在现有数据库注释到名称的类群中，相对丰度最高的为寡养单胞菌属(*Stenotrophomonas*)5.94%、其次是鞘脂单胞菌属(*Sphingomonas*)4.56%和芽孢杆菌属(*Bacillus*)4.00%，相对丰度大于1%的类群有：链霉菌属(*Streptomyces*)2.74%、*Ramlibacter* 2.35%、类诺卡氏菌属(*Nocardioides*)1.67%、根瘤菌属(*Rhizobium*)1.57%、芽球菌属(*Blastococcus*)1.53%、无色杆菌属(*Achromobacter*)1.39%、*Paenarthrobacter* 1.38%、马赛菌属(*Massilia*)1.36%、鞘脂菌属(*Sphingobium*)1.10%、芽单胞菌属(*Gemmatimonas*)1.07%、*Candidatus_Nitrososphaera*1.06%、溶杆菌属(*Lysobacter*)1.03%，其中雷尔氏菌属(*Ralstonia*)丰度较高，达到4.40%。

对山东省不同地区所采集的青枯病发病烟株根际细菌群落结构进行分析，在门水平上(图 15-11)，根际细菌主要组成类群有：变形菌门(Proteobacteria)、放线菌门(Actinobacteria)、酸杆菌门(Acidobacteria)、绿弯菌门(Chloroflexi)和奇古菌门

（Thaumarchaeota）等；其中诸城市拟杆菌门（Bacteroidetes）的相对丰度显著高于沂水县，而厚壁菌门（Firmicutes）的相对丰度则显著低于沂水县。在属水平上，不同地区的组成差异如图 15-12 所示，在现有数据库能注释到具体名称的类群中，两个地区 *Chryseobacterium*、芽孢杆菌属（*Bacillus*）、*Micromonopora*、*Sphingobacterium* 和 *Pseudoduganella* 的相对丰度存在显著差异；雷尔氏菌属（*Ralstonia*）的相对丰度在诸城市和沂水县均较高，是一个优势类群。

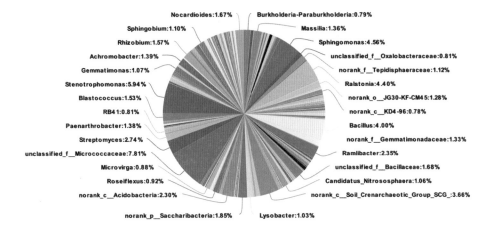

图 15-10　SD-YS 属水平物种主要类群组成

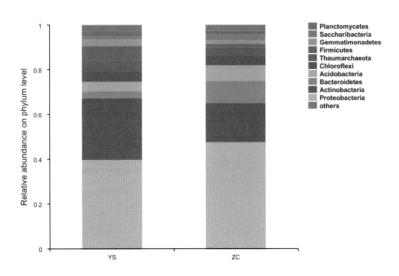

图 15-11　山东烟区烟草青枯病发病烟株根际细菌门水平上主要类群组成

注：YS-沂水县；ZC-诸城市；下同。

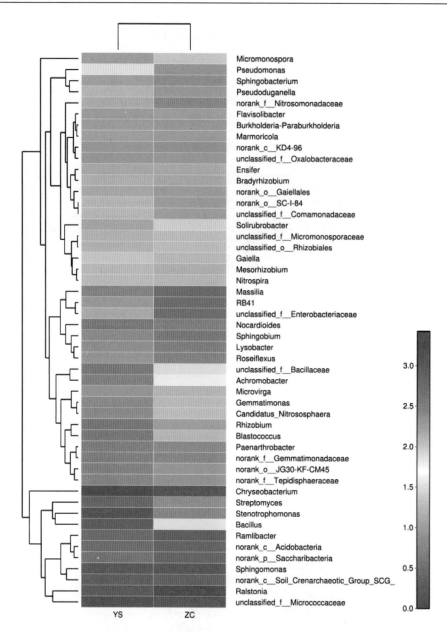

图 15-12　山东烟区烟草青枯病发病烟株根际细菌属水平上主要群落组成 Heatmap 图

第16章 河南烟区

16.1 河南省驻马店市

16.1.1 确山县

1. 地理信息

采集地点详细信息：河南省驻马店市确山县瓦岗镇黑风寺村

经度：113°49′48.67″E

纬度：32°45′56.37″N

海拔：180 m

2. 气候条件

确山县地处桐柏、伏牛山系向黄淮平原过渡地带，也是亚热带向暖温带的过渡区，气候条件和地形地貌丰富独特，气候温润，四季分明，光照充足，雨热同季；年平均气温15.1℃，年降水量971 mm，无霜期248 d。

3. 种植及发病情况

2014年于该地进行了采集，种植的烟草品种为云烟89，7月初开始发病，出现急性死亡的现象，整株均死亡。青枯病发病的烟株症状表现为：①发病初期，下部叶片出现半边黄化萎蔫，部分叶片表现褐色网纹症状，随着病害的加重，萎蔫的半边叶片坏死；②茎秆出现黄色条斑，条斑从基部开始变黑腐烂。

4. 菌株基本情况

分类地位：生化变种3，演化型Ⅰ序列变种15。

菌落培养特性：在TTC平板上，菌落流动性强，白边较宽，中心呈浅红色(图16-1)。

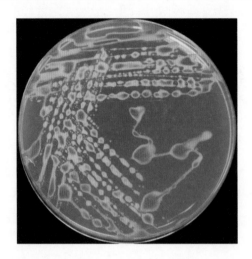

图 16-1　菌株 HN-ZMD-1 在 TTC 培养基上的生长情况

参 考 文 献

[1] Hayward A C. Biology and Epidemiology of Bacterial Wilt Caused by *Pseudomonas Solanacearum* [J]. Annu Rev Phytopathol, 1991, 29: 65-87.

[2] Genin S, Denny T P. Pathogenomics of the *Ralstonia solanacearum* Species Complex [J]. Annu Rev Phytopathol, 2012, 50: 67-89.

[3] 徐进, 冯洁. 植物青枯菌遗传多样性及致病基因组学研究进展 [J]. 中国农业科学, 2013, 46 (14): 2902-2909.

[4] Tjou-Tam-Sin N N A, van de Bilt J L J, Nestenbery M, et al. First Report of Bacterial Wilt Caused by *Ralstonia solanacearum* in *Ornamental Rosa* sp [J]. Plant Disease, 2017, 101 (2).

[5] Buddenhagen I W, Sequeira L, Kelman A. Designation of Races in *Pseudomonas solanacearum* [J]. Phytopathology, 1962, 52 (8): 726.

[6] Hayward A C. Characteristics of *Pseudomonas solanacearum* [J]. Journal of Applied Bacteriology, 1964, 27 (2): 265-277.

[7] He L Y, Sequeira L, Kelman A. Characteristics of Strains of *Pseudomonas solanacearum* from China [J]. Plant Disease, 1983, 67 (12): 1357-1361.

[8] Pegg K, Moffett M L. Host range of the ginger strain of *Pseudomonas solanacearum* in Queensland [J]. Australian Journal of Experimental Agriculture and Animal Husbandry, 1971, 11 (53): 696-698.

[9] Prior P, Ailloud F, Dalsing B L, et al. Genomic and proteomic evidence supporting the division of the plant pathogen *Ralstonia solanacearum* into three species [J]. Bmc Genomics, 2016, 17 (1): 90.

[10] Jiang G F, Wei Z, Xu J, et al. Bacterial Wilt in China: History, Current Status, and Future Perspectives [J]. Frontiers in Plant Science, 2017, 8: 1549.

[11] Liu Y, Wu D, Liu Q, et al. The sequevar distribution of *Ralstonia solanacearum* in tobacco-growing zones of China is structured by elevation [J]. European Journal of Plant Pathology, 2017, 147 (3): 541-551.

[12] Xu J, Pan Z C, Prior P, et al. Genetic diversity of *Ralstonia solanacearum* strains from China [J]. European Journal of Plant Pathology, 2009, 125 (4): 641-653.

[13] Xue Q Y, Yin Y N, Yang W, et al. Genetic diversity of *Ralstonia solanacearum* strains from China assessed by PCR-based fingerprints to unravel host plant- and site-dependent distribution patterns [J]. FEMS Microbiology Ecology, 2011, 75 (3): 507-519.

[14] Li S, Liu Y, Wang J, et al. Soil Acidification Aggravates the Occurrence of Bacterial Wilt in South China [J]. Frontiers in Microbiology, 2017, 8: 703.

[15] McNear Jr D H. The rhizosphere-roots, soil and everything in between[J]. Nature Education Knowledge, 2013, 4 (3): 1.

[16] Berendsen R L, Pieterse C M, Bakker P A. The rhizosphere microbiome and plant health [J]. Trends in Plant Science, 2012, 17 (8): 478-86.

[17] Yang H, Li J, Xiao Y, et al. An Integrated Insight into the Relationship between Soil Microbial Community and Tobacco Bacterial Wilt Disease [J]. Frontiers in Microbiology, 2017, 8: 2179.

[18] Liu X, Zhang S, Jiang Q, et al. Using community analysis to explore bacterial indicators for disease suppression of tobacco bacterial wilt [J]. Sci Rep, 2016, 6: 36773.

[19] Boucher C A, Barberis P A, Demery D A. Transposon mutagenesis of *Pseudomonas solanacearum*: isolation of Tn5-induced avirulent mutants [J]. Microbiology, 1985, 131(9): 2449-2457.

[20] Hayward A C. Characteristics of *Pseudomonas solanacearum* [J]. Journal of Applied Bacteriology, 1964, 27(2): 265-277.

[21] Fegan M, Prior P. How complex is the "*Ralstonia solanacearum* species complex"? [M] // Allen C, Prior P, Hayward A C. Bacterial wilt disease and the *Ralstonia solanacearum* species complex. St. Paul, MN: American Phytopathological Society Press, 2005: 449-461.

[22] Liu Y, Tang Y, Qin X, et al. Genome sequencing of *Ralstonia solanacearum* CQPS-1, a phylotype I strain collected from a highland area with continuous cropping of tobacco [J]. Frontiers in Microbiology, 2017, 8: 974.

[23] 杨剑虹, 王成林, 代亨林. 土壤农化分析与环境监测[M]. 北京：中国大地出版社, 2008.

结　语

　　由于我国特殊的国情和历史原因，青枯病的研究相对世界上其他国家起步较晚，加之寄主植物种类较多，不同寄主植物上研究的程度和水平层次不同，我国对于青枯病和青枯菌方面的研究历史大致可以分为三个阶段。第一阶段是田间实践期(1930～1978 年)，全国各地陆续暴发大面积绿色植物萎蔫病害，一旦发病，无药可治。这种典型病害引起一线植保科技工作者的注意，根据其寄主植物上出现绿色萎蔫特殊症状，科技工作者将该病称为"青枯病"。青枯病在烟草上的典型症状是发病初期白天叶片半边绿色萎蔫，夜晚复苏，一周左右便大面积死亡，农民对此束手无策，故称其为"烟草半边疯"或"烟癌"。有些地方的农民或者学者可能认为该病类似于人畜某种灾难性的瘟疫，故将其称为"××瘟病"，如甘薯瘟病和姜瘟病。青枯病的这些非正式名称反映出人们面对青枯病时的急切心态和无奈。随着大量田间调查工作不断展开，一线工作者和各地科技人员致力于弄清引发该毁灭性植物病害的罪魁祸首究竟是什么，因此在不同作物上关于青枯病病原的分离和鉴定工作层出不穷，对青枯病的流行病学和防治技术的研究也同步推进。青枯病的田间实践阶段时间跨度最长，从 1930 年的首次报道一直延续到 20 世纪 70 年代甚至更长，该阶段参与的科技人员最多，取得进展也是最大的，基本弄清了我国青枯菌的大致寄主范围和分布情况。

　　到 20 世纪 70 年代末期，我国青枯病的研究逐渐迈进第二阶段(1978～2005 年)——室内研究。该阶段受益于改革开放以后我国科技教育和农业的迅猛发展，一些国外先进技术引入，特别是受到生命科学发展的影响。许多植物保护工作者将青枯病的研究从田间转到室内，逐渐兴起了与青枯病相关的病原生物学、植物病理学、遗传学甚至生态学等研究，当然这期间田间调查和其他室外研究也在不断地进行。近年来，青枯病的危害及其学术地位受到世界性的广泛关注，越来越多的科技工作者投身于青枯病的基础研究和应用科学研究，同时我国青枯病的研究进入田间-室内-田间的综合性研究的第三个阶段(2005～)。

　　2005 年，西南大学丁伟教授带领研究团队在武陵山区重庆黔江水田乡石郎村青枯病高发区建立规模 300 亩田间试验研究基地，在这个基地上，一年就开展了 20 多项研究，并且把病原研究和病害流行规律、土壤信息、品种抗性、防控措施结合起来，开创了基础研究和应用研究紧密结合的先例。自此以后，我国青枯病的研究再也不是单纯的基础研究或者田间大田研究，而是从田间获得第一手的资料结合室内大量研究，不断摸索出针对某种作物的专性防治办法，再返回田间进行理论与实践结合的再一次飞跃。这期间，青枯病的防治工作在甘薯、花生、桉树等林木资源和一些重要的茄科经济作物上也取得了卓越的成就。

　　关于青枯病的防治一直是科研工作者们关注的重点，我国在这一方面也做了相当多的探索。农业防治是我国防治青枯病最传统也是最常用的办法,如轮作和嫁接防治青枯病在温室和田间都能发挥一定作用,但效果不甚理想。田间杂草和土壤是滋生青枯菌的温床,除草和土壤消毒在一定程度上能够减缓青枯病的危害。土壤改良和熏蒸是我国防治青枯病最常用的土壤健康管理办法,如利用"S-H土壤添加剂"提高土壤肥力和微生物丰度能够有效控制枯萎病和青枯病等多种土传病害。钙添加剂CaO和$CaCO_3$能够调节土壤pH和亚硝酸盐含量,并抑制青枯菌在土壤中的活性,一定程度上控制青枯病的发生。在土壤中添加Ca、Mo等矿质元素能提高烟草的各种农艺性状,如株高、最大叶宽、茎围、最大叶面积,调节生理生化途径,增强烟株体内防御酶系活性,提高烟株对青枯病的抗性,降低青枯病的危害。另外,有机肥和生物炭等其他土壤改良剂能增加土壤pH和电导率,改善土壤理化性质,提高土壤有效养分含量和利用率,调节根际土壤各种有机酸和氨基酸含量,维护根际土壤微生物环境,显著增加根际土壤微生物的功能多样性,改变根际土壤微生物群落结构,降低根际土壤病原菌数量及其活性,增强生姜、番茄、烟草、茄子和马铃薯等对青枯菌的抗性。

生物熏蒸是近年来开发的一种新型无公害土壤处理技术,能够有效降低植物病原微生物的种群数量并可提高土壤肥力,可以有效控制土传病虫害。我国常用的土壤熏蒸剂有棉隆(dazomet)、氯化苦(chloropicrin)、威百亩(vapam)、氰胺化钙(calcium cyanamide)、碘甲烷(methyl iodide)和乙二腈(adiponitrile)等。中国农业科学院植物保护研究所冯洁研究员经过多年的摸索实践,总结出利用氯化苦土壤熏蒸防治土传病虫害标准化技术规程,制定了"氯化苦土壤熏蒸技术规程"行业标准(NY/T 2725—2015),采用氯化苦土壤熏蒸技术防治姜瘟病,加上栽培措施的改进及清洁化管理模式,达到了极显著的防治效果。但对于大田作物以及生态条件复杂的地区采用土壤熏蒸技术还有很大的局限性,而且土壤熏蒸还有在局部条件下对有益微生物具有杀伤作用这一缺陷。

抗病育种获得可持续性的抗性资源是防治细菌性病害最有效的手段之一。众所周知,抗病育种非常困难,过程十分枯燥漫长,但我国大量科研和一线工作者们经过长年累月的努力,不断摸索,辛勤劳作,在花生、烟草、马铃薯、番茄、辣椒、茄子等许多重要的经济和粮食作物以及林木的抗青枯病育种方面取得了卓越成就。种质资源的抗性水平和多样性对青枯病及其他根茎病害的遗传育种十分重要,我国育种家们已经通过大量实验构建出多种作物的数量性状基因座(quantitative trait loci, QTL)图谱,运用分子标记辅助选择(marker-assisted selection, MAS)技术,从分子水平上快速准确地分析个体的遗传组成,从而实现对基因型的直接选择,在抗青枯病分子育种方面取得一定成绩,如花生的 qBW-1和qBW-2以及烟草的qBWR-3a/-3b和qBWR-5a/-5b等。尽管如此,由于限制青枯病抗病育种的因子很多,其中包括不同作物的抗性遗传规律的差异,抗性种质资源的匮乏以及大规模筛选抗性材料的技术问题,抗性基因与其他农艺性状的连锁,抗性能力与作物品质和产量的权衡,加之青枯菌独特复杂的遗传性且易分化的特性都给其抗病育种工作带来不小的难度。

近年来,生物防治技术发展势头迅猛,有望成为延缓或者降低植物细菌性青枯病发生的有效途径。原则上讲,任何一切能够抑制青枯菌活性、降低青枯菌和其他病原微生物种群密度的生物材料或者微生物都具有防治青枯病并开发成生物防治剂的潜力。我国青枯病生物防治剂的开发起步较早，研究也很广泛，最常用的有链霉菌 *Streptomyces* spp.、芽孢杆菌、假单胞菌、无致病力青枯菌突变体、噬菌体等微生物。由于单一生物防治剂在田间性能很不稳定，需要多种有益微生物协同作用，充分利用资源，组合出击共同对抗青枯菌，让生物防治剂能持续高效地防菌控菌，抑制青枯病的发生和危害。尽管生物防治剂种类丰富，功能多样，但相应的配套技术依然有待改善和加强，为青枯病的绿色防控添砖加瓦，如最近联合施用芽孢杆菌与青枯菌的专性噬菌体，效果十分明显。

众所周知，青枯病的防治工作难度较大，单一手段不足以真正在田间达到令人满意的效果。基于本研究团队从事田间烟草青枯病综合防治 20 年的经验来看，对于青枯病绿色防治的综合办法可以归纳为以根际微生态调控为核心的"四个平衡"技术体系——土壤酸碱度平衡、土壤营养元素之间的平衡、土壤微生态平衡、烟株抗病性与病原菌致病力之间的平衡。该技术体系的核心要点为以下八个方面：

(1) 土壤修复，平衡酸碱度：冬前对土壤进行深耕，种植绿肥，越冬后进行土壤翻压，增加土壤有机质，活化土壤，同时配合使用不同土壤改良剂调节土壤酸碱度；进行高起垄种植模式，利于田间排水，增加土壤通透性。

(2) 施用有机、无机活性肥，补充微量元素，平衡土壤营养。

(3) 增施微生物菌剂，增加土壤有益菌的含量，平衡土壤微生态。

(4) 抗病品种的适用性：不断选育抗性品种，利用植株自身抗性达到防治病害的效果。就目前的种植品种来看，K326 对青枯病具有一定的抗性。

(5) 利用外源物质诱导植株产生抗性，提高其对病害的抵抗力。

(6) 采用蘸根、窝施一些抗细菌的药剂，进行早期处理，达到调控根际的效果，控制病原菌的数量，避免病原菌的侵染。

(7) 加强栽培管理，特别注意排水和在小团棵期进行根围培土，实现农事的规范化操作，优化田园卫生，避免交叉感染。

(8) 系统监测，早期预警，适时控制。对于早期出现的单株发病烟株，可以采用拔除措施，并在病株周围进行生石灰消毒，避免病害传播。

以上八项措施相辅相成，综合运用才能见效。基于青枯病与土壤酸化密切相关，对于烟草青枯病发病区调酸是最重要的基础性控制措施。然后要注意增施一定的微量元素来平衡营养，在此基础上，运用微生物菌剂才能发挥拮抗微生物的作用。本研究团队借助根际微生态原理，运用四个平衡技术体系，以构建根际健康微生物保障体系为技术切入点，针对性地采用综合性措施，在重庆、四川、贵州等地建立青枯病控制示范区取得了一定的成效，为烟草青枯病的持续有效控制探索出了一条新的途径。